呼啸长空

P-51战机传奇

蒙创波 著

图书在版编目(CIP)数据

呼啸长空：P-51战机传奇/蒙创波著.—武汉：武汉大学出版社，2010.8(2020.7 重印)
经典战史回眸·兵器系列
　ISBN 978-7-307-07804-8

　Ⅰ.呼…　Ⅱ.蒙…　Ⅲ.第二次世界大战(1939~1945)—军用飞机—简介—美国　Ⅳ.E926.3

中国版本图书馆 CIP 数据核字(2010)第 102509 号

责任编辑：王军风　　责任校对：刘　欣　　版式设计：马　佳

出版发行：**武汉大学出版社**　(430072　武昌　珞珈山)
（电子邮箱：cbs22@whu.edu.cn　网址：www.wdp.com.cn）
印刷：武汉中科兴业印务有限公司
开本：720×1000　1/16　印张：18　字数：342 千字　插页：4
版次：2010 年 8 月第 1 版　2020 年 7 月第 2 次印刷
ISBN 978-7-307-07804-8/E·31　　　　　定价：54.00 元

版权所有，不得翻印；凡购我社的图书，如有质量问题，请与当地图书销售部门联系调换。

■ 二战后由民间修改的P-51双座机，1988年9月1日。

呼啸长空　P-51战机传奇

■ 群鹰齐聚航展上，一架无涂装的P-51，1986年5月1日。

■ 群鹰齐聚航展上，诺曼底反攻时涂装的P-51，1986年5月1日。

■ 在亚利桑那州戴维斯·蒙森空军基地"历史传承"飞行展中收藏的二战P-51D实机，2004年3月6日。

呼啸长空 | P-51战机传奇

■ "历史传承"飞行展中的P-51D收藏集合,2007年3月4日。

■ 澳洲航空展上待命的P-51D古董机。

呼啸长空 | P-51战机传奇

■ "历史传承"飞行展中的P-51双机编队起飞,2007年3月3日。

目　录

第一章　野马战斗机发展史 ··· 001

第二章　NA-73/NA-83（野马Ⅰ） ·································· 022

第三章　P-51的定型 ·· 039

第四章　P-51在欧洲战场 ··· 121

第五章　P-51在亚洲战场 ··· 239

第六章　尾　声 ·· 280

参考书目 ·· 284

第一章
野马战斗机发展史

北美公司发展史

野马战斗机的生产厂商——北美航空公司 (North American Aviation, Inc.) 是金融投资家克莱门特·基斯在1928年12月6日成立的控股公司。基斯在这家企业中注入450万美元的资金，先后兼并了寇蒂斯飞机及动力公司、寇蒂斯飞行服务公司、洲际运输服务公司、道格拉斯飞机公司。基斯的持续扩张和投资使北美航空公司不断发展壮大，犹如一只巨型章鱼伸出触角，将多家零配件厂商、飞机制造公司以及航运公司紧紧揽在手中，成为当时美洲大陆上举足轻重的航空工业巨头。

1934年5月，美国政府通过航空邮政法案，禁止飞机制造企业拥有航运公司的股权。为此，北美航空公司被迫分出多个子公司，仅仅保留飞机制造的业务。在窘况之中，北美公司时任董事长欧内斯特·布里奇请

■ 詹姆斯·金德博格（左）与约翰·利兰·阿特伍德（右），北美公司的掌门人。

呼啸长空 P-51战机传奇

来道格拉斯公司前任副总工程师詹姆斯·金德博格，将改组后的公司领导权转交。经过研究，金德博格放弃北美公司在马里兰州丹托克市租借的厂房，带领旗下的全部85名雇员搬到公司在加利福尼亚州英格伍德建立的新工厂。英格伍德工厂的厂房位于迈恩斯机场附近，为飞机的测试提供了便利的条件。跟随金德博格走马上任的还有他的好友兼公司新任副总裁，同样也是卓越航空工程师的约翰·利兰·阿特伍德。

新官上任三把火，金德博格掌管北美公司之后便停止了公司传统的运输机制造业务，他的观点很明确：这家新生企业所需要的潜在市场应该从军方订单中开辟。此外，金德博格还认为，军队的采购部门更乐意看到实在可靠的武器装备，而不是各种吹嘘得天花乱坠的项目计划书。以金德博格的理念为导向，北美公司没有等待军队将新项目的规范书送上门来，而是主动将大量资金投入到各种军用飞行器的先期研发当中。

这一步棋走对了，主动出击的北美公司赢得了在当时的采购体系作用下本可能落选的大量采购合同。凭借着过人的前瞻性、经营策略以及设计能力，金德博格领导北美公司一步步地扭转颓势，重新崛起为驰骋风云的航空工业巨人。在接下来的20世纪40年代里，北美公司将制造出超过42000架飞行器。

新公司生产的第一款飞机是公司内部编号为NA-16的轻型教练机。"NA"前缀代表着北美公司的缩写，而数字"16"意味着该产品是公司的第16款设计。NA-16是一款单引擎下单翼结构的教练机，采用固定的起落架以及纵列的敞开式驾驶舱。飞机的动力设备是一台功率400马力的气冷发动机，除了后机身为布质蒙皮之外，其余大部分为全金属结构。1935年4月1日，NA-16原型机首飞，它是金德博格打开宝库大门的金钥匙——基于NA-16，北美公司将在未来销售出超过17000架的后续发展型飞机，丰厚的利润如太平洋的海潮一般汹涌而来。

■ 北美公司的第一款产品：NA-16轻型教练机。

第一章 野马战斗机发展史

■ 交付部队的BT-9教练机。

美国陆军航空队（Army Air Corps，简称陆航）对NA-16较为满意，但要求北美公司对其进行一系列的改进以满足军用要求。为此，北美公司为NA-16安装了封闭的驾驶舱以及经过整流减阻处理的固定式起落架。改进型NA-16在1936年5月首飞，公司内部编号升级为NA-18。该型号做为北美公司打入军用飞机市场的敲门砖，在接下来的2年时间里，美国陆航订购了超过250架NA-18作为初级教练机使用，并赋予其BT-9 (Basic Trainer，初级教练机的缩写) 的军方编号。

在BT-9的基础上，北美公司发展出采用可收放起落架以及普拉特－惠特尼公司R-1430发动机的改进型号。此时的美国陆航缺乏购买更多初级教练机的资金，于是金德博格决定改变策略迂回前进：在飞机的引擎罩之中以及后座舱各加装1挺7.62毫米口径的机枪，使其变为具备一定作战能力的初级战斗教练机进行推销。美国陆航又一次被北美公司的执着打动，赋予新飞机BC-1 (Basic Combat Airplane，"初级战斗机"的缩写) 的军方编号，并订购了275架。从BC-1开始，北美公司在军用教练机市场收获的成果越来越丰硕，NA-16的血脉将衍生出著名的AT-6"德州人"教练机。与此同时，北美公司开始涉足轰炸机制造领域，著名的B-25"米切尔"轰炸机便是公司小试牛刀的开山之作。

BC-1的成功，刺激金德博格开始尝试从未接触过的战斗机项目。以BC-1的机体为基础，北美公司的工程师们完成了第一款NA-50型战斗机设计。NA-50将BC-1的后驾驶舱拆除，在防火墙之前安装1台莱特R-1820九缸气冷发动机，武器系统则由2挺7.62毫米机枪构成。1939年春天，秘鲁政府购买了7架NA-50装备部队，根据用户反馈：该型号飞机凭借轻量化结构以及相对强大的动力设备，性能发挥优良。为此，北美公司继续发展出改进型的NA-68，并在1940年夏天得到泰国政府的合同，来年完成6架飞机的生产以及交货。

1939年的战争前夜，北美公司正在为英国和法国生产"哈佛"教练机（AT-6教练机的出口型），并且保持良好的产品质量以及交付记录。同时，公司还接到了第一笔B-25轰炸机的生产订单。从这一年开始，北美公司在军用飞机制造领域的前进步伐越来越快。

从NA-50项目中，北美公司积累了现代战斗机设计的经验。以阿特伍德为核心，一支精干的设计团队逐渐形成：阿特伍德当过副总裁以及总工程师，公司总裁兼总经理金德博格将副总裁以及助理总经理的职务托付于他；大致在同一时间，斯坦利·史密森从项目总工程师升迁到负责生产和制造的副总裁，项目助理工程师雷蒙德·莱斯当上了总工程师。

第二次世界大战爆发之后，英法两国陷入无尽的恐慌当中，开始为充实军力而不顾一切地采购所有堪用的武器装备——包括各种美制军用飞机。在1939年到1940年间，美国可供出口的战斗机只有P-40和P-39，尽管这两个型号均无法和德国空军的Bf 109抗衡。不过，英国政府仍然购买了大批P-40和少量P-39。

此时的寇蒂斯公司已经和美国陆航签下数额巨大的P-40生产合同，无法为国外用户生产更多的战斗机。因此在1939年晚秋，鉴于北美公司拥有丰富的大规模飞机制造经验，

■ 寇蒂斯P-40战斗机是二战爆发时美国能够迅速投产的唯一新型战斗机，但面对轴心国集团的新型战机时已经力不从心。

英国采购团中有人向金德博格建议北美公司为寇蒂斯公司开辟一条P-40生产线以帮助提升该型号的交货速度。当时英方的要求不是非常迫切，因而这项提案没有得到金德博格的重视。

金德博格清醒地认识到：北美公司的加工和制造任务越来越繁重，如果接下P-40的生产合同，需要相当时间消化飞机的设计图纸、生产标准以及各种加工工序，其中的人力物力消耗很难得到控制，其效率不如采用公司内部的设计。而且，阿特伍德在当时已经考虑为北美公司设计新型战斗机的可能性，并多次对P-40进行观摩。阿特伍德的观点是：P-40采用液冷发动机作为动力，其冷却器和滑油散热器直接安装在引擎罩下方，只经过部分流线型处理，因而给飞行带来相当明显的阻力，极大影响飞机的性能。在深入分析P-40之后，阿特伍德立足北美公司自身条件进行了长时间的思考，他逐渐认识到更优秀的战斗机是能够成为现实的，于是一款创新的设计逐渐浮出水面。

作为公司的主要设计师，阿特伍德从国家航空咨询委员会（NACA）定期获得最先进的空气动力学报告以及相关的测试数据。1939年，一份来自英国皇家航空研究院的散热器试验报告引起他的兴趣。空气动力学专家F.W.梅里迪斯在报告中阐述了从飞机冷却器中获得额外推力的技术。

一般而言，液冷活塞发动机的管道式冷却器由三个部分组成：前端的进气口、后方的排气口以及位于中间的核心部件——散热器。发动机工作时产生的巨大热量由冷却剂带走，再通过管道流入散热器。从进气口吸入的空气通过蜂窝状的散热器，先降低冷却剂的温度，再从排气口流出冷却器。冷却剂将热量通过空气排放完毕之后通过管道流回发动机，开始下一个工作循环。

梅里迪斯研究了冷却器的进气口和排气口布局。他发现：进气口吸入的空气压强与飞机速度以及空气密度相关；调整冷却器排气口的尺寸，可以控制冷却器后方排出的空气压强，使其恰好允许前方吸入的空气通过，以延长空气流经散热器的时间，提高冷却效果。经过散热器后，空气温度提升，随之体积膨胀，加速向后喷射，使得飞机获得一个向前的推力。推力大小约等于空气压强乘以排气口面积，而且排出空气的温度越高，提供的推力越大。

梅里迪斯还在报告中指出：冷却器进气口的尺寸可以远远小于散热器，以达到减小阻力的效果。

这篇报告的核心思想以作者的名字被称为"梅里迪斯效应"。以之为理论基础，阿特伍德构思了一款战斗机设计，将飞机的冷却器安装在机翼之后的机身之中，只在外部留出冷却器进气口的空间，并用一套相应的管道系统用以进行热能传输，以获得向前的推动力。设计的重点即是通过改善冷却器安装布局使飞机获得额外的动力补偿以提升性能。

事实正如阿特伍德想象的那样：当他脑海中的这架飞机成为现实之后，飞机的活塞发动机带动螺旋桨，在飞行中提供的向前推力相当于1000磅的量级；与之相对应的是，如果飞机在25000英尺高度全速飞行，冷却器吸入的空气温度被提升200华氏度、体积膨胀40个百分点，冷却器排气口每秒钟可以排出500立方英尺的空气，其速度在500至600英尺/秒之间——这意味着冷却器的推进效率等同于一台推力为350磅的微型喷气发动机！

此外，该设计还具备两个显著的优点：

一、平衡重心。在螺旋桨时代，发动机和巨大沉重的散热器是战斗机的机身之内质量最大的两个部件。P-40的冷却器安装在引擎罩正下方，导致飞机重心前移，为此座舱的位置被迫向后移动以平衡重心，飞行员的视野因此受到影响。在阿特伍德的这款设计中，冷却器安装在机翼以及飞行员之后，飞机重心得到了自然而然的平衡。

二、减小阻力。通常情况下，飞机高速飞行时，前方的空气并不会百分之百顺畅地流过冷却器，有小部分空气将逸出进气口，与周围的机体结构相互作用变成不规则的紊流，这将增加飞机所承受的空气阻力并引发机体震动。因而，理想中冷却器的安装位置应当尽量靠后，以避免紊流对机翼和机身所产生的影响。同时，冷却器的位置又必须与发动机保持一定距离之内，以避免过长的冷却液管道带来超重的影响。因此，冷却器的安装位置便成为这款新飞机的设计关键，而北美公司将在减阻和减重之间找到一个最佳的平衡点。

由北美公司提出一款改良或是全新设计的想法看似能够打动英国采购团，充满了成功的希望，但实际上存在大量不确定因素。阿特伍德从来没有听说过任何政府乐意购买一款没有按照具体规范书要求进行设计、没有经过任何竞标、没有经过飞行测试验证的飞机。因而，阿特伍德压下把这个新概念付之图纸的念头，仅仅在脑海中对其进行反复推敲。

1940年1月，英国采购团再次向北美公司提出为寇蒂斯公司代工生产P-40的建议。这一回，阿特伍德鼓起勇气告诉金德博格，他想通过这次机会研发一款新型战斗机，以验证冷却器新布局的构思。金德博格对于这个想法相当支持，不过他对英国方面的态度不抱太多希望。在当时看来，北美公司能够期望的最好结果是在生产订单之外获得改造一架P-40或者建造一架全新验证机的许可。

于是，金德博格和阿特伍德代表北美公司向英国采购团的领导亨利·舍尔夫爵士提交了一份计划书，声称：同样基于P-40配备的艾利森公司V-1710液冷12缸发动机，北美公司可以为英国政府设计并制造一款全新的战斗机，并保证新飞机拥有更远的航程以及更优异的性能。

以局外人的观点来看，北美公司的这项提案显然是为了给自己争取更多的利益，不过这并非坏事。P-40的原始设计可以追溯到

第一章 野马战斗机发展史

■ XP-46照片可以看出其引擎罩下方的进气口设计思想继承自P-40系列，和北美公司的设计差别甚多。

1933年，北美公司的工程师们的确有权利理直气壮地说：自己有能力提供一款新型战斗机——采用最先进的技术、更容易制造、拥有更佳性能。同时，北美公司在计划书中保证新型战斗机采用和P-40以及P-39相同的发动机，最大程度地减轻了用户在后勤维护方面的负担。对于这一点，英国采购团是非常乐意看到的。

以此为基础，阿特伍德开始和采购团中协助舍尔夫爵士的贝克准将以及威廉·凯夫上校进行沟通。英国人考虑了北美公司的提议，阿特伍德被邀请一次又一次地参与贝克准将和凯夫上校的会议，介绍北美公司的背景、技术实力以及冷却器安装位置的设计细节等。

从1月到4月，阿特伍德到纽约出了几次差。在和英国采购团的谈判当中，阿特伍德明确了北美公司没有开始着手设计飞机的现状，但是只要得到许可，他们可以在向英国采购团承诺过的时间里设计并制造出飞机。英美双方的讨论一直持续到3月底4月初，直到最后获得了舍尔夫爵士的批准。

在1940年4月10日，舍尔夫爵士把阿特伍德请进英国采购团下榻的旅馆房间，做出了正式答复：英国方面决定采纳北美公司的提议；阿特伍德应尽快准备一份供舍尔夫爵士签署的书面合同；合同包括飞机的制造数量、北美公司提供的交货日期以及每架飞机的最低单价，发动机等英国政府规定的设备也应提及；在此基础上，双方将进行讨论制定最终合同。

同时，英国采购团让了一步，接受了北美公司从来没有设计过一款真正战斗机的事实。舍尔夫爵士非常关心北美公司是否能够获得P-40的风洞测试数据以及试飞报告。他说，如果可以做到这一点，这将增加英国采购团对北美公司如期完成项目能力的信心。阿特伍德答复道，他会努力争取，并在当天晚上搭乘前往水牛城的夜班火车。就在这一天，纳粹德国军队突入了丹麦和挪威境内，危机形势下英国采购团更迫切地争取一切可能的外来军援。

阿特伍德拜访了寇蒂斯公司水牛城分部的总经理布尔德特·莱特，和他讨价还价了差不多一整天之后，以56000美元的价格买下了多份风洞测试数据以及试飞报告，其中包括在P-40基础上研发的新型XP-46战斗机资料。值得一提的是，XP-46的冷却器布局和阿特伍德的构思如出一辙，这在未来给北美公司的这款新型战斗机带来了一些闲言碎语，声称阿特伍德的设计为抄袭而来。实际上，XP-46的进度缓慢，而且相比P-40性能没有明显提高；北美公司的新飞机具备同样的动力系统和相仿的机体尺寸，却实现了美国单引擎液冷动力战斗机在性能上的飞跃——这足以说明北美公司并没有抄袭寇蒂斯公司的设计，一切仅仅是简单的巧合而已。

4月11日，阿特伍德回到纽约后，向舍尔夫爵士说明已经拿到要求的数据，并提交了生产400架新型战斗机的意向合同，飞机配备艾利森V-1710型发动机、英国规格的武器设备以及北美公司设计制造的机体。在动力以及武器设备之外，平均每架飞机英国政府需要支付的费用在40000美元以下。

虽然英格伍德工厂中已经在开始进行一些前期的技术工作，但当时的北美公司依然无法向英国采购团提供任何设计图或技术规范，能拿出手的只有阿特伍德在谈判中用于讲解设计概念的一些非正式草图。于是，当时签订的意向合同只有单纯的文本内容。在英国采购团的法律顾问对合同进行了核定之后，舍尔夫爵士在合同上签署了自己的姓名。从这一刻起，野马项目开始正式实施。

1940年4月20日星期六，北美公司批准了新型战斗机的计划，工程师团队立即开工。项目的工程部门由总工程师雷蒙德·莱斯掌管，艾德加·舒默德担任助理工程师以及最初设计团队的主管，第一张设计图纸便出自他的手下。这一夜，北美公司大楼内灯火通明，工程师们通宵加班工作，终于在第二天早晨10点前将飞机的整体布局设计图以及初

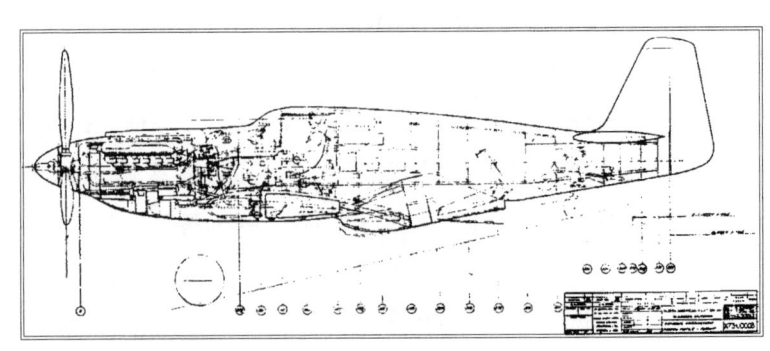

■ NA-73最早的设计图之一，完成于1940年6月27日。

第一章　野马战斗机发展史

■ 雷蒙德·莱斯(中)、艾德加·舒默德（右）在研究设计图纸。

NA-73的内部编号。NA-73性能参数如下所示：

从表格中我们可以看出，工程师们为飞机的未来发展留出了改进的空间。事实上，日后NA-73的跨越式发展将超出所有人的预料。

以图纸和规划书作为技术后盾，1940年5月1日，阿特伍德向英国采购团发送公函，保证从1941年1月至9月30日之间交付320架战斗机，交货速度为每个月50架。5月4日，北美公司取得了美国政府的战斗机出口批准，代价是向美国陆航提供2架飞机进行测试。

1940年5月29日，英国政府签订了购买320架NA-73战斗机的合同，并根据当时大西洋两岸流传甚广的一首热门歌曲为其起名为"野马"。根据这份合同，每架野马的平均价格为50000美金。这笔合同最不寻常之处在于

步重量预估报告递交到金德博格的办公桌之上。

根据在4月24日进一步细化的规范书，对于这款新型战斗机，北美公司为其安排了

NA-73性能参数表		
最大平飞速度 (速度/高度)	未来军用功率	384英里/小时 (19000英尺)
	当前军用功率	375.5英里/小时 (16500英尺)
	普通功率	354英里/小时 (14000英尺)
	当前军用功率	316英里/小时 (海平面)
	普通功率	298英里/小时 (海平面)
最大爬升率	军用功率	2720英尺/分钟
	普通功率	2330英尺/分钟
爬升至2000英尺时间	军用功率	8.8分钟
	普通功率	9.64分钟
实用升限		32000英尺
巡航速度	75%普通功率	311英里/小时
	65%普通功率	294.5英里/小时
续航时间 (65%功率)	正常燃油	2.17小时
	超载燃油	3.51小时
航程 (65%功率)	正常燃油	640英里
	超载燃油	1022英里
起飞速度		93英里/小时
着陆速度		82.5英里/小时
失速速度		78.5英里/小时

北美公司和英国采购团达成另外的非正式协议：NA-73原型机——即NA-73X的交付争取在120天之内完成。显然，有正式合同作为后盾，120天的期限实际上对于北美公司来说并不意味着一条硬性的规定，不过，对于公司内部的工程师来说，这的确是一项前所未有但值得一试的挑战。

第二天，美国陆航和北美公司的协议也随之签订：第4和第10架出厂的NA-73将交付美国陆航，并获得XP-51的美国陆航编号。

在流行歌曲《野马》中有这么一段歌词："跨上马鞍，让野马把烦恼抛在脑后远去。"未来的日子里，这首歌将和北美公司的战斗机一起，在每一片陆地上空纵情飞翔。那是欢乐之声，那是自由之声，那是胜利之声。

NA-73X

合同签订之后，北美公司上下——尤其是NA-73设计团队以史无前例的工作激情投入了一场疯狂冲刺当中：通宵加班成为家常便饭，周末假期被自动放弃。对于这几个月的超负荷工作，艾德加·舒默德是这么回忆的："我们每天都忙到午夜。到了星期天，我们会在下午6点下班，这样我们就知道，'周末'到了。"

工程师们的目标不仅仅是在120天的时间里从无到有制造出北美公司第一架现代化的高性能战斗机，还包括完成未来大规模生产的规划。在规划中，飞机的整条生产线按照类似美国汽车制造厂的样式进行预先组织和安排：在厂房中，每架飞机的机体将沿着流水线推向前方，各个部件在流水线上被依次安装到机体之上；运行到流水线的末端后，一架崭新的战斗机便大功告成。

在设计工作的第一步，工程师们使用全尺寸板材来构建NA-73X的全比例模型用于辅助工作。每当一种零部件或仪器的设计完成之后，相应的木制模型便会制造出来，并安装至NA-73X模型之上以验证是否符合设计要求。通过此种方式，潜在隐患得以在设计阶段尽早显露出来，以便工程师对其进行修改。因此，这个全比例模型对工程团队来说具备不可估量的宝贵价值。

为了制造原型机，工程团队消耗了超过60000个工时、绘制出2800张各式设计图纸。除此以外，他们还与北美公司的车间工人进行了充分交流，根据生产第一线的反馈意见来修改飞机设计。

NA-73项目的设计重点可分为以下几个方面：

布局

NA-73设计基本上为全金属架构，除了布质蒙皮的方向舵和升降舵之外，大部分结构采用铝材和铝合金制成。机身分为3个部分，即引擎罩、驾驶舱以及机尾部分。引擎罩内采用悬臂式匣形梁的发动机安装支架；在防火墙之后，驾驶舱部分由左右两半机体结构组成，共有4根纵梁将其与金属蒙皮紧密结合,再由横向框架固定;飞行员座椅后方、纵梁和横向框架组合成全金属半硬壳结构的机尾部分。通过维护工具,三部分机身舱段均可以方便拆卸或者组装。

NA-73采用了寇蒂斯公司生产的三叶全金属恒速螺旋桨,直径为10.6英尺。在不同的飞行条件下,电动的恒速调节器可以自动调整螺旋桨的桨距,使其达到最佳的工作状态。采用新工艺制造的螺旋桨毂盖完美地和机身线条融为一体,飞机引擎罩上突出的部分只有两侧的12.7毫米机枪口以及6副发动机废气排放口。化油器进气口距离螺旋桨毂盖12英寸,紧密地和引擎罩上端结合在一起,最大限度地减少了气动阻力。

以二战时期的标准,NA-73的驾驶舱相当宽敞,布局合理,驾驶舱采用剃刀背造型,飞行员安坐在8毫米厚的防弹钢板之前,前方的空间安装有防弹玻璃。飞机的座舱盖为铰接式设计,在左侧开启。座舱盖不能在飞行中开合,但在遭遇紧急情况时能够被飞行员抛掉。NA-73X原型机上采用了圆弧形的整体风挡,未来生产型飞机的标准将有所更动。在机身正上方、座舱盖顶端之后的位置安装有无线电天线杆,L型空速管则从右侧机翼的一半弦长处向下伸出。

野马的机翼为承力蒙皮的悬臂式结构,左右两侧机翼在机身中心线处铰接。每一侧机翼分为主结构、可拆卸的翼尖、副翼以及前沿襟翼。机翼的翼根部分具备一定的后掠角,从25%的翼展长处至翼尖部分,机翼前缘和机身中心线垂直。

每侧机翼主结构部分包括1根主翼梁、1根后翼梁、21根高强度翼肋、1根中央链接翼肋、沿翼展方向由平头铆钉合金板材包裹的压延桁条。两条翼梁根部之间用于安置自封闭的油箱,因此野马的机翼油箱实际上是有一部分安装在机身下方的。每侧机翼油箱的容量为85加仑,油箱前端安排了主起落架舱的位置。在机翼油箱和主起落架舱之外,还有足够的空间安置枪械、弹药以及配套的弹壳抛弃管道。翼尖部分可以拆卸,通过螺栓和机翼主结构固定在一起。

主起落架构造简单,结实牢固。11英尺10英寸(3.6米)的轮距使飞机在地面上操纵自

■ NA-73X全比例模型,由此可见圆弧形风挡,鼓起的短化油器进气口以及简单的机枪安装方式。

呼啸长空　P-51战机传奇

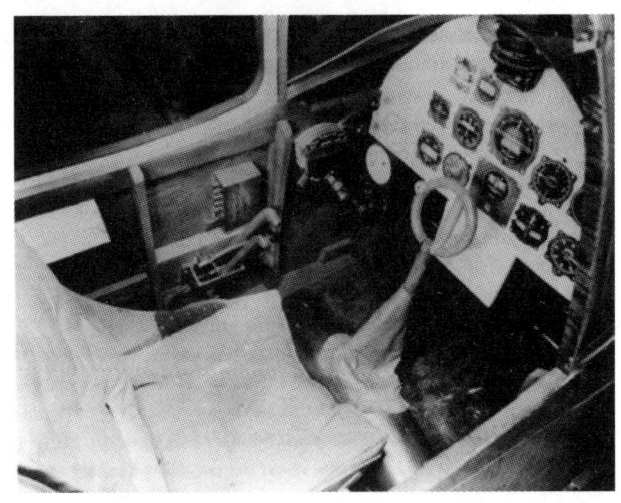

■ NA-73X全比例模型的座舱，构造极其简单，操纵杆的造型直接照搬飓风等英国早期战斗机，这将在投产前得到修正。

多年以来，美国陆航坚持认为：在高空环境中，配备增压器的大马力液冷发动机的性能要高于气冷型号。为此，美国陆航从1932年开始为艾利森公司（当时为通用汽车集团旗下的一个小型分支）提供发展资金，资助其V-1710液冷发动机项目。从1934年开始，V-1710先后在联合公司的VA-11A型战斗机以及贝尔公司的"空中飞鱼"重型截击机上进行试验，但这两型战机均未获成功。

如，这点足以使喷火（轮距5.8英尺）以及Bf 109（轮距6.6英尺）的飞行员艳羡不已——由于主起落架的轮距过小，喷火和Bf 109服役时极易在地面滑跑阶段出现倾侧事故。在野马之上，倾侧事故相对而言较少发生。

动力系统

在1937年2月，洛克希德公司的P-38设计开始酝酿的时候，艾利森V-1710-C8发动机已经完成了若干个星期的成功运转。在150多个小时的试验中，V-1710-C8的输出功率超过1000马力，这是当时美国境内唯一具备大规

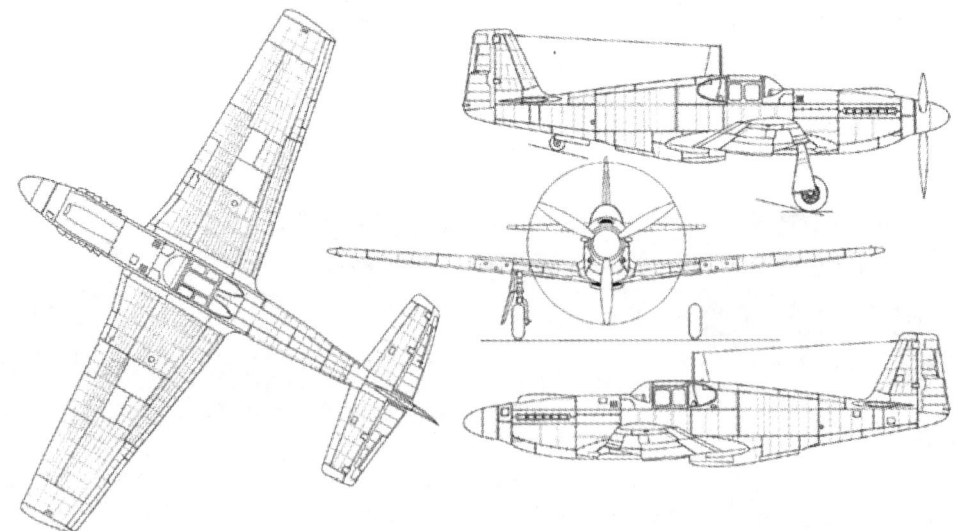

■ NA-73X三视图。

模生产可能的大马力液冷发动机。美国陆航对V-1710抱有极大信心,希望这一型发动机能够成为未来战斗机的标准动力设备。事实的确如此,美国陆航在20世纪30年代末40年代初装备

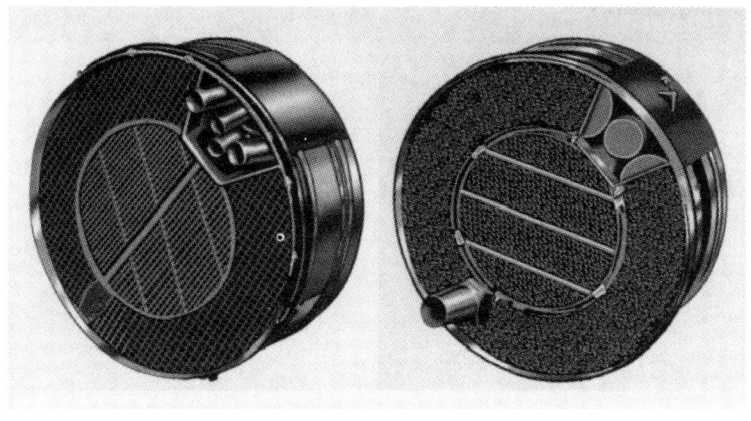

■ 从前方(左)和后方(右)观察散热器和滑油冷却器的组合。

的战斗机均清一色地配备V-1710：P-38"闪电"、P-39"空中飞蛇"、P-40"战鹰"……名单之外还可以加上各种五花八门中途下马的试验型号。

为NA-73准备的V-1710-39型发动机的生产代号为F3R,在起飞阶段的歧管进气压力为44.5英寸水银柱,能以3000转/分钟的转速运转,并稳定输出1120马力的功率。在自带的一具单级单速机械增压器的驱动下,V-1710-39在11300英尺的临界高度能够输出最

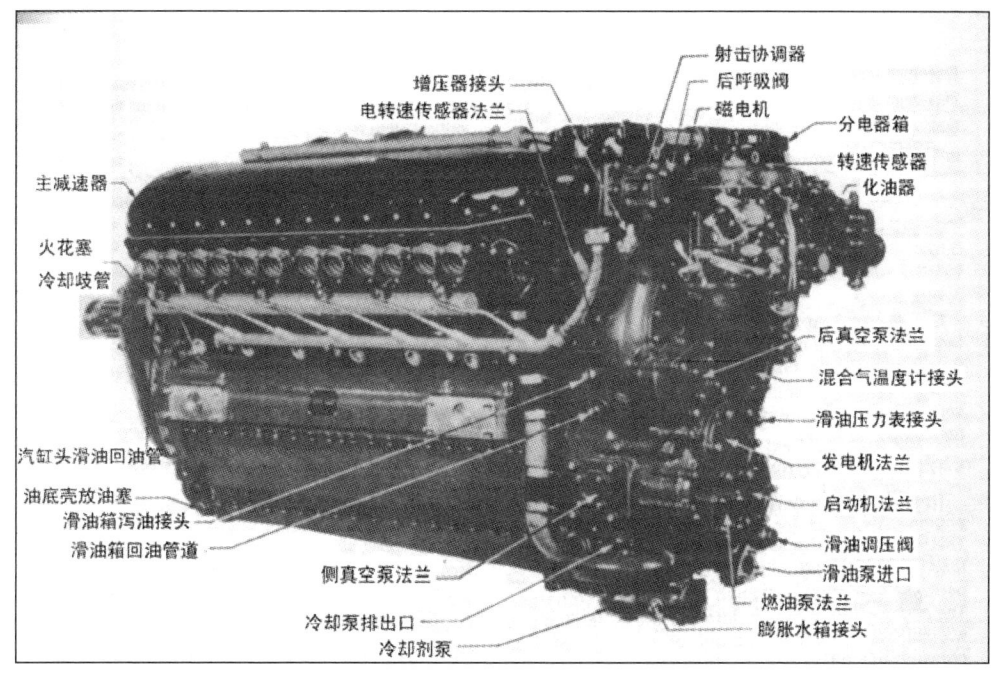

■ 早期野马战斗机采用的艾利森V-1710发动机。

呼啸长空　P-51战机传奇

V-1710-39性能表	
长	85.625英寸
宽	29.28英寸
高	36.53英寸
汽缸容积	1710立方英寸
重量	1335磅
增压器传动比	8.8:1
最大进气压力	46英寸水银柱
临界高度	11300英尺
最大起飞功率	1120制动马力（3000转/分钟，44.5英寸水银柱进气压力）
最大功率	1220制动马力（3000转/分钟，44.5英寸水银柱进气压力，10500英尺）
最大爬升功率设定	3000转/分钟，42英寸水银柱进气压力
最大巡航功率设定	2600转/分钟，37.2英寸水银柱进气压力
巡航飞行数据耗油率（加仑/小时）	67（2280转/分钟，30.3英寸水银柱进气压力） 59（2280转/分钟，28.8英寸水银柱进气压力） 50（2190转/分钟，26.0英寸水银柱进气压力）

大功率。一旦飞机超过这个高度，机械增压器便无法为发动机提供足够的进气压力，动力系统的输出功率将大幅度下降。

发动机配备普雷斯通公司生产的冷却系统，乙二醇冷却剂由一个弧形储存罐供应，安装在NA-73发动机毂盖之后的引擎罩前上方位置。冷却剂储存罐与毂盖之间安置有一片防弹钢板，以抵挡来自前方的子弹。发动机冷却系统的大型散热器为圆环状，埋藏在驾驶员后下方的机身之内，中间包裹着滑油冷却器。冷却剂系统的液压泵由V-1710驱动，冷却剂从储存罐注入发动机吸收热量之后，流出发动机通过机身底部的管道注入散热器，将热量通过空气散发，随后再经由管道重新注入发动机。在驾驶舱当中，飞行员可随时通过仪表读取冷却剂的温度，并对其进行调节。

滑油冷却系统的工作方式与发动机冷却系统类似。滑油储存罐安装在防火墙之前的引擎罩后上方，滑油从储存罐注入发动机进行润滑之后，温度随着工作环境提升。滑油在发动机底部收集，通过机身底部的管道注入被散热器包围的滑油冷却器，将热量在空气中散发后再经由管道重新注入发动机。

武器

在北美公司的设计方案中，NA-73配备有8挺机枪：引擎罩内的2挺12.7毫米机枪分列发动机左右，每侧机翼上安装有1挺12.7毫米机枪以及2挺7.62毫米机枪。对比二战初期英国皇家空军广泛采用的7.7毫米机枪，NA-73的火力配置可谓强悍。

为了加快项目进度，NA-73X原型机没有安装机枪，而是在引擎罩以及机翼的机枪口位置进行了简单的流线型处理，这也是各大飞机制造厂商在研发过程中的通用手法。事实上，美国陆航的另外两款著名战斗机——P-38和P-47的原型机同样没有安装武器设备。

减阻力

要在性能上胜出采用同样动力设备的

第一章 野马战斗机发展史

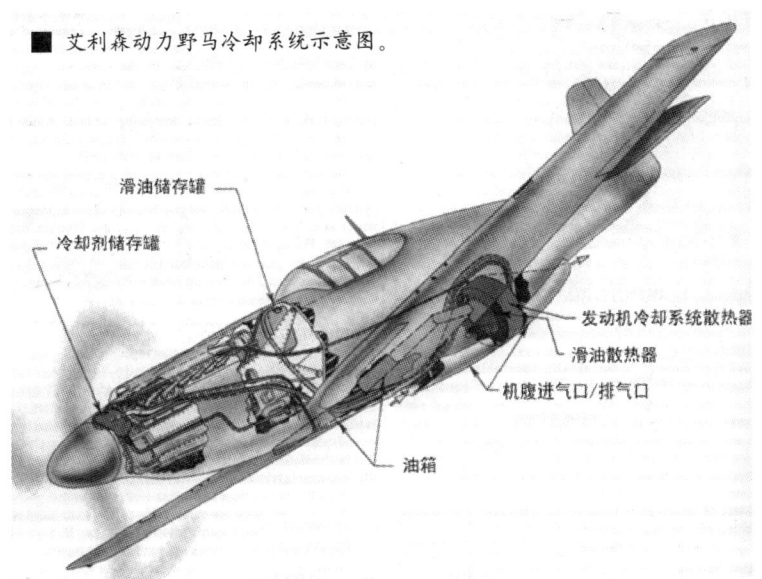

■ 艾利森动力野马冷却系统示意图。

滑油储存罐
冷却剂储存罐
发动机冷却系统散热器
滑油散热器
机腹进气口/排气口
油箱

P-40，NA-73必须具备更优秀的气动外形。为此，工程师们的任务是设计出一副整洁、光顺的机身轮廓。尽管阿特伍德耗费重金买下包括XP-46在内的风洞试验数据，这架寇蒂斯公司的最新战斗机并没有为北美公司带来任何帮助。野马设计团队中，空气动力学专家爱德华·霍基是这么评论XP-46的："我们对它草草扫了一眼，就知道这只是一架新瓶装旧酒的P-40，我们看不出来它有任何过人之处，我们从设计阶段开始就比它做得更好。"

在第二次世界大战之前的航空工业领域中，为了简化生产工艺，飞行器的造型设计广泛运用了直线或者一次曲线轮廓。在北美公司的新项目中，NA-73的机体结构广泛采用了通过加州理工实验室验证、更为复杂的二次曲线轮廓。这项技术固然会增加设计难度，但能够最大限度地减小正面阻力，使流经机身的气流平滑顺畅，提升飞机性能。

除此之外，在设计的后期，层流翼型技术的应用整合进项目当中。这个翼型由爱德华·霍基根据国家航空咨询委员会的最新报告进行设计，并由北美公司的工程师团队付诸实施。

同时代一般设计的机翼横截面为非对称形状，从机翼前端往后弦长的20个百分比处为最厚的部分，横截面最大的曲率位于上方。层流翼的横截面为对称形状，机翼前端非常薄，从前端往后弦长的50个百分比处为最厚的部分。该设计能够减少流经机翼的湍流，降低阻力，增加飞机速度，乃至减少燃油消耗。层流翼型的缺点是低速飞行条件下提供的升力相对较低。为此，设计团队为NA-73X配备了大型襟翼，以在起飞和降落阶段提供足够的升力进行补偿。

生产性

金德博格具备非凡的管理才能，他的领

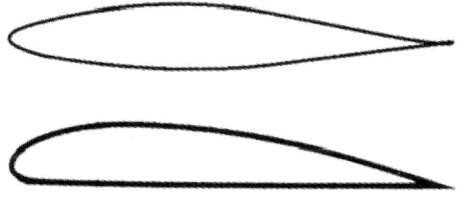

■ 层流翼型(上)与普通翼型的比较。

导极大地促进了北美公司的生产效率。即便在战时的大规模生产压力下，飞机的各个零部件仍然按照批次井然有序地生产而成。

在野马战斗机的生产过程中，制造工具起到相当重要的作用。为此，北美公司特别准备了各种专为制造单一零部件或完成一道工序而设计的工具。大部分工具——尤其是钣金工具采用胶合板或者低熔点金属制成。虽然没有合金钢工具经久耐用，此类工具依然具备多个突出的优点：成本低廉、能够在满足性能要求的前提下快速制造，并且可以根据生产任务的变化方便地修改。在北美公司的生产流程中，金德博格对零部件的切割、成型以及拉伸成形技术做出了杰出贡献，但他最重要的成就是对飞机的流水线生产及装配过程进行的经济化管理。

在飞行器制造领域，通用的生产步骤是：首先制造出各种不同的结构部件、机翼、机身等等，然后将其逐次组装，最后在接近完工的机体上安装各种设备——包括电气和液压部件、武器、无线电系统等其他零部件。对于大型飞机，由于体积充裕，通常都拥有足够的空间在组装阶段安装和调配各种设备。然而，对于战斗机或者教练机而言，相对狭小的机内空间意味着在组装阶段给制造者带来了较大麻烦。因此，从T-6型教练机开始，金德博格要求北美公司的飞机生产按照以下准则进行：所有机身和机翼结构一直保持半开状态，直到全部配线、管道以及设备均安装完毕，再经过检查和调试进入最后的组装阶段。

在第二次世界大战当中，美国战时生产局对各家飞机制造商进行过各方面的数据统计，其中一个重要的指标便是生产每磅机体结构（尚未安装发动机以及其他设备）所消耗的平均工时。对于这个数据，北美公司的纪录一直比国内同行的平均水平低20%。为此，格鲁曼公司的生产主管捷克·斯沃巴尔前往北美公司学习经验。完成了为期数天的考察之后，斯沃巴尔在临走前向金德博格感叹道："德国佬，我不相信你们有比我们更棒的员工、设备、厂房或者产品控制，但你到底是怎样让手下的工程师设计出如此适合工人制造的飞机来的？"在金德博格持之以恒的努力下，到战争结束前，最后的5000架野马的机体售价被压缩到仅仅17000美元。

维护性

北美公司的工程师尽力使飞机拥有最佳的空气动力学外形以及最低的生产成本，他们的目标还包括实现更优秀的维护性能。例如，为了保持最低阻力，飞机的引擎罩外形尺寸被严格控制，同时内部的各设备均严丝合缝地安装在一起以减小空间占用，不过，在工具的帮助下，这些设备均能迅捷地安装或者拆卸。采用悬臂式匣形梁的发动机安装支架更是简化了发动机的维护过程，给地勤人员带来了极大的方便。

为使NA-73X原型机能够尽早交货，北美公司的设计团队夜以继日地加班加点，到1940年8月初，NA-73X的机体便已经大体完成。9月9日——仅仅在英国政府签订购买合同的102天之后，NA-73X完整的机体推出了北美公司的厂房。此时，由于起落架的刹车尚未完工，工程师们从AT-6教练机生产线上直接借调一副机轮安装至NA-73X上。然而，这架飞机的引擎罩之内还是空空如也——艾利森公司正在开足马力为美国陆航的P-38、P-39、P-40系列生产发动机。作为一架自行研发、针对国外客户的"非官方"战斗机，NA-73X只能获得NX19998的民用序列号，被排在艾利森公司供货列表的末端，V-1710发动机的交付遭受了重重阻隔。

为此，北美公司为跑道上的NA-73X拍摄了大量照片，邮寄到艾利森公司。信封内没有一张信纸，照片上崭新的NA-73X仿佛在向艾利森公司提出无声的抗议："你看看，只要一台发动机，我马上就能飞起来！"此外，野马项目的一名工程师将自己的轿车停在了艾利森公司的大门口，一步不离地全天守候，他身上背负着北美公司的一条死命令——"拿不到发动机就不要回来"。

终于，在软磨硬泡3个多星期之后，北美公司总算在10月7日收到了姗姗来迟的V-1710发动机。打开包装箱，工程师们不由得倒吸一口凉气，原来艾利森公司修改了V-1710的管线布置，而完全没有将这些变动及早通知北美公司！为此，北美公司耗费了整整18天时间用以修改NA-73X的引擎罩设计，以配合规格改动过的V-1710。

1940年10月11日下午，V-1710在北美公司的厂房内发出了第一声怒吼，仿佛在向这个世界预告一个新生命的到来。对于工程师们来说，这是最美妙动听的音乐。发动机的地面试车阶段持续了两个星期，试验表明冷却器的进气口尺寸过小，将很难在低速飞行以及地面滑行时提供足够的冷却。为此，冷却器的进气口被修改成可调整的结构，进气口可在必要时展开，扩大吸入空气的流量。但是，活动进气口又带来了空气泄漏的问题，在飞行中引发额外的阻力，这将在野马未来的后续改型之上得到彻底解决。地面试车

■ 外号"德国佬"的金德博格坐进生产线上的野马座舱，亲自进行检查。

呼啸长空 P-51战机传奇

■ 跑道上的NA-73X，方向舵上可见NX19998的民用序列号，机腹的进气口和排气口均处在完全打开位置，背景中是几架AT-6教练机。

阶段完成后，NA-73X由试飞员万斯·布里斯驾驶，在跑道上进行多次滑行测试。

在一切准备就绪之后，1940年10月26日拂晓，NA-73X为处女航做好了准备。这是一个典型的加利福尼亚秋日早晨，只有薄薄的云雾在低空漂浮，极其适合飞行测试。NA-73X原型机从厂房之中被拖曳到迈恩斯机场的跑道一侧，设计团队成员以及北美公司的工人们从四面八方聚集过来，围拢在飞机周围，他们之中的大多数人是第一次亲眼目睹这个从自己手下诞生的新生儿。NA-73X保持了铝合金原色，优美流畅的机身光滑闪亮，静静地伫立在微凉的和风之中，仿佛一匹久经沙场的赛马在等待着发令枪响脱缰疾驰的那一瞬间。

万斯·布里斯穿上贴身而且舒适的飞行服，爬进了NA-73X的驾驶舱。在V-1710发动机从沉睡中被唤醒之后，他关上了飞机的座舱盖。NA-73X轻快地滑向跑道尽头，随着发动机的轰鸣，螺旋桨掀起的气流吹动前一天夜里落雨在跑道上聚集的积水，溅起阵阵飞沫。所有设备运转正常，万斯·布里斯获得了起飞的许可，将飞机滑行至平行跑道的位置。他把持住刹车，稳稳地推动节流阀，发动机的轰鸣越发响亮，大团黑色废气从引擎罩两侧的废气导管喷涌而出。

起飞的时机到了，万斯·布里斯松开刹车，NA-73X有如离弦的箭矢，在跑道上急速滑跑。随着速度的增加，飞机的尾轮脱离了地面，此时万斯·布里斯发现螺旋桨的扭矩效应远比设想中的小，他只要在方向舵上施加少许控制，就能毫无困难地保持飞机在跑道正中平稳滑行。机翼下长长的水泥跑道被甩到了后头，NA-73X的主起落架轮轻盈地脱离了地面，飞机轻盈地从跑道上跃升而起，向着无垠的蓝天飞去。目睹NA-73X的起落架被准确无误地收回，收起至机翼内之后，地面上翘首以待的北美公司员工们迸发出暴风雨

第一章 野马战斗机发展史

一般的欢呼和掌声。

万斯·布里斯发现飞机的加速比预想中快,爬升角度也更为陡峭,他不得不稍稍收回节流阀以保证飞行的安全。驾驶飞机进行了20分钟的体验之后,万斯·布里斯逐渐熟悉了NA-73X的飞行特性,他驾机与随同陪伴飞行的另一架飞机组成编队,开始比翼齐飞。

此时,地面塔台向NA-73X发出指示,要求在地面的观测范围之内进行一系列机动飞行。对于万斯·布里斯进行的任何一个动作,NA-73X都能敏捷地做出即时反应,其各项表现远远超出工程师们的预想。最后,万斯·布里斯驾驶飞机以一个漂亮的三点式着陆降落到迈恩斯机场的跑道之上,NA-73X的处女航完美无缺地画上了句号。

在接下来的两个星期中,NA-73X装上各种仪表以及测试仪器进行了3次试飞,以进一步测试原型机的飞行包线。试飞的结果令人振奋,北美公司证明了半年前的诺言:使用同样的发动机,他们能制造出比寇蒂斯公司P-40更为优秀的战斗机。不过,NA-73X在这个阶段初步显露出冷却系统功率不足的趋向。

11月20日,试飞员保罗·巴尔弗按照计划将驾驶NA-73X进行飞机的空速校正试验。作为一名具备2300小时飞行经验的老牌试飞员,巴尔弗是第一次接触这架全新的战斗机。在试飞前,机械师奥拉夫·安德森对飞机进行了彻底的检查。根据安德森回忆:"5时40分,我按照通常步骤在起飞前为发动机暖车。滑油冷却器和普瑞斯通冷却器的温度均正常(前者65℃,后者95℃)。在发动机转速为1800到2000转/分钟时,滑油压力和燃油压力均正常。滑油压力80磅,燃油压力13磅。发动机在运转5分钟后停车,它在启动时候稍显费力(艾利森公司的驻厂代表说他们的产品跑起来都是这个样子)。"

7时10分,巴尔弗驾驶NA-73X离地升空。在跑道上空进行了几分钟转弯之后,巴尔弗逐渐熟悉了NA-73X的操纵特性。随后,他对准跑道,从西侧开始进行第一阶段的空速测试。NA-73X在250英尺的高度掠过跑

■ 试飞中的NA-73X,注意圆弧形风挡,照片拍摄时方向舵按照美军的标准进行涂装。

呼啸长空 P-51战机传奇

■ 罗伯特·切尔顿伴随着野马战斗机从艾利森动力发展到未来的灰背隼动力。

道,正下方地面上的工作人员使用仪器记录下飞机的各种数据。飞到跑道东侧后,巴尔弗驾驶飞机进行转弯机动,准备飞回跑道西侧进行下一阶段测试。就在这时,引擎罩内轰鸣的V-1710猛然间停止了转动。

失去动力的NA-73X立即像断了线的风筝一样,受地心引力的作用向下坠去。巴尔弗急忙检查了一下座舱仪表,没有发现任何异样。他想将飞机滑行回跑道西侧,却很快意识到当前的飞机没有足够的高度和速度进行机动。无奈之下,巴尔弗将飞机的襟翼放下,以求最大可能地增加升力、延长留空时间。同时,巴尔弗放下起落架,试图将飞机降落在跑道外的原野上。NA-73X无声而又迅速地拉近与地面之间的距离,在7时23分,它

的起落架接触到地面——一片刚刚犁过的田地。顷刻之间,机轮陷入松软的泥土当中,NA-73X有如奔驰的战马挂上了绊马索一般,在惯性作用下一头栽向前方,结结实实来了一个背摔,翻了个肚皮朝天。在这场灾难中,NA-73X驾驶舱后高耸的机身背部结构救了巴尔弗一命,使他免遭地面的冲击。惊魂未定的巴尔弗挣扎着爬出驾驶舱,发现自己毫发未伤——除了自尊心以外。

从首飞成功到发生事故,NA-73X的全部飞行时间为3小时20分。美国民用航空管理局的航空安全委员会对失事的飞机进行检查,发现飞机"发动机支架断裂、两副翼尖受损、垂尾表面受损、机身顶部受损并有其他多处损坏"。检查揭示了事故的原因:在飞行中,飞机各系统工作正常,只不过巴尔弗忘

■ NA-73X的结构静力试验,这是一项节奏缓慢而又趣味十足的工作,用以测试机翼以及机身能够承载的最大负荷。为此,数以百计的铅块被仔细安置到机翼之上,工程师则在一旁观察在机翼被从机身上撕裂的时机。

第一章 野马战斗机发展史

记切换供油管道，致使发动机在当前油箱的燃油耗尽后停止运转。

北美公司的英国主顾对这段插曲毫不在意，他们更看重的是在试飞中NA-73X所表现出来的优异性能。因此，NA-73项目的订单没有受到任何影响。

NA-73X残破的机体被小心地从田地中抬起，运回北美公司进行拆解后进行修复。在这次坠机事故之后，罗伯特·切尔顿便换下了倒霉的巴尔弗。1941年4月3日，切尔顿将修复完毕的NA-73X重新带入蓝天的怀抱，在迈恩斯机场上空进行了为期1个小时的体验飞行。多年以后，为北美公司试飞过后续大部分野马家族成员的切尔顿是这样描述这架痊愈的原型机的："NA-73X是一架很爽的飞机，几乎没有任何缺点。它在空中的表现令人愉悦，操纵性和后来的生产型相当。"

生产型野马战斗机陆续出厂之后，北美公司和英国政府决定从这批飞机中选出NA-73X的继任者进行试飞工作，野马家族的第一架原型机便从此完成了它的历史使命。

■（上、中）失事后的NA-73X。注意机翼上的机枪口位置，原型机中实际没有安装机枪，但在相应的开口位置进行了涂装标识。

■（下）失事后正在被吊起的NA-73X，注意右侧机翼上巨大的民用序列号NX19998。

第二章
NA-73/NA-83（野马Ⅰ）

NA-73

1940年，北美公司和英国政府签订了生产320架NA-73战斗机的合同，它们被授予从AG345到AG664的英国皇家空军序列号。

由于NA-73X原型机的表现堪称完美无缺，最初的NA-73生产型仅仅进行了略微更动，主要表现为以下两点：

◆ 更换风挡。

为了便于生产，NA-73X座舱盖前方的圆弧形整体风挡被三片式平板风挡所替代，正面的一片风挡可用以加装防弹玻璃。

◆ 加装武器。

NA-73生产型在引擎罩内安装有2挺12.7毫米机枪，分别安置在发动机两侧下方，每挺机枪的弹药箱均向下倾斜，并延伸超过引擎罩的中心线底部位置。为了避免弹药箱位置发生冲突，两挺机枪采用前后错开的布局：左侧的机枪处在前方，其枪口几乎与螺旋桨平齐，右侧的机枪位置则稍稍靠后。机枪射出的子弹穿过螺旋桨，通过射击协调器，射速被控制在1000发/分钟至3000发/分钟之间。由于机枪处在引擎罩之内，在高空飞行时可以直接吸收发动机所散发的热量，因此无需加装机枪的加热设备。一个环形开口

■（上）早期野马战斗机的风挡由三片树脂玻璃构成，中间的树脂玻璃后可以放置一块1.5英寸厚的防弹玻璃。

■（中）1940年画家笔下的NA-73剖视图。可见较短的化油器进气口、机翼中6挺机枪以及英国皇家空军的标志。

■（下）这架AM112号机（机身编号XV●X，"●"代表识别标志）是英国皇家空军第2中队最早参加实战的野马Ⅰ。从图中可看出左侧机枪位置明显靠前。

第二章 NA-73/NA-83 (野马 I)

的整流罩加装在突出引擎罩的机枪口外围以减小阻力，同时，这个整流罩还负责引入冷却发动机火花塞的空气。

同时，NA-73生产型每侧机翼起落架舱之外的空间内安装有1挺12.7毫米机枪和2挺7.62毫米机枪。12.7毫米机枪安置在内侧，2挺7.62毫米机枪在外侧，枪管开口埋藏在机翼之内。其中，处在中间的7.62毫米机枪的安装位置稍稍偏向后下方，因此它的枪管开口位于机翼前缘的下方。3挺机枪的安装位置之外是它们的弹药箱位置，弹药箱分为前中后3层，分别沿水平方向为3挺机枪输送子弹。

在飞机出厂之后，每一架NA-73生产型都要经过机枪校射，将所有8挺机枪的弹道交会点设置在飞机正前方的300码距离，以求获得最大的杀伤效应。校射工作在地面上进行，首先飞机通过机翼千斤顶和机尾支架固定，模拟飞行中的水平状态，然后调试人员在机头前方1000英寸（约合83.4英尺）远的区域设置一块标靶。调试人员根据射击标靶后的弹孔分布通过三角函数公式估算300码距离的实际弹道，再以此为

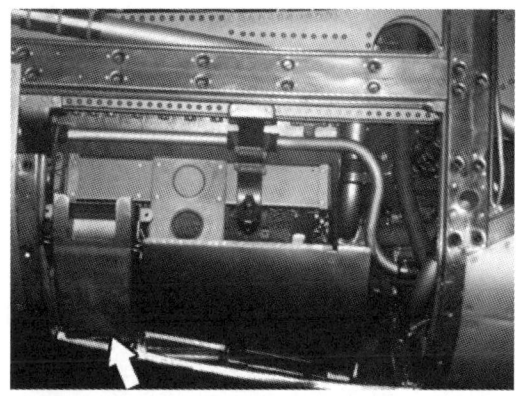

■（上组）从左侧（上）和右侧（下）观看NA-73引擎罩内部结构。箭头所指之处即为机枪的弹药箱，它们分别延伸到引擎罩对面，超过引擎罩中心线的结构使得交错布局势在必行。弹药箱之后的舱段用以容纳子弹击发后的弹壳以及弹链。

■（下组）NA-73右侧机枪口细节（左）NA-73右侧机翼机枪口细节（右）。

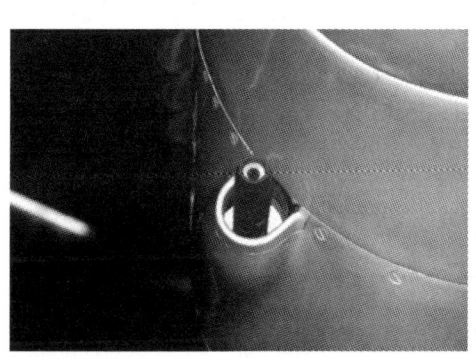

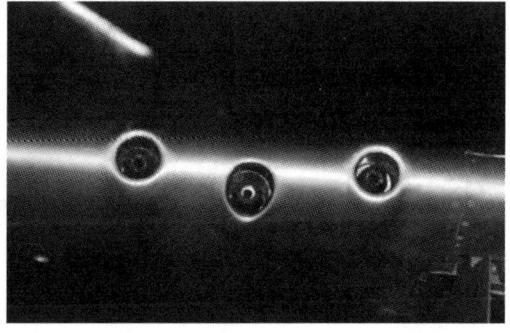

依据微调飞机上各挺枪械的射击角度，直至达到要求。飞机的照相枪和瞄准镜也通过同样的方式进行校准。

NA-83

1940年9月，NA-73X还在车间中等待V-1710发动机的时候，不列颠空战进入决定生死存亡的关键阶段，皇家空军战斗机司令部全力支撑着英伦三岛的天空。在战局的压力下，英国采购团向北美公司追加了300架改进型野马的生产合同，并为其准备了AL958到AL999、AM100到AM257以及AP164到AP263的英国皇家空军序列号。

这批飞机的工厂编号为NA-83，主要更动为根据不列颠之战的经验将防弹玻璃加装在风挡之后，并将机翼油箱更换为更加安全的自封闭油箱。此外，后期的NA-83和NA-73一起换装直径加大到10英尺9英寸的寇蒂斯公司三叶全金属恒速螺旋桨。由于两型飞机变化不大，英国皇家空军将NA-73和NA-83统一命名为野马I。

不列颠之战以德国空军的败退而告终，从此希特勒放弃了入侵英国的"海狮计划"，将注意力转向东方的广袤领土，着手准备入侵苏联的"巴巴罗萨计划"。战事趋于缓和之后，英国皇家空军面临的巨大压力得以减轻，对战斗机的需求便不再显得迫切。在变化的时局中，野马战斗机项目失去了这年春天被赋予的优先级待遇，因而英国皇家空军对NA-73和NA-83的交货速度不再作硬性要求。

不列颠之战中的经验得失极大地影响了整个英国皇家空军，使其重新审视本土防御空战的作战思想——尤其是截击机的性能规范。这年夏天过后，英国皇家空军的战机发展计划均或多或少地进行了相应的调整。高

NA-73/NA-83性能表	
公司编号	NA-73/NA-83
皇家空军编号	野马I
发动机	V-1710-39
几何尺寸	
机长	32英尺又7/8英寸
翼展	37英尺5/16英寸
机高	8英尺8英寸
机翼面积(平方英尺)	233
重量	
空重(磅)	5990
最大起飞重量(磅)	8633
机内燃油(加仑)	170
最大燃油(加仑)	170
固定武器	
机枪(数量×口径)	4×12.7毫米
备弹(发)	800
机枪(数量×口径)	4×7.62毫米
备弹(发)	2000
性能	
最大平飞速度/高度(英里/小时/英尺)	328/1000
	382/13700
巡航速度(英里/小时)	300
爬升率(时间/至高度)	11分钟/20000英尺
实用升限(英尺)	30000
机内油箱航程(英里)	900

第二章　NA-73/NA-83（野马Ⅰ）

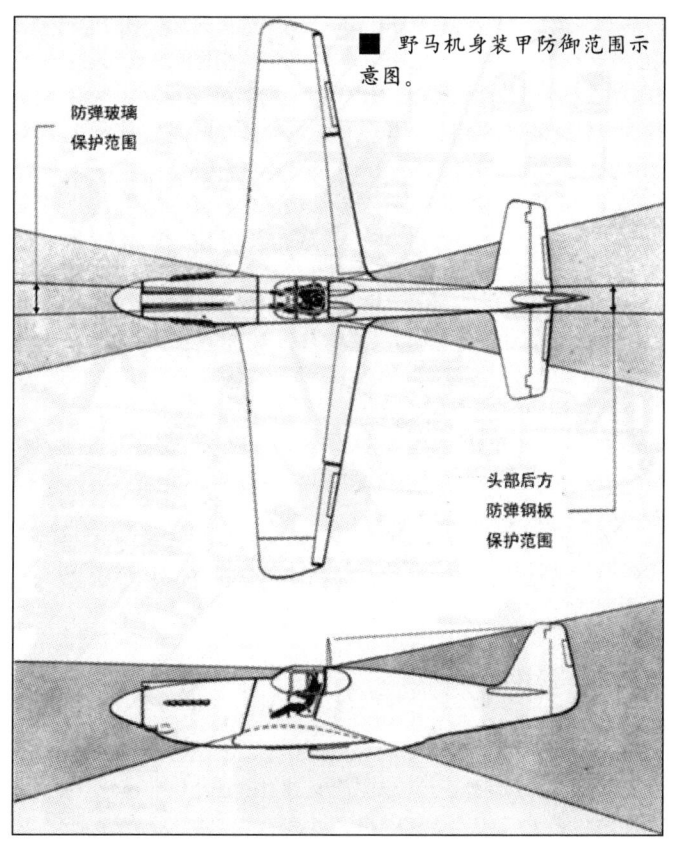

■ 野马机身装甲防御范围示意图。

防弹玻璃保护范围

头部后方防弹钢板保护范围

层决策者预见到防卫英伦三岛需要更多的高性能战斗机，同时规划中的新型战机应当具备更远的航程，以便配合盟军未来的反攻作战，将战火燃烧至欧洲大陆之上。

随后，若干经历过不列颠之战的空军飞行员来到美国，加入英国采购团。飞行员将他们的实战经验无私地与人分享，协助采购团与美国飞机制造厂商沟通，这给北美公司的野马项目带来极大的帮助。

1941年4月16日，第一架生产型野马Ⅰ滑下了北美公司的生产线，在英国皇家空军的编制中，它的序列号为AG345。从设计团队画出第一张图纸到生产型战斗机出厂，北美

公司在1年不到的时间内便完成了其他公司需要消耗2年甚至3年时间的任务，业界同行由衷地赞叹野马项目实为"12个月之中的奇迹"。

4月25日，AG345号野马Ⅰ顺利完成首飞。在5月1日的庆典结束之后，它由北美公司和英国皇家空军的试飞员轮番进行试飞。

试验表明，在高速飞行条件下，AG345号机的副翼控制僵硬。经过反复尝试，工程师们为操纵面加装配平调整片，减轻了飞行员的工作负担。

为了应对野马在飞行中出现的过热问题，工程师们设计了一套新型的冷却器进气口，将其降低1英寸与机身分离，恰到好处地将进气口引发的紊流影响减至最小，同时避免了增加太多阻力。此外，新型进气口还具备改善冷却器效率的功用。试验揭示了野马Ⅰ在高攻角低油门状态时，化油器吸入的气流容易被切断导致发动机停车。为此，工程师们重新设计了化油器进气口，将其向前延长直至螺旋桨毂盖的正后方。

以上这些改进很快应用到所有的艾利森动力野马的生产当中。不过，在AG345号机进行上述试验工作的同时，有4架生产型野马

呼啸长空 | P-51战机传奇

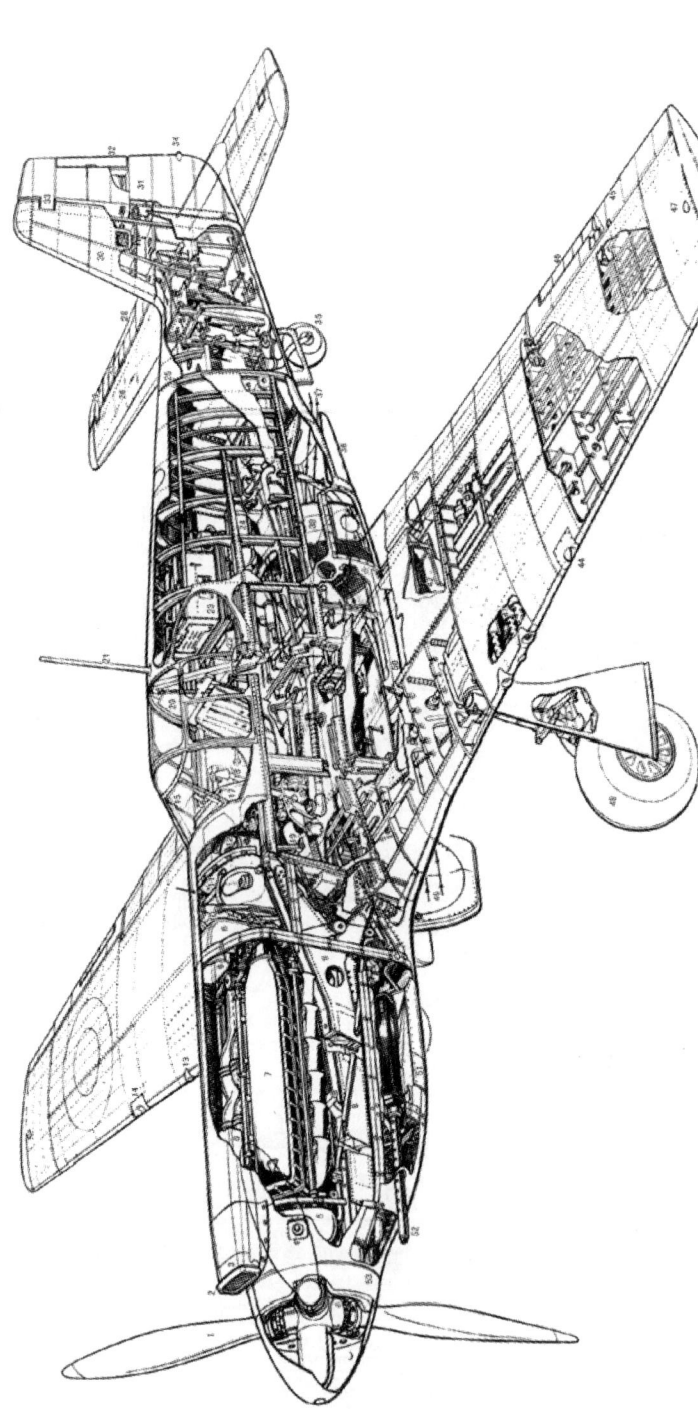

■ 野马I前剖视图

1.寇蒂斯恒速螺旋桨；2.进气口防冰档；3.化油器进气口；4.冷却剂加注口；5.冷却剂储存罐；6.化油器进气管道；7.艾利森发动机；8.冷却剂管道；9.发动机安装支架；10.滑油储存罐；11.防火墙；12.液压系统储液罐；13.7.62毫米机枪口；14.着陆灯；15.防弹风挡；16.反射式瞄准镜；17.仪表板；18.操纵杆；19.踏板；20.防弹钢板；21.无线电天线杆；22.无线电发报机；23.无线电接收机；24.氧气罐；25.机身/机尾连接处；26.金属水平尾翼；27.升降尾翼；28.升降舵配平调整片；29.升降舵配重；30.金属垂直尾翼；31.方向舵；32.方向舵配平调整片；33.方向舵配重；34.航行灯；35.可回收的起落架尾轮；36.机腹排气；37.排出的热空气；38.散热器/滑油冷却器；39.开缝襟翼；40.机枪；41.机枪送风管；42.自封闭油箱；43.弹药箱；44.左侧着陆灯；45.副翼；46.副翼配平调整片；47.导航灯；48.主起落架轮；49.吸入的冷空气；50.机腹进气口；51.弹药舱；52.12.7毫米机枪；53.防弹钢板。

第二章 NA-73/NA-83（野马Ⅰ）

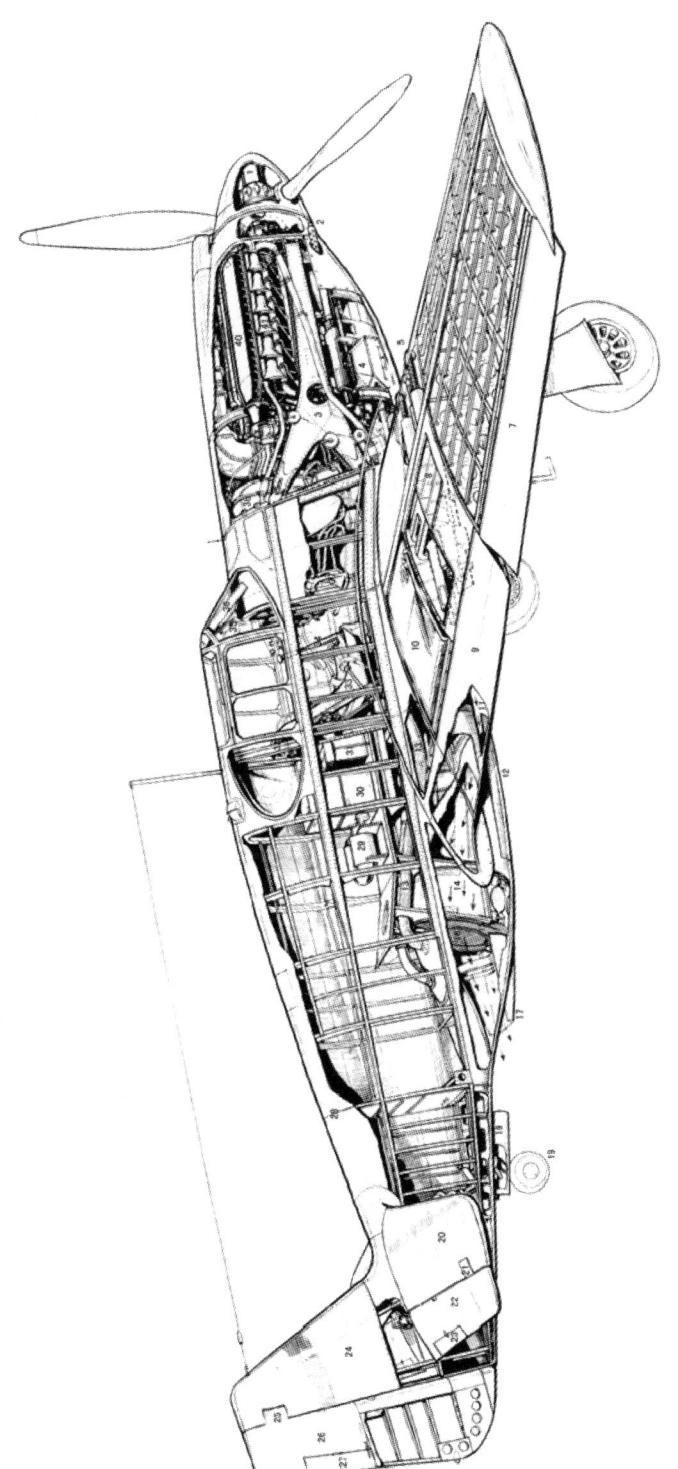

■ 野马Ⅰ后剖视图
1.寇蒂斯后电动螺旋桨；2.机枪（穿过螺旋桨发射）；3.发动机安装支架；4.弹药箱；5.机枪；6.机翼大梁；7.副翼；8.机翼内机枪弹药箱；9.襟翼；10.85加仑油箱；11.通往散热器的空气；12.散热器活门；13.供应驾驶舱的暖空气；14.流经散热器的空气；15.乙二醇散热器；16.滑油散热器；17.散热器活动排气口；18.可回收的尾轮；19.尾轮舱门；20.金属水平尾翼；21.升降舵；22.升降舵配平调整片；23.升降舵配平调整片翼；24.金属垂直尾翼；25.方向舵；26.方向舵配平调整片；27.方向舵配平调整片；28.机身/机尾连接处；29.氧气罐；30.无线电设备；31.电池；32.防坠毁支撑杆；33.座椅；34.操纵杆；35.反射式瞄准镜；36.防弹玻璃；37.踏板；38.滑油箱；39.化油器进气管道；40.V-1710发动机；41.发动机废气排放口。

呼啸长空　P-51战机传奇

I依照最初的设计规格出厂交付，它们随后根据AG345的经验进行了相应的改造。

1941年7月，英国皇家空军中校克里斯托弗·克拉克森开始试飞AG345号机，并在这架飞机上为英方收集编撰野马I训练教程所需要的数据。7月20日，作为公众宣传计划的一部分，罗伯特·切尔顿驾驶AG345号机在一万五千名北美公司员工的欢呼声中进行了精彩的飞行表演。

9月，经历了出厂和试飞验收之后，第二架NA-73——即皇家空军编号为AG346的野马I按照计划被拆解装船，随后通过巴拿马运河运往英国。野马I的运输流程既保证安全便捷，又能使飞机在抵达目的地之后的重新组装工作花费时间最短。首先，机翼在联结螺栓处从机身分离，同时螺旋桨、垂直尾翼和水平尾翼也被拆下。随后，机身和以上部件被分别装入一个35英尺长、10英尺高、9英尺宽的板条箱内独立的空间当中。在拆解之前，艾利森V-1710发动机还需要进行一次维护试车，动力系统中的所有液体——包括燃油、滑油以及冷却剂都要抽空，随后各部件表面将被涂上一层保护油。板条箱之内的各部件均用薄膜包裹严实，部件之间填充有吸湿材料以在运输过程中保持干燥。

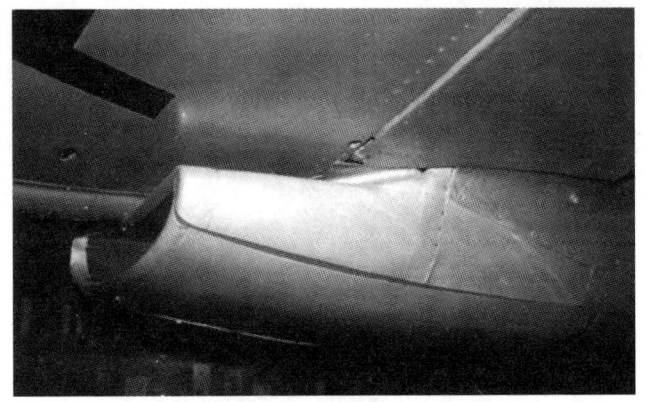

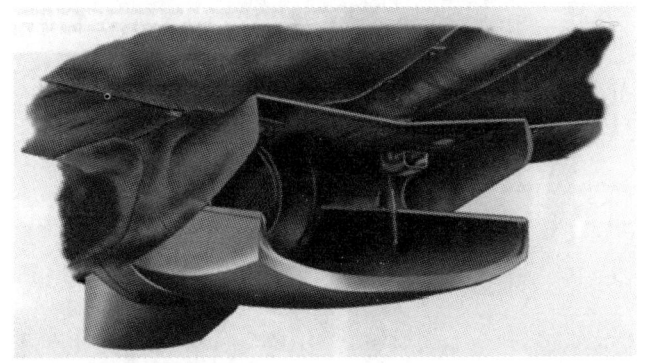

■（上）生产型NA-73采用此种结构的活动进气口。
■（中）进气口完全打开的情形，上端的小型进气口用以导入供给驾驶舱调节温度的冷空气。
■（下）出厂时的AG345号野马I，保持着出厂时的金属蒙皮，注意较短的化油器进气口。

第二章 NA-73/NA-83（野马Ⅰ）

■ AG345号野马Ⅰ，此时飞机已经按照英国皇家空军的规范进行涂装，化油器进气口也得到延长。

■ AG346号野马Ⅰ在迈恩斯机场的跑道上。

运载野马Ⅰ的货船抵达终点——利物浦港之前，它在北大西洋区域遭到1架德国空军Fw 200侦察/巡逻机的袭击。货船受到轻微损伤，而板条箱内AG346号飞机则安然无恙。最后，1941年10月24日，在NA-73X原型机试飞1年之后，英国的伯尔顿伍德机场终于迎来了粉墨登场的生产型野马Ⅰ飞机。不过，在北美公司的随行工作人员将飞机重新安装完毕之后，他们发现英国方面开始表露出对飞机真实性能的怀疑。

英国人的态度并非对北美公司的刻意刁难，事实上，他们已经接收过不少实战性能低于厂家数据的战机。一款新出厂的战机进行由厂家组织的性能测试时，往往处于理想状态——无作战负荷、无外挂、无涂装，因而获得的性能数据也较为优秀。一旦运抵前线，按照作战需求加装挂架和装甲，挂载武器和弹药，再根据各单位规范进行涂装之后，战机的重量和气动阻力均会大为增加，其真实速度、爬升率、航程等性能将不可避免地大打折扣。因此，皇家空军便在接受每一款新飞机的时候坚持眼见为实的原则。

10月末，AG346号机整装待发，做好了

■ 最早一批野马Ⅰ运抵英国，开始装配的情形，照片中是AG585号机。

呼啸长空　P-51战机传奇

■ 英国皇家空军飞行员正在检查野马Ⅰ。

为英国皇家空军进行飞行测试的准备。为了消除英国方面的疑虑，飞机按照实战要求安装上了8挺机枪、英国皇家空军标准的无线电收发机、甚高频天线以及瞄准镜等其他设备。和北美公司的测试一样，AG346号机将使用标号为100的航空汽油。在最先提交给英国皇家空军的测试报告中指出，野马Ⅰ可以在14000英尺的高度达到390英里/小时的最大平飞速度。对于这个数字，英国人大不以为然。在对飞机的外观进行了一番品头论足之后，英国方面大笔一挥，将野马Ⅰ的最大平飞速度减掉75英里/小时，认为AG346号机只能飞出315英里/小时！英国人很有自信：在过去的几年中，他们见证了太多美国制造的二流飞机，自然野马Ⅰ也好不到哪里去。

终于，在11月的晨曦之中，英国皇家空军飞行员驾驶AG346号机飞离英格兰的荒原。飞机花了11分钟达到20000英尺高度，逊色于喷火的爬升性能似乎验证了英方先前对野马Ⅰ的判断。在高空中，飞行员在最短的时间内便熟悉了飞机的操作手感，并用无线电设备在试飞频道通知地面塔台：他将驾机在跑道上方进行超低空通场飞行。飞行员压下驾驶杆之后，AG346从距离地面4英里的高空直冲而下，速度轻而易举地超过了500英里/小时！地面上在场的军官们被这一幕弄得瞠目结舌，唯一的例外只有驾驶舱内的野马飞行员——20000英尺高度的短时间体验飞行将飞机的优秀操纵性能展现得淋漓尽致，给予他充沛的信心来完成这个风驰电掣的俯冲动作。

AG346号机从俯冲中拉起后继续爬升，并在14000英尺高度飞出了382英里/小时的最大平飞速度，远超过英国皇家空军的任何一款现役战斗机。英国军官紧绷的脸上终于绽开了灿烂的笑容，他们和北美公司的员工一起庆祝飞机的优异成绩，并期待着飞机下一步的杰出表现。随后，地面塔台发出一连串的指令，要求飞机按照严格的规范执行各种不同的空战机动。此时，AG346号机和野马飞行员仿佛已达到"人机合一"的至高境界，每一个动作均完美无缺地完成，最后以一个漂亮平滑的三点式降落完成了野马家族在英伦三岛的揭幕表演。

第二章　NA-73/NA-83（野马Ⅰ）

■ 看来装配工人们遇到了麻烦，他们正努力用体重将野马Ⅰ的机翼恢复平衡，注意机翼右侧L形的空速管。在运抵目的地后，机翼部分是野马Ⅰ重新装配的第一步，首先左右两侧机翼被正确拼合在一起，起落架被打开放下，同时机翼后方由支架进行支撑，使其保持水平状态。随后，机身从板条箱中吊起，从上方降下与机翼组合。

在接下来的几天时间里，AG346号机又进行了两次飞行测试，英国皇家空军对其结果相当满意。英伦三岛上空，AG346号机越来越频繁地出现在公众的视野之中，一个新的问题引起了皇家空军的注意：野马Ⅰ的外形和德国空军的Bf 109战斗机极为相似。为此，地面上的防空警戒哨发生过多起误报警事件——自从不列颠之战之后，这些警戒哨分布在英吉利海峡沿岸，一直尽职地监视着周边的空情。英国皇家空军因此为防空警戒哨下发了野马Ⅰ的各种资料，包括飞行数据、各角度轮廓图、发动机噪音样本等。最后，皇家空军索性将警哨的指挥官请到机场对这型新飞机进行实地考察，以更好地了解野马的详细信息。

为了避免误报警，最根本的办法还是为飞机设计识别涂装。在运抵英国后的组装阶段，每架野马Ⅰ均按照英国皇家空军的标准进行涂装，这也是造成AG346号机的飞行性能相比北美公司的测试略微下降的原因。为了方便识别，所有的野马Ⅰ在襟翼外侧的位置被涂上一条宽度1英尺左右的纵向黄色条纹，上下将机翼环绕。这种识别涂装随后延伸到飞机的垂直尾翼以及后机身之上，并为欧洲战区的多种盟军战机所采用，其中以诺曼底登陆时使用的"入侵条纹"最著名。在AG346号机进行测试的同时，又有4架野马Ⅰ被拆解后置于板条箱中通过海运抵

■ 英国皇家空军的野马Ⅰ编队，机翼和尾部已经涂上了黄色的识别条纹。

呼啸长空　P-51战机传奇

■ 下博斯坎比的AG351号野马Ⅰ，圆圈内的字母P表示英国皇家空军将其视为原型机。

达英国，随后被迅速组装成整机。1941年11月11日，在第一次世界大战的停战纪念日当天，这批先期抵达的野马Ⅰ组成编队进行公众展示飞行。在未来，铺天盖地的野马编队将成为英伦三岛上空一道鲜亮的景色，它是力量的象征，更是胜利的信使。

最早这批野马Ⅰ被送到下博斯坎比的英国皇家空军测试中心进行测试评估。1942年1月，英国皇家空军序列号为AG351的野马Ⅰ的测试开始。结果表明，在11300英尺高度，AG351号野马Ⅰ能达到最佳的爬升速度——1980英尺/分钟，此时飞机的表速为170英里/小时，折算成真实空速为201英里/小时。从海平面到11000英尺高度，最佳爬升表速为170英里/小时，随后每爬升1000英尺，该速度下调2英里/小时。最大平飞速度在15000英尺得到，为370英里/小时。经估算，飞机的绝对升限为31000英尺，实用升限为30000英尺。

当节流阀全开进行俯冲动作时，AG351再次在15000英尺高度飞出超过500英里/小时的速度，相当于当地音速的0.7倍。此时，飞行员要在操纵杆上保持5磅左右的作用力以控制飞机。英国飞行员认为，野马Ⅰ在俯冲时操纵性极佳，唯一的缺点是在俯冲中滚转时座舱盖会出现0.5英寸的移位。在优异的俯冲速度之外，皇家空军在试飞中发现野马Ⅰ"得益于流畅的气动外形和重量，能够在拉起改平后长时间保持从俯冲中积累的高速度"这条优势将被日后的野马家族运用得炉火纯青，甚至能屡屡猎杀轴心国最尖端、最迅捷的喷气战斗机！

早期的飞行手册要求野马Ⅰ在起飞阶段

■ AG351号野马Ⅰ在飞行中。

第二章　NA-73/NA-83（野马Ⅰ）

■ 这架皇家空军序列号AM106的野马Ⅰ在范堡罗的英国皇家航空研究院进行了不同武器挂架的改装，包括8枚火箭弹的发射导轨、特殊的副油箱以及2门维克斯公司的40毫米机关炮。注意机炮吊舱异乎寻常的尺寸。

使用襟翼以增加升力，在AG351号机上的试验证明，襟翼放下15度为最理想的设置，能使飞机仅需要80英里/小时的滑行速度便能在16.5秒时间里升空。飞机在跑道上的滑跑距离为335码，起飞至50英尺高度所需距离为640码。此外，根据襟翼设置为0度和30度的不同条件，AG351号机还进行了两次起飞测试。结果发现在襟翼放下30度时，需要展开全部副翼方可使左翼能够抬起，因此没有进一步地放下45度襟翼起飞测试。

在北美公司试飞AG345号机时，英国皇家空军飞行员便对飞机卓越的滚转性能大加赞赏。为此，AG351号机便在滚转率测试中受到了英国人的重点照顾。试飞表明，在300英里/小时的速度下，野马Ⅰ滚转90度需要1.8到2秒时间；当速度上升到400英里/小时的条件下，这个时间上升到2.3秒。

对AG351的测试一直持续到1942年7月，直到英国皇家空军将野马Ⅰ的性能全部摸清。英国飞行员对这架陌生的新飞机赞不绝口，称其"绝对是抵达英国的最好一架美国战斗机"。

与英国皇家空军当时的主力战斗机喷火Ⅴ相比，野马Ⅰ的动力系统性能大致相当——艾利森V-1710-39型发动机能够提供最大1150马力的功率，和喷火Ⅴ上的灰背隼45型发动机输出的1185马力相比，相差不到3个百分点。不过，喷火Ⅴ战斗机为高空截击的使命而开发，它的机体轻、载油少，从而可获得较轻的起飞重量，在爬升、升限和转弯性能方面领先野马Ⅰ。

野马Ⅰ的长处在于流线型机身、低阻

力层流翼型以及能提供额外动力的散热器设计，使野马Ⅰ扭转了机身偏重带来的不利因素，在中低空领域获得极为优秀的高速性能——从海平面到25000英尺高度，野马Ⅰ的最大平飞速度均全面领先于喷火Ⅴ。一旦进入俯冲机动，野马Ⅰ更是轻而易举地将喷火Ⅴ甩在身后。不过，野马Ⅰ最令人折服的性能当推留空时间及航程，180加仑的机内燃油能使野马Ⅰ轻而易举地在空中进行4个小时的巡航飞行，1000英里级的航程更是喷火的2倍以上。英国人给野马Ⅰ的评价是：一架卓越的中低空战斗机。他们认为飞机的操纵感颇佳、飞行中的表现极度平稳，在进行所有空战机动时均比喷火流畅平滑。

在英国人看来，只要野马Ⅰ离地升空，一切便能表现得尽善尽美——除了驾驶舱内的冷却系统功率不足这一点。野马Ⅰ的乙二醇冷却剂管道暴露在飞行员的座椅之下，在飞行中会将大量热量传进飞机驾驶舱之中。对此，英国飞行员的意见是在冷却剂管道以及座舱之间加装双层底板，以阻止热能的直接传递。

此外，地勤人员也挑出了若干小毛病。野马Ⅰ在机身左侧驾驶舱之后的位置安装有一个把手，设计者的意图是地勤人员在维护飞机时可抓持把手，然后将一只脚踏在机翼根部的后方，手脚一起用力便可攀爬至机翼之上。不过，在阴雨或者大雾天气当中，机翼经常会变得相当湿滑，从而给这个步骤增加了难度。经过多次尝试，地勤人员发现用主起落架机轮作为踏板同样可以从机翼前方爬进驾驶舱。不过，橡胶制造的机轮在潮湿天气中也会变得湿滑，如果操作不慎一样会给地勤人员招致麻烦。

在各种鸡毛蒜皮的缺陷之外，野马Ⅰ唯一显著的缺点只剩下动力系统。事实上，V-1710-39发动机的确给予野马Ⅰ卓越的低空性能，在低空高度，野马Ⅰ处在自身性能的巅峰状态，它在这段空域中是一架无可争议的杰出战斗机。然而，飞行高度增加到13000英尺之上后，V-1710-39自备的单级单速机械增压器对发动机的支持略显不足，使输出功率急剧下降，因而影响了飞机的高空性能——即便它被认为是当前英国皇家空军能够获得的性能最为优秀的战斗机之一。

不列颠空战为交战双方预示了未来：欧洲战场的制空权争夺将越来越趋向高空领域，而这恰好是野马Ⅰ的软肋。经过反复衡量，英国军方在1940年12月1日做出决定：将其分配给陆军协同司令部，而不是原定的皇家空军战斗机司令部。这个单位的日常任务包括武装侵扰以及远程侦察，原先装备寇蒂斯公司的P-40战斗机由于机械故障，出勤率较为低下，而一旦升空执行任务，老旧的设计以及相对落伍的性能又使其成为德国空军战斗机的盘中美餐。野马战斗机的到来令陆军协同司令部的飞行员喜出望外，因为它风驰电掣的低空速度以及充沛的远程性能使其成为毫无疑问的最优秀机型。在北美公司将战斗机陆续运往英国之后，若干野马Ⅰ为侦察

第二章 NA-73/NA-83（野马Ⅰ）

任务进行了改造，包括2架安装倾斜照相机：1架安装在驾驶舱后方，另1架安装在液冷系统散热器的后方。

1942年1月，驻盖特维克的第26中队成为陆军协同司令部之内第一支装备野马Ⅰ的部队，其他中队也稍后开始陆续换装。飞行员和地勤人员在分配就位之后，训练课程随即紧锣密鼓地展开。到同年5月，野马部队开始付诸实战。

在陆军协同部队服役的日子里，野马Ⅰ以杰出的低空性能、无可比拟的远程作战能力征服了心高气傲的英国人。1942年9月26日，英国皇家空军参谋长查尔斯·波特尔子爵甚至向军方提出报告，建议在英国本土开设生产线，建造更多的野马战斗机！

随着北美公司生产线的持续运转，英国皇家空军在二战中一共得到21个中队的野马Ⅰ配备。这批艾利森动力的野马家族成员一直在战场最前线尽职尽责，直至被更新型号所替换。

对于英国皇家空军的领导人而言，艾利森动力的野马项目一开始只是病急乱投医式的无奈之举，试想一下，对于一款生产合同在旅馆中签订、完全凭借几个概念拼凑而成、在4个月不到的时间里赶工完成的战斗机，皇家空军能持有多大的信心呢？然而，北美公司的工程师以过人的实力交上了一份完美的满分答卷：从当初阿特伍德的构思当中成型，艾利森动力野马的表现超出了所有人的预期，并将发展成第二次世界大战中最为杰出、无可比拟的战斗机家族。

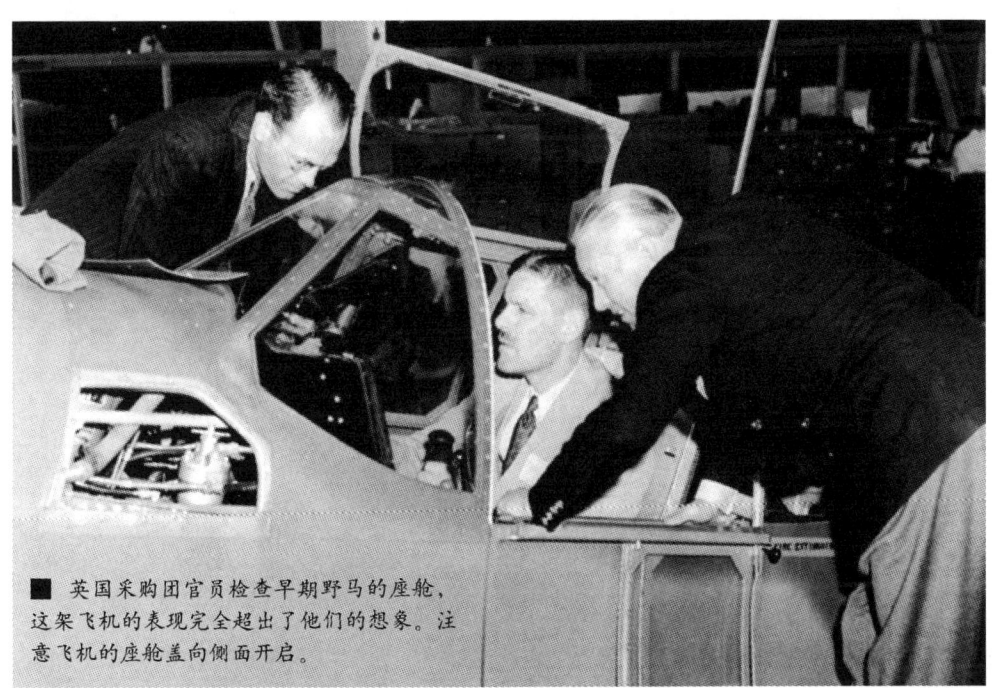

■ 英国采购团官员检查早期野马的座舱，这架飞机的表现完全超出了他们的想象。注意飞机的座舱盖向侧面开启。

英国皇家空军野马Ⅰ战斗机战术及枪械测试报告

驾驶舱

驾驶舱可完全封闭，对高大身材飞行员虽然略显拥挤，但总体而言仍然相当宽敞舒适。除了较难触及的起落架控制杆，其余仪表和控制系统均布置合理。驾驶舱的顶部以及左侧舱段为铰链结合，以方便进出。如情况紧急，可弹开整个座舱盖。虽然装有冷空气导管，但整个驾驶舱依然相当热，即便在结冰环境下的高空飞行依然如此。此外，飞机提供有热空气导管，但从来没有使用的必要。

战术测试

简述

野马被认为是一种卓越的中低空战斗机，确信为目前运抵本国的最佳美国战斗机。从所有高度直到25000英尺，它的机动性不亚于喷火VB，速度则全面胜出。在俯冲中，它能轻松超过喷火，但爬升率相对较弱。

飞行特性

该型号操纵感愉悦，与其他所有飞机相比极度稳定。起飞距离较长，有略微摇摆的倾向。由于发动机没有自动增压控制，必须注意避免发生过增压现象。降落过程简单，但滑行距离长于飓风或者喷火。操纵杆力得到很好平衡，可根据需求调控升降舵和副翼之上的配平调整片得到较轻或者较重的杆力。在高速飞行条件下有杆力变重的趋势。由于调整片将杆力减轻，野马的操控与喷火一样轻快，但在所有机动中均更为流畅。在所有空战机动中，该型号的操控性极度优秀，能在失速前给出充分的警告。特别的是，它被发现比喷火更难引发高失速状态。

性能

与喷火VB进行对比，两型号飞机均满载作战负荷，在25000英尺高度以下野马均更为快速。它的最大真实空速在15000英尺左右高度得出，为375至380英里/小时。野马在各高度的速度优势如下所示：

5000英尺高度——比喷火VB快30英里/小时

15000英尺高度——比喷火VB快35英里/小时

25000英尺高度——比喷火VB快1至2英里/小时

爬升

在所有高度，野马的爬升性能均不及喷火VB。在低空，该性能区别并不明显，随着高度提升，差距显著增加。在20000英尺高度，它需要比喷火多花费1分钟时间爬升至25000英尺。该型号的作战实用升限被认为是25000英尺，在此高度，它的平飞速度比喷火VB稍快，爬升率下降至1000英尺/分钟。野马曾经从25000英尺爬升至30000英尺高度，该过程非常缓慢、不适，以及控制迟钝。在30000英尺高度的水平飞行中，该型号的飞行品质依然良好，但需要精确操控以避免在转弯时丧失高度。

俯冲

野马的俯冲非常快，它最初的加速过程尤其迅速。在多次对比测试中，它的俯冲均胜过喷火。俯冲时，即便指示空速达到500英里/小时，仍能轻松改出。飞行员手册声称在俯冲中有必要打开预备油箱以防止供油中断并降低冷却器进气口以避免冷却液温度过低，在俯冲测试中证明以上声明均无必要。在长距离俯冲中，尤其在高空环境下冷却液温度有下降的趋势，降低冷却器进气口便显得有必要。进气口在打开时明显影响配平，并引发飞机的振动。

视野

在当前状态下，野马的全向视野较好，但如果根据提议在飞行员背后加装防弹钢板，正后方视野将会极为有限。驾驶员眼睛高度的座舱盖框架明显地影响了视野，虽然他能够通过移动头部进行观察。驾驶舱内部安装有一个后视镜，这是本单位到目前为止所接触过的最佳内部后视镜。它能提供一个宽广的视野，但不会向下伸展占据太多空间。后视镜安装在挂架的顶端，通过调节镜面可将后方视野向上提升。考虑到飞行员视线穿过树脂玻璃座舱盖顶部的狭窄角度，后视镜中的画面清晰度极为优良。

续航力

飞机的满载燃油容量为140加仑，这允许在经济耗油的巡航状态下（1800转/分钟，25英寸水银柱进气压力）达到4小时左右的留空时间。在最高持续巡航状态下（2600转/分钟，37英寸水银柱进气压力），留空时间减少为1小时40分钟。

仪表飞行

该型号的飞行极度稳定，因而极易进行仪表飞行。在平飞或者俯冲和爬升时，能够配平到让飞行员"手脚放开"的自动飞行状态。

低空飞行

（该型号中）飞行员向前和向下的视野均优于喷火，这使其非常适合低空飞行或者对地扫射任务。不过，由于座舱盖无法在飞行中打开，前向视野不够开阔，在低能见度下的低空飞行较为不适。

引擎启动和快速起飞

艾利森发动机极其容易启动，即便在最严酷的冬天气候中，但在低温环境下启动后需要几分钟时间暖车，因为安全起飞的最低滑油温度高于灰背隼发动机。一台暖车后的发动机可执行无困难的快速起飞，从接受命令到飞机升空只需6分钟时间。

机动性

野马与喷火VB进行对比，两型号飞机均满载作战负荷，在25000英尺高度以下进行转弯和缠斗性能测试。在此高度（25000英尺），双方的机动性无甚区别；在低空区域，喷火具备对野马的优势，转弯半径更小。

野马放下襟翼减小转弯半径的方法经过测试，证明极为有效，但仍无法使其在转弯中胜过喷火。襟翼放下角度可达15度，通常会带来飞行高度的提升，但转弯性能的优势只是临时的，如果野马想要从转弯中脱离转入俯冲，（展开的襟翼）会变成严重的不利因素。

野马能在俯冲中轻易胜过喷火，得益于流畅的气动外形和重量，能够在拉起改平后长时间保持从俯冲中积累的高速度。25000英尺以下的速度优势，以及能够在全功率状态下从水平直线飞行转为向下俯冲的负G机动能力（类似Bf 109）使得它能够在任何时候脱离战斗或者重新接敌。

爬升率相比喷火逊色，它无法使用转弯爬升机动以获取战术优势，除非刚刚从较高空域俯冲而下。它的最佳战术是从高空接敌，然后利用俯冲中积累的高速爬升离开敌机射程，再进行第二次攻击。

在空战缠斗和操控中，遭遇的一个困难是发动机不具备自动增压控制设备。因而，在15000英尺以下高度，飞行员必须随时留意增压器读数，这在激烈的战斗中将为飞行员带来不便。

在10000至15000英尺高度，飞机与台风进行了若干次短暂对抗。虽然爬升率落后，但野马机动性优于台风。当双方意图从对抗中俯冲脱离时，野马能在俯冲初始阶段获得加速度优势，随后被台风迅速赶上，与之相反，在台风俯冲的初始阶段，野马只能够获得一次射击的机会，随后被前者甩开。

武器系统

武器系统包括机翼内的2挺12.7毫米机枪和4挺7.62毫米机枪，以及机头下方、发动机之下的2挺12.7毫米机枪。机枪由操纵杆前方扳机关联的电击发系统所操控，驾驶舱左侧的一个开关允许飞行员进行以下火力选择："机翼"、"机身"、"全部"……机枪全开时的震动给所有飞行员留下深刻印象。

前线基地所需设备

据信，在前线基地部署野马战斗机，只需少量额外设备。然而在泥泞机场中，冷却器极易沾染泥浆，需要高压水枪方可将其清除……飞机得益于3种不同的启动方式：内置电池启动、外置电池启动、手摇启动。需要指出的是，在前线机场部署该型号，所需空间必须大于容纳同类飞机的最小尺寸。

英国皇家空军空战发展单位
1942年5月3日

第三章
P-51的定型

XP-51

根据合同，美国陆航装备司令部得到了北美公司出厂的第4和第10架NA-73用以测试评估，以掌握项目进展。根据NA-73X的试飞经验，对这两架飞机的冷却器进气口进行了相应的改动，副翼加上配平调整片。对于这两架飞机，美国陆航给予XP-51的军方编号，它们的美国陆航序列号分别为41-038和41-039。

1941年8月24日，41-038号XP-51被送往俄亥俄州德顿市的莱特机场——美国陆航的军用航空研究中心，41-039号机也于12月16日抵达。然而，美国陆航为XP-51指派的负责人久久没有到位，飞机被打入冷宫，在机库一角积灰。在1941年年底的这段时间里，莱特机场的测试工作早被其他美军战机排满，NA-73作为向英国政府的出口机型，自然无法得到重视。

大致在这个阶段，寇蒂斯公司将前两架XP-46原型机送到莱特机场供军方测试。它们装备着与XP-51相同的V-1710发动机，重量比XP-51轻600磅，但只飞出了355英里/小时的最大平飞速度。这一切，正好印证了爱德华·霍基当年对XP-46设计的评价。由于没有达到原定410英里/小时平飞速度的设计指标，寇蒂斯公司无可奈何地向军方支付14995美元的罚金。美国陆航为这两架原型机花费407949美元的资金，最终不得不以改进型P-40E将其取代。在莱特机场的陆航技术人员为XP-46忙碌的时候，谁都不会注意到，来自北美公司、性能更为优良的新型战斗机正在机场一角静静地等待；虽然一样被冠以XP的前缀，但它却是货真价实的生产型战斗机，每架只需耗费不到4万美金。战后，美国陆航司令哈普·阿诺德这样对野马战斗机做出了惋惜的评价："没有更早地装备(该型机)，是陆航自身的错误。"

终于，野马等到了它们的机会。1941年秋天，应英国皇家空军以及美国海军航空兵

■ 莱特机场的41-038号XP-51，注意机翼上没有安装机枪。

呼啸长空　P-51战机传奇

的需求，位于佛罗里达州恩格林基地的美国陆航试验场开始了战斗机新型枪械系统的测试。由于41-038号XP-51正好被闲置在机库中无所事事，它便作为一架出口英国的战斗机被顺理成章地选中，飞往恩格林机场进行相应的改装及测试。当恩格林机场的飞行员驾驶着41-038号机起飞升空之后，他惊奇地发现这架飞机蕴藏着巨大的潜力。与之相比，新装上的枪械系统显得完全无足轻重！测试结束之后，飞行员便将试飞报告送交莱特机场，报告中特别指出了41-038号机与同时代战斗机相比表现出的过人性能。从这时起，美国陆航开始对XP-51发生兴趣，并将41-038号机派往弗吉尼亚州兰利机场，委托国家航空咨询委员会从1942年3月1日开始测试飞机性能。

兰利机场的专家们给41-038号机的所有飞行控制面上安装了空速计、姿态以及应力记录器。在左侧翼尖前一根4英尺长的管道里安装有转速计、加速计以及计时器用以记录飞机偏航数据，右侧翼尖则安装有同样4英尺长的空速管。到1942年5月15日，41-038号机一共进行了22次飞行，测试时间超过24小时。

专家们发现，XP-51是NACA接触过的气动阻力最低的飞机。在测试中，41-038号机的起飞重量在7200磅到7800磅之间变动，以探讨不同重心位置对飞机操控性能的影响。测试的报告显示，XP-51在进行机动时可以承受最大8G的过载，最大俯冲速度可达音速的0.82倍。

41-038号机顺利通过了飞行品质以及失速特性测试，试飞员的报告对其大加褒奖。测试中，飞机没有表现出严重的操控性问题，唯一的小毛病是副翼偏转角度稍显不足。到1942年春为止，XP-51的操纵力比NACA所测试过的任何一架飞机都要小很多，飞行员反映在执行空战机动时飞机的操纵相

■ 线条流畅优美的41-038号机在飞行中，时间是1980年。这架对于美国陆航意义重大的野马1976年得到试验飞行器协会的修复并再次起飞升空。除了保护蒙皮的银色涂装之外，获得第二春的41-038号机忠实再现了当年的所有细节。1982年，41-038号机方才完成最后一次飞行，进入试验飞行器协会的博物馆内安享晚年，此时距离当年滑出英格伍德厂房大门的初生岁月，已然是41年之久。

第三章　P-51的定型

■ 美国陆航正在试飞41-038号XP-51。

当轻松。

在测试的这段时间里，北美公司已经开始生产安装有4门20毫米机炮的NA-91型野马。根据美国陆航要求，20毫米机炮的实物以及安装图纸被送至兰利机场，为41-038号机安装，以对比不同武器配置对飞行性能的影响。试验发现，虽然20毫米机炮的尺寸相比12.7毫米口径机枪显著扩大，但换装机炮之后的41-038号机只有在失速测试时才使仪器感应到飞行性能发生的些许影响。

测试还证明了飞机的控制系统能够有效应对尾旋现象。值得注意的是，在按照一般步骤通过俯冲改出尾旋时，由于飞机阻力小，加速度非常显著，因此XP-51相比其他飞机需要保证更高的高度来完成这个动作。

测试结果表明，XP-51在所有方面的表现均无可挑剔——除了在副翼控制方面需要进一步改进之外。为此，41-038号机在兰利机场一直待到1943年末，以协助NACA的专家探索改善副翼控制的途径。

在1944年晚期，来自战场的作战报告表明有一定数量的野马战斗机在高速俯冲后改平拉起时出现机体结构损坏的问题，甚至有若干次飞机解体的严重事故。在北美公司着手采取措施加强和重新设计野马尾部结构的同时，另外一架分配至兰利机场的41-039号XP-51开始加装俯冲襟翼以测试对俯冲性能的影响。俯冲襟翼是洛克希德公司P-38设计师凯利·约翰逊的发明，由四分之一英寸厚的低碳钢制造，长30英寸宽7英寸，通过琴式铰链安装在XP-51机翼下缘的31%弦长处。俯冲襟翼由液压系统控制，在俯冲时候展开21.5度至30度，它产生的下洗气流能改善XP-51尾翼的内部操纵特性。基于这个工作原理，俯

■ 飞行中的41-039号XP-51，注意机身后部代表莱特机场的箭头标志。

呼啸长空 P-51战机传奇

■ 41-039号XP-51，化油器进气口已经延长，机腹的进气口和排气口均处在完全打开位置。

冲襟翼理应尽可能往机身中间靠近，但由于机翼的结构限制，其安装位置距离机身中心线73英寸。

从20000英尺开始的测试记录表明，XP-51具备与后期野马相当的俯冲性能。俯冲襟翼打开之后，加强了飞机改平拉起的能力，使其能够在俯冲中达到0.76马赫的高速。在俯冲速度达到0.65马赫时，俯冲襟翼能够发挥最佳的作用，此时其展开角度为21.5度。不过，俯冲襟翼并没有安装到后期出厂的野马战斗机之上，从试验中获得的数据对下一个时代的喷气式战斗机设计提供了极有价值的参考。

NA-91/P-51

1941年3月11日，美国国会通过了战时租借法案，数以亿计的美金被批准用于帮助抵御法西斯入侵的国家巩固国防。欧洲大陆燃烧的战火以及美军的扩充计划使国内的军工企业受益匪浅，进入了飞速发展阶段。

1941年7月7日，在美国陆航接受最初2架用作验证的野马Ⅰ之前，美国政府依据战时租借法案，出资为英国皇家空军订购150架改进型野马战斗机。这批飞机在北美公司的公司内部编号为NA-91，美国陆航为其赋予P-51的正式编号，序列号从41-37320到41-37469。英国皇家空军则为这批飞机准备了野马ⅠA的编号，序列号从FD418到FD567。

相对先前的野马Ⅰ，P-51的不同之处在于每侧机翼油箱容量加大到90加仑，同时取消了引擎罩以及机翼之内的所有机枪，改为在每侧机翼安装2门"西班牙－瑞士"公司的20毫米加农炮，每门炮备弹125发。

如此强大的武器配备是根据英国皇家空军的要求而加装的，在不列颠之战中，仅仅装备有7.7毫米口径机枪的喷火和飓风战斗机显露出火力贫弱的劣势，为此P-51便直接体现

第三章 P-51的定型

■ P-51在地面上，20毫米机炮异常显眼。

了英国方面对战斗机武器系统威力的最迫切需求。其实，早在NA-73投产之前，英国皇家空军便强烈建议飞机采用4门20毫米机关炮的武器配备，由于当时的北美公司无法获得加农炮的供应，英国人的这个需求到NA-91项目方才得到满足。

这4门大口径机炮的炮管较长，显著伸出机翼前缘，配以可拆除的整流罩，这成为区别P-51和其他野马家族成员的最明显特征。

1942年7月，北美公司完成了620架野马Ⅰ的交货，开始生产P-51。此时的美国刚刚取得中途岛海战的胜利，在日军一连串的凌厉进攻中止住了连败的势头。虽然国内军工企业在珍珠港事件之后便开始全力运转，此时的美国陆航对自身实力仍然忧心忡忡：洛克希德公司的P-38产量一直在每月100架左右徘徊；共和公司的P-47刚刚开始进入量产阶段，

6月份交到陆航手中的只有26架；贝尔公司的P-39以及寇蒂斯公司的P-40倒是拥有相当出色的交货速度，但那明显不是美国陆航当前急需的先进战斗机。

无奈之下，美国陆航只能盯上国内军工企业的出口项目。北美公司出厂的150架P-51中，只有93架送到英国皇家空军手中，其余57架被美国陆航扣留。值得一提的是，北美公司原本出口泰国的老式战斗机NA-68也无法幸免，被美国陆航扣押作为高级教练机使用，并获得了P-64的正式军方编号。

在这57架羁留美国的飞机中，第33架和第102架出厂的P-51被留在北美公司用于动力系统的改进试验。另有1架P-51被用作侦察机改型的原型机进行测试，由于仍然保留有P-51的4门20毫米机关炮，美国陆航最先为其发展出P-51-1NA的军方编号。其中，"-1"代表这个型号的飞机作为一个批次接受了不同程度的改装，在今后的野马战斗机生产中，使用批次区分不同阶段改型的做法将一直沿用下去。此外，其余54架飞机在出厂后飞往一个改装中心，均按照侦察机的标准加装照相机，获得了P-51-2NA的军方编号。

最开始，美国陆航为P-51系列准备了

呼啸长空　P-51战机传奇

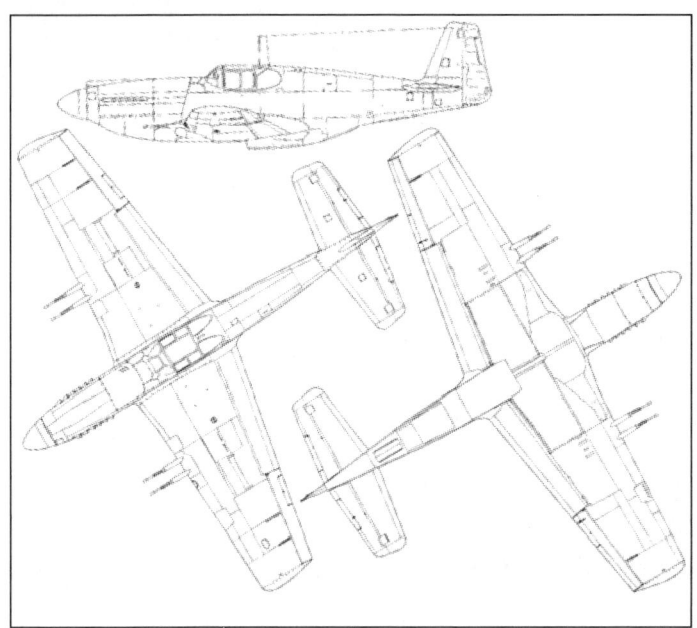

■ P-51三视图。

P-51性能表	
公司编号	NA-91
美国陆航编号	P-51
皇家空军编号	野马 IA
发动机	V-1710-39
几何尺寸	
机长	32英尺2.875英寸
翼展	37英尺5.3125英寸
机高	8英尺8英寸
机翼面积（平方英尺）	233
重量	
空重（磅）	6540
最大起飞重量（磅）	9000
机内燃油（加仑）	180
最大燃油（加仑）	180
固定武器	
机炮（数量×口径）	4×20毫米
备弹（发）	400
性能	
最大平飞速度/高度（英里/小时/英尺）	389/12500
爬升率（时间/至高度）	8.82分钟/20000英尺
实用升限（英尺）	31000
机内油箱航程（英里）	900

"阿帕奇"的官方昵称。随后，在P-51-2NA的军方编号改为F-6A以正式明确其侦察机身份的同时，美国陆航放弃了"阿帕奇"这个名字，改用更为响亮上口的英国皇家空军的昵称——"野马"。

F-6A的主要侦察设备是安装在后机身的2架K-24倾斜照相机，其工作范围在海平面至10000英尺高度之间，能够以1/125或者1/250秒的快门拍摄5英寸×5英寸的照片，尤其适合于低空高速侦察任务。F-6A侦察机保留了原有的4门20毫米加农炮，也有一部分将其拆除，安装上美国陆航的标准空战武器——12.7毫米口径机枪。因而，F-6A以及后续发展型侦察机便具备了野马家族的先天优点——远航程、高速度以及不亚于任何敌军战斗机的空战性能。事实上，在第二次世界大战当中，装备野马侦察机的前线照相侦察部队的确取得了一系列令兄弟单位眼红不已的空战击落记录。

改装完毕的F-6A被送往科罗拉多州的彼得森机场，美国陆航在这里建立了一所航空侦察学校，以学习英国皇家空军在照相侦察领域的先进经验。超过800名飞行员在F-6A上学习地图绘制以及空中测量教程。54架F-6A被分成3个中队的编制，其中两个中队的飞机用于航空侦察学校的训练，剩下的三分之一划给第68观察大队第111战术侦察中队，该部队将在未来编入西北非照相侦察联队。

1942年初，在北美公司井然有序地向英国皇家空军交付野马战斗机的同时，德国潜艇部队在北大西洋运输线给盟军运输船队造成了严重的损失。基于当前情况，美国政府考虑将所有战斗机直接飞越北大西洋抵达英国，为此需要飞机制造商设法提升各型战斗机的航程——P-51也不例外。

北美公司随即展开研究，并在1942年4月11日提交了两项研究报告，指出使用翼下可

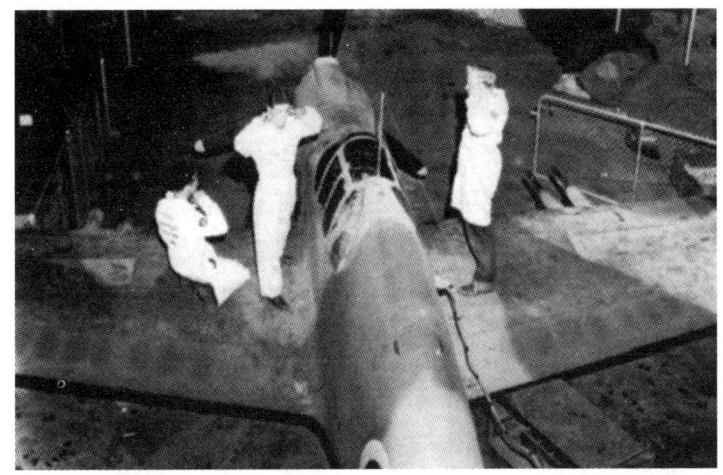

■（上）涂装有英国皇家空军标记的野马IA正在北美公司进行射击试验。
■（下）P-51在飞行中，飞机已经涂上美军标志。

投掷油箱等方案有可能将P-51/NA-91的转场航程提升至3500英里之多，相当于横跨整个北美大陆，越过北大西洋更是不在话下。第一份报告中提出为飞机增加两个可投掷副油箱，容量为130加仑，它们将挂载在距离机身中心线117英寸翼肋位置新加装的B-7挂架之上。第二份报告建议在转场飞行前将机翼中的20毫米机关炮以及弹药箱拆除，在空出的位置内安装多个容量为28加仑的小型橡胶油箱。鉴于转场过程中可能遭遇到包括天气因素在内的各种突发事件，报告指出有必要为飞机加装除冰装置等设备。

呼啸长空　P-51战机传奇

■（上）美国陆航序列号41-37320的第一架P-51，注意驾驶舱后方已经安装上了K-24照相机。镜头伸出驾驶舱之外，为此前方安装了一个透明的整流罩。英国皇家空军则更喜欢照相机完全安装在机体内的布局。

■（中、下）对比一下英国皇家空军第2中队的这架野马Ⅰ，驾驶舱后方的照相机完全安装在机体之内。

　　北美公司在NA-91之上的这项研究将应用到后续的改进型之中，未来的野马战斗机在工厂下线时即配备有可挂载副油箱及炸弹的挂架。

　　1942年秋天，恩格林基地内一片繁忙景象，美国陆军航空军试验场司令部命令下属试验部对目前装备部队的各种最新型战斗机进行横向的对比测试，参加测试的型号包括P-38F、P-47C以及陆航序列号为41-37323、41-37324和41-37325的3架P-51。P-38F从低空到高空的表现均相当优良，而P-47C的优势区间则处在高空，至于P-51——测试报告的评价是"该型号为目前美国生产的最佳低空型战斗机"。此时此刻，谁都不会想到，不到一年之后生产型P-51的高空性能将发生革命性的变化……

英国皇家空军野马Ⅰ战斗机战术及枪械测试

一、研究目标

检验P-51型战斗机对于军事任务的相关战术价值。

二、导言

该试验的起因是美国陆军航空军司令部空防主管1942年7月13日从华盛顿特区发送至佛罗里达州恩格林基地航空军试验场司令部指挥官的信函,要求对P-51进行测试。试验自1942年8月7日开始,于1942年11月1日结束。

进行试飞的型号为P-51型,美国陆航序列号为41-37323、41-37324以及41-37325。

三、结论

试验的结论如下:

a) 该型号为目前美国生产的最佳低空型战斗机,并应以此作为后续型号的评判基准。

b) 如果有可能,在不提升翼载荷的前提下,该型号的功率载荷应当大幅度降低。

c) 为降低该型号功率载荷,所有冗余的结构以及对作战任务并非至关紧要的设备都应去除,同时对发动机性能进行提升。

d) 第一次驾机升空之后,归功于非凡的控制灵活性、驾驶舱的简洁和卓越的飞行特性,飞行员立即获得操纵自如的感受。

e) 滚转率没有迅速到满足作战需求。

f) 在转弯中,越过机头的前下方视野不足以允许完全的偏转角射击。

g) 自动歧管进气压力控制完全令人满意。

h) 在散热器之外,该型号的表现完全令人满意。

i) 以限定节流阀的速度水平飞行的航程表现相当出色。

j) 在15000英尺以下,平飞速度高于P-47C-1之外的任何美制战斗机。

四、建议

建议的改进措施如下:

a) 为该型号配备一种能够在25000至30000英尺之间空域提供满意的战斗机动性的发动机。

b) 该型号的武器从4门20毫米加农炮变更为机翼安装的4挺12.7毫米口径机关枪，然后在测试结束、完成标准化之后换为高射速机枪。

c) 配备挂架以加装副油箱供战斗和转场使用。

d) 为该型号配备改进后的N-7瞄准镜，以便在战斗中更换准星，以及为低空轰炸设置投弹角度。

e) 为该型号配备本试验场使用的MRT-3A型斯托达德无线电设备。该型设备安装后重46磅。

f) 该型号的刹车片应改进以更适合任务使用。

g) 如果飞行员有此需求，将节流阀和螺旋桨的控制器并联为一个设备。

h) 散热器和滑油冷却器应重新设计以更适合任务使用，其安装应得到改进以加快安装和拆卸所消耗的时间。

i) 对座舱盖结构进行研究，以找出高速飞行时导致座舱盖凸起的薄弱环节，并采取阶段性步骤修订这项缺陷。

j) 为该型号配备自动的风门控制（在工厂阶段安装）。

k) 为该型号配备固定尾轮的闭锁机构（在工厂阶段安装）。

l) 为该型号配备更有效的副翼控制结构，以在所有速度均提供更高的滚转率（在工厂阶段安装）。

m) 只在左翼安装着陆灯。

n) 安装必备的氧气系统（现在为军方标准配备）。

o) 安装配备磁微调指针的电罗盘。

p) 在所有后续改型中，安装自动歧管进气压力控制器。

五、讨论

a) 该型号与P-38F、P-39D、P-40F、P-47B以及零式战斗机进行了模拟空战，结果如下：

i. 该型号在任何高度上平飞速度高于P-39D、P-40F以及零式战斗机；在15000英尺以下平飞速度高于P-38F以及P-47B。

ii. 该型号在15000英尺以下爬升性能优于P-39D、P-40F以及P-47B。

iii. 该型号的俯冲加速度以及可持续的最大俯冲速度高于参加测试的其他所有飞机。

第三章 P-51的定型

ⅳ.该型号的转弯性能大体上与P-39D以及P-40F相当。以上几种飞机相互间没有显示出太明显的转弯性能优势。

ⅴ.在近距离缠斗中，该型号具备任意加入或退出战斗的主导权优势。但是，如果双方均不打算离开战斗，P-40F可略占上风。

b) 实用升限。到目前为止，在本报告中该型号的实用升限为31000英尺。据信，该型号的作战升限为20000英尺，超过18000英尺高度之后，发动机输出功率下降迅速。过低的升限是该型号飞机的主要缺陷，应尽可能采取措施增加发动机功率，提升其（输出最大功率的）临界高度。

c) 飞行品质

i.P-51的飞行品质出乎意料的优秀，驾驶非常容易而且令人愉悦。与所有装备前置发动机并采用标准（后三点）起落架的战斗机一样，它在滑行时的座舱视野受到引擎罩的影响。在起飞滑跑时没有明显的扭矩效应，飞机升空动作流畅。一名飞行员在第一次驾机离地升空之后，立即感觉到操纵自如得心应手，仿佛已经在这架飞机上经历过长时间飞行一般。在离开地面后，飞机速度提升非常快，能够在165至205英里/小时的表速范围内进行爬升。以高表速爬升的能力将有助于拦截高空目标或脱离战场。水平飞行的配平良好，飞机几乎可以双手离杆操纵。在200英里/小时范围之内，飞行员无需配平便可操纵飞机。俯冲时，飞机操纵性能优良，只需要一些额外的配平操作，加速度快于任何一种美国战斗机。在俯冲达到500英里/小时表速时，略微借助配平调整片的帮助，飞机依旧保持稳定性。在正常飞行条件下，飞机对操纵的反应迅速。不过，在高速飞行时，副翼变得沉重，反应比预想中缓慢。飞机很容易进行所有空战机动，具备足够的速度执行这些机动，而无需经过俯冲积累速度。在着陆阶段，低速接近跑道时，副翼操纵感觉迟缓，但控制依旧有效。飞机着陆动作顺畅，如果速度过快会有几次反弹，着陆滑行轨迹平直，无需转向或者使用过多刹车以保持平衡。

d) 武器

i.在当前阶段的武器系统被认为足够使用，但还不够令人满意。据信4挺12.7毫米口径高射速机枪将成为P-51的理想武器配置。

ⅱ.当前装备的N-3A型瞄准镜应当更换为可以在飞行中更换照明灯的N-7型。

e) 防护

i.飞行员的后方由1/4英寸厚的防弹钢板保护,前方由发动机和防弹玻璃保护。

ii.所有油箱为自封闭类型。

f) 重点部件弱点

i.该型号安装在前方的发动机和滑油箱被认为不如安装在后方的飞机一般易受攻击;

ii.散热器和滑油冷却器合并为一个整体,安装在飞机驾驶舱后方的机腹空间。由于战斗中飞机所承受的攻击大部分来自后方,该型号的配置被认为相当容易受到攻击。建议该型号的设计者展开研究,分析使用防弹钢板保护散热器后方的可能性。

g) 视野

i.飞行员的视野与P-40座舱内类似,后方的视野受到一定限制,但不至于到达危险程度。

ii.在飞行高度,除了越过引擎罩的部分,前方视野良好,但在地面阶段时视野相当糟糕。

iii.应尽可能采取措施改进前方越过引擎罩的视野。在当前阶段,向下的视野被限制在3度4分的角度内。

h) 夜间飞行:该型号很适合夜间飞行,但由于前方视野的限制,将给降落后的滑行带来一定困难。

i) 仪表飞行:得益于极佳的稳定性,该型号非常适合仪表飞行。

j) 维护速度:该型号可在5分钟内通过以下数量的地勤人员得到完全的维护(燃油、冷却剂、氧气、弹药以及无线电设备检查):4名军械师、2名机械师以及1名无线电技师。

1942年12月30日

佛罗里达州恩格林基地,美国陆军航空军试验场司令部下属试验部

NA-87/A-36A

从第二次世界大战爆发到美国正式参战的26个月时间里，加利福尼亚州英格伍德的北美公司和其他美国军工企业一样得到了长足的发展：公司雇员从3400人增加到15000人，厂房面积从42.5万平方英尺扩张到超过100万平方英尺，每个月生产的飞机数量从70架提升到325架——包括43架B-25轰炸机、67架野马I以及大量的AT-6教练机。金德博格对当时的生产状况进行了一番估算，他认为只要有足够的军方订单，野马的产量可以提升到每月300架的水平。在同年7月，美国政府给予了北美公司150架P-51战斗机的合同，但这远远不能满足金德博格的胃口。

自从NA-73X首飞成功以来，金德博格一直在不停地尝试向美国陆航推销这款新型战斗机。军方从各种试飞报告中了解到野马战斗机所表现出的优异性能，对它的兴趣越来越大，但是手头的采购经费已经大部分消耗在P-38、P-39和P-40等型号之上。到1942年春天，这个情况仍没有多少改变，但已经出现了转机——为即将展开的北非登陆作战计划做准备，美国陆航需要一款俯冲轰炸机，为其设计和购买所准备的资金已经到位。

敏锐的商人头脑使得金德博格抓住了这个稍纵即逝的机会，经过和美国陆航的磋商，北美公司在1942年4月16日开始了一个新项目，准备为美国陆航生产500架野马战斗机的俯冲轰炸型。对于这型新飞机，北美公司的内部编号为NA-87，美国陆航赋予其A-36A的军方编号，在这里前缀"A"表示攻击机。

根据1942年5月1日确定的技术文档，A-36A原始设计中的性能参数如下所示：为了满足俯冲轰炸任务的需求，A-36A进行了以下改进：

■ 厂房中的野马机身，右侧为AT-6教练机的骨架。

A-36A性能表

项目	单位	无空气过滤器（估算值）	无空气过滤器（保证值）	有空气过滤器（估算值）
正常起飞重量	磅	8370		8381
翼载荷	磅/平方英尺	35.95		35.97
功率载荷（军用功率）	磅/制动马力	6.32		6.32
正常燃油	加仑	105		105
超载燃油	加仑	180		180
最大平飞速度（军用功率）	英里/小时	366	350	359
临界高度	英尺	5775		3900
最大平飞速度（正常功率）	英里/小时	343	328	338
临界高度	英尺	6200		4750
海平面最大平飞速度（军用功率）	英里/小时	345	330	345
海平面最大平飞速度（正常功率）	英里/小时	322	308	322
最大爬升率（军用功率）	英尺/分钟	3290	2900	3290
最大爬升率（正常功率）	英尺/分钟	2550	2245	2550
爬升至10000英尺时间（军用功率）	分钟	3.54		3.69
爬升至10000英尺时间（正常功率）	分钟	4.54		4.67
实用升限（军用功率）	英尺	30000		29400
实用升限（正常功率）	英尺	27300	24000	26900
巡航速度（75%正常功率）	英里/小时	322	308	317
全功率（2280转/分钟）高度	英尺	10400		9450
5000英尺高度以最经济速度达到航程				
105加仑燃油	英里	775		775
108加仑燃油	英里	1287		1287
5000英尺高度以最经济速度达到留空时间				
105加仑燃油	小时	3.86		3.86
108加仑燃油	小时	6.35		6.35
最大平飞速度持续时间（正常功率）				
105加仑燃油	小时	0.93		0.93
108加仑燃油	小时	1.58		1.58
起飞速度	英里/小时	106.8		106.8
失速速度	英里/小时	81.7	86	81.7

第三章　P-51的定型

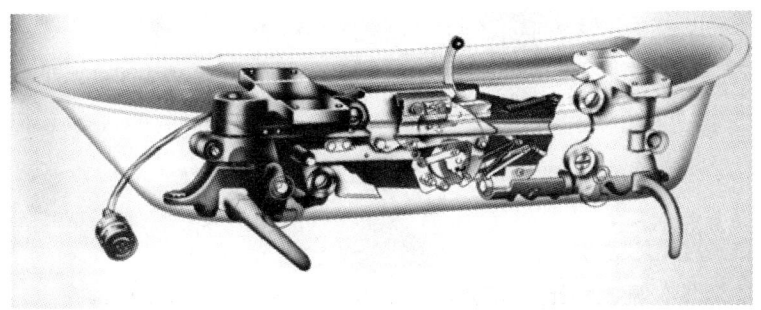

■ 从A-36A开始配备的挂架剖视图。

■ 从底部观察挂架。

◆ 加装挂架

俯冲轰炸任务意味着A-36A必须具备挂载炸弹升空作战的能力。在P-51/NA-91之上，北美公司进行过使用翼下挂架携带可投掷副油箱及炸弹的研究，其研究成果立即运用到野马家族的这位新成员之上来。和P-51的改装方案不同，A-36A的挂架直接固定在机翼的大梁之上，位置紧贴飞机起落架外侧，可以挂载500磅重量的高爆炸弹、发烟器或者75加仑的可投掷副油箱。该设计的优点为：在飞机挂载炸弹或者副油箱在地面滑跑和停靠时，机翼结构所受到的应力作用最小。同

时，这个安装位置能够保证A-36A在垂直俯冲时投下的炸弹不会受到螺旋桨的干扰。

根据美国陆航对前线战机的任务要求，该挂架可以挂载588磅重的特殊容器，从空中散布烟雾以掩护地面部队。在特殊条件下，该挂架可以挂载165加仑的可投掷副油箱进行转场飞行任务。该油箱满载重量超过900磅，几乎达到挂架承载能力的上限。为此，挂载该油箱的A-36A被禁止进行任何空战机动，必须最大程度地保持直线和水平飞行。

◆ 加装减速板

野马系列原本作为高速的战斗机而设计，其机体光顺流畅，倘若进入垂直俯冲机动，几秒钟之内便会超过俯冲速度限制，引发一系列恶果。如要将野马改为俯冲轰炸机使用，过快的俯冲速度将缩短飞行员进行瞄准、投弹后改平拉起机动时能够利用的时间。为此，控制A-36A的俯冲速度便成为项目的首要课题。

呼啸长空 P-51战机传奇

■ 伏尔提公司的"复仇"俯冲轰炸机。

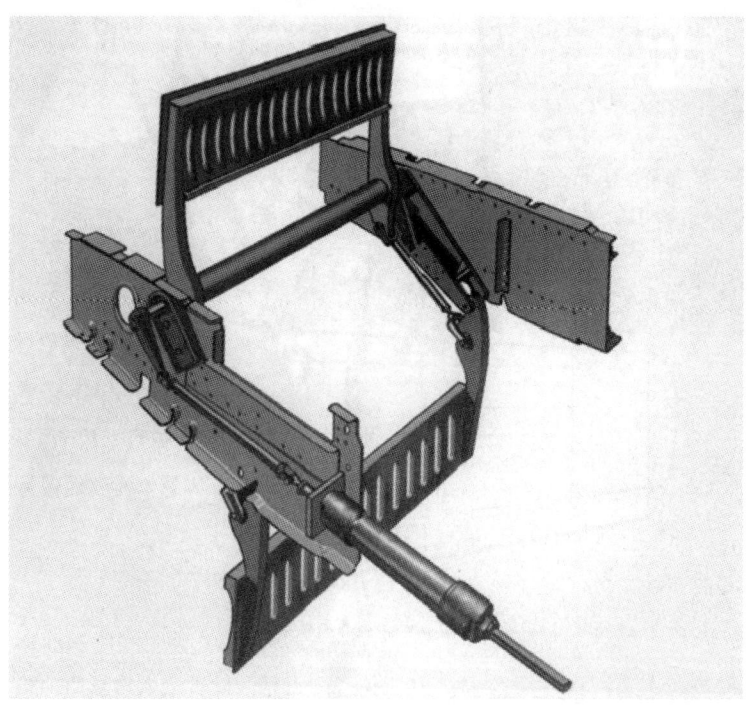

■ 减速板结构图，注意上下两块减速板打开的方向相反。

自从德国空军的Ju 87"斯图卡"俯冲轰炸机在欧洲战场大出风头之后，多家美国飞机制造商受到启发，紧随其后地研究俯冲轰炸机。在A-36A合同签订之时，北美公司的邻居——洛杉矶市唐尼镇的伏尔提公司成功试飞了自己的"复仇"俯冲轰炸机。得知这个消息后，金德博格派出手下的工程师上门取经，伏尔提公司慷慨地馈赠了北美公司的同行解决俯冲速度过高的方案——液压减速板设计。在飞机开始俯冲时，减速板由液压驱动，在气流当中展开为飞机带来足够的阻力以控制俯冲速度。这些减速板安装在俯冲轰炸机的机翼外侧，已经被证明极为有效。

经过研究，工程师们决定为A-36A设计四块多孔的铝合金减速板，一上一下地安装在弹药箱外侧的机翼后沿。在正常飞行时，上方的减速板向前、下方的减速板向后收起到各自位于机翼表面的凹槽中，同机翼构成一个完整的流线型轮廓。在俯冲时，飞行员拉动驾驶舱左侧位于节流阀开关之后的减速板控制杆，便能驱动飞机的液压

054

系统将减速板展开，展开角度最大可达90度。增加的减速板占据了原先右侧机翼之下的空速管安装位置，为此工程师们参考AT-6教练机的布局将A-36A的空速管挪到右侧机翼前缘，同时将两翼的着陆/滑行灯集中安置在左侧机翼前缘。

在A-36A的设计工作中，挂架和减速板部分占据有相当的分量，这几乎等于重新设计一副机翼。

◆ 更换动力设备

在野马Ⅰ以及P-51之上，配备的V-1710-39型发动机输出最大功率时的临界高度在11300英尺左右。由于A-36A的职能为俯冲轰炸机，其活动区域主要在中低空，它的动力系统更换为艾利森V-1710-87型发动机。该型发动机的生产代号为F21R，配备的机械增压器将传动比改为7.48∶1。V-1710-87型在低空的运作更为强劲有力，超负荷运转极少出现危险。5400英尺的空域是新发动机的临界高度，在此V-1710-87将达到性能的巅峰——输出1325马力的功率。不过，随着高度的提升，V-1710-87型的输出功率开始下降，到12000英尺高度以上尤为明显。

◆ 更换武器

以美国陆航的观点，为1架轻型飞机配备2种不同口径的弹药会给后勤工作带来极大的不便。因而，野马Ⅰ每侧机翼上2挺7.62毫米机枪加1挺12.7毫米机枪的配置被取消，A-36A的每侧机翼配备有2挺12.7毫米机枪。此外，减少两侧机翼安装的机枪数量还能改善机翼内部拥挤而混乱的武器系统布局。引擎罩内，2挺12.7毫米机枪得到保留，但拆除了整流罩。在A-36A投入实战之后，地勤人员经常根据作战需求将引擎罩内的机枪拆除，以减轻飞机起飞重量。

◆ 变更气动布局

北非的作战环境意味着狂暴的风沙以及漫天的尘土，为了防止飞机在前线机场起降、滑行时吸入砂石，

■ 停在跑道上的A-36A，注意其减速板已打开。

V-1710-87性能表，其他数据参考V-1710-39	
增压器传动比	7.48∶1
最大起飞功率	1325制动马力（3000转/分钟，47英寸水银柱进气压力）
作战紧急功率	1500制动马力（3000转/分钟，52英寸水银柱进气压力）
最大持续功率设定	2600转/分钟，41英寸水银柱进气压力

A-36A引擎罩上方的化油器进气口之内配备有空气过滤器，为此化油器进气口的宽度有所增加。

以往的野马Ⅰ和P-51在引擎罩两侧安装有6个简单的管状废气排放口，从A-36A开始，这个排放口的造型改为扁平的喇叭状。这项更动也可以运用到早期出厂的野马系列飞机之上。此外，有部分英国皇家空军装备的野马在前线机场改用鱼尾状的废气排放口。

为了解决低速飞行及地面滑行时冷却不足的问题，最早的艾利森动力野马机腹下的发动机冷却器采用可收放的进气口，在必要时打开以增加冷却空气流量。这个设计的代价是活动进气口会导致吸入的冷却空气泄漏，增加飞行阻力。为此，工程师们对野马的气动布局一直进行锲而不舍的研究，借助风洞试验为飞机试验各种可能的冷却器进气口造型。到1942年中，最新的研究表明：采用圆形边缘的固定式进气口为合适的选择，因而这项成果运用到A-36A项目当中。进气口安装位置紧贴机腹下表面，

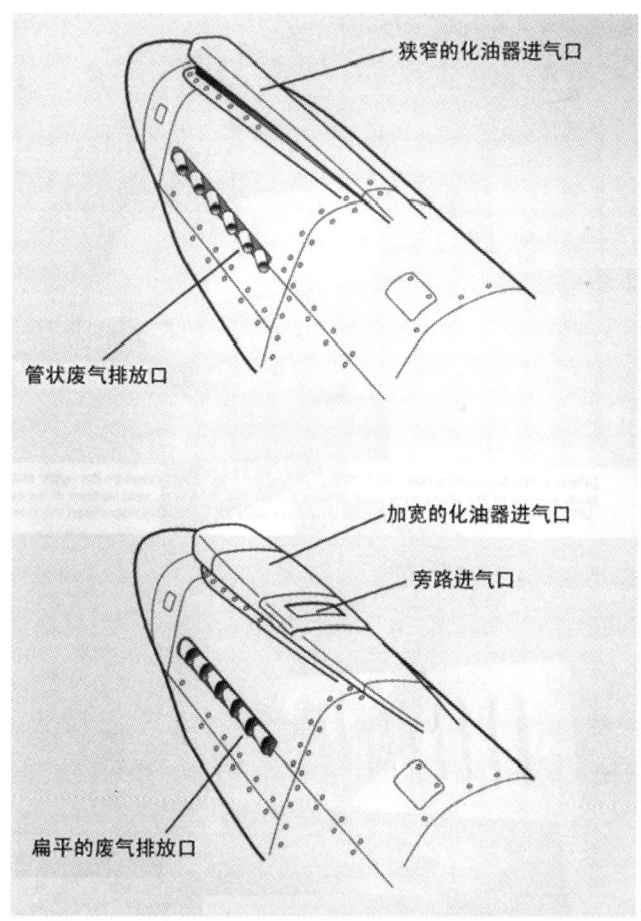

■ A-36A(下)和早期野马在引擎罩上的差别。

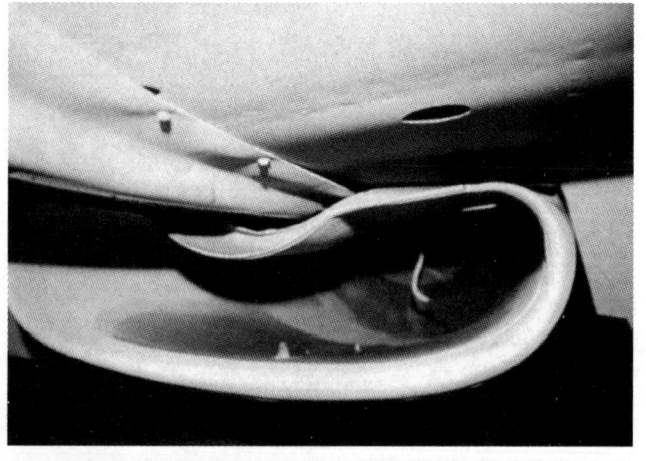

■ 从A-36A开始采用的固定进气口。

第三章　P-51的定型

尺寸略微扩大以增加冷却空气流量。同时，为了避开两侧机翼结合处的补强加固条，进气口上唇的中间部分稍稍向下弯曲。

在设计阶段，以往北美公司的战斗机项目均只有纸面上的计算和分析，而A-36A是第一架在设计阶段展开风洞测试的野马改进型。从此，工程师们的理论和设想能够在飞机上天之前通过风洞吹风得到预先验证，从而可以节约大量时间，并减小设计风险。

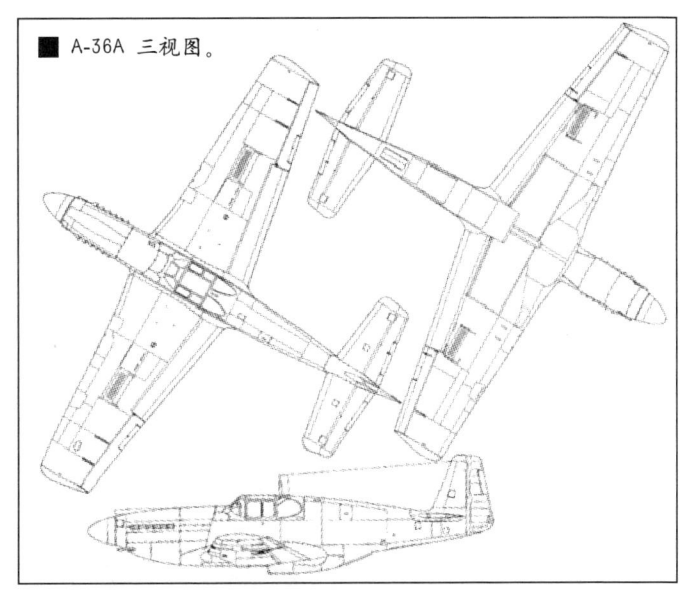

■ A-36A 三视图。

1942年8月21日，美国陆航与北美公司正式签订生产500架A-36A的合同，并为这批飞机准备了从42-83663到42-84162的军方序列号。得益于北美公司进行的先期准备——技术人员共花费40000工时进行设计以及改造生产线的工作，合同签订后不到一个月，第一架A-36A便顺利下线，并在9月21日进行了成功的试飞。

在测试中，A-36A从12000英尺的高度开始垂直俯冲，减速板顺利地展开，将飞机的俯冲速度牢

A-36A性能表	
公司编号	NA-97
美国陆航编号	A-36A
发动机	V-1710-87
几何尺寸	
机长	32英尺2.875英寸
翼展	37英尺5.3125英寸
机高	8英尺8英寸
机翼面积（平方英尺）	233
重量	
空重（磅）	7240
最大起飞重量（磅）	10000
机内燃油（加仑）	180
最大燃油（加仑）	330
固定武器	
机枪（数量×口径）	6×12.7毫米
备弹（发）	1200
外挂武器	
炸弹（数量×磅）	2×500
副油箱（数量×加仑）	2×75
性能	
最大平飞速度/高度（英里/小时/英尺）	366/1000
	368/10000
机内油箱航程（英里）	900
最大航程（英里）	1600/75加仑副油箱

牢控制在390英里/小时以下。飞行员可以精确地控制飞机进行瞄准，将2枚500磅炸弹投在目标之上，其命中精度相当优秀。统计测试结果后，美国陆航认为A-36A的俯冲速度依然偏高、影响大角度俯冲投弹。尽管如此，美国陆航还是在最终报告中肯定A-36A"是一架卓越的超低空轰炸和攻击机。在投下炸弹后，是一架卓越的低空战斗机"。

数量为一个中队的A-36A在出厂后被送至乔治亚州的韦克罗斯机场，用于训练科目以培养俯冲轰炸机部队的新兵。1943年3月，英国皇家空军获得了1架A-36A (序列号EW998) 用于评估，并给予野马Ⅰ (俯冲轰炸型) 的编号，但没有进一步的购买计划。

在实战中，飞行员往往喜欢在轰炸前的水平飞行状态将减速板先行展开，随之将飞机侧滑对准目标再开始俯冲，这种战术看似行云流水一气呵成，实际上会使液压系统受力不均匀、导致无法将机翼两侧减速板对等地展开。在不平衡力矩的作用下，A-36A俯冲的角度将发生偏

■ (上) 1942年9月21日，罗伯特·切尔顿试飞第一架A-36A俯冲轰炸机，从照片中可以看到减速板和机翼上表面流畅地结合在一起。
■ (下) 罗伯特·切尔顿在这架A-36A的座舱中显示减速板的展开，驾驶舱之下的垂直白线便为上方减速板展开时的侧影。

差，飞行员无法正常瞄准目标。A-36A投放部队使用后，减速板不对等展开的问题给飞行员造成了很大麻烦，直到新的训练条例下发部队才得以完全根治。

在前线，A-36A主要装备地中海战区的第27和第86战斗轰炸机大队以及中－缅－印战区的第311战斗轰炸机大队。前线飞行员认为A-36A是一款极其优秀的俯冲轰炸机，该型号在低空飞行速度快、轰炸准确，除了炸弹还有6挺12.7毫米口径机枪的火力能给敌军地面部队造成极大的杀伤。由于采用液冷发动机作为动力设备，A-36A在地面防空火力打击下显得较为脆弱。在第二次世界大战中，一共有177架A-36A在战斗中由于敌军战机拦截、高射炮火、机械故障和天气原因损失，超过全部出厂数额的三成。不过，飞行员多次驾驶具备战斗机"血统"的A-36A在优势的低空空域与敌军战机交战，一共取得了101次空战胜利，在地面跑道上击毁的敌机更是不计其数。值得一提的是，A-36A部队还涌现出美国陆航唯一的艾利森动力野马王牌飞行员——第27战斗轰炸机大队的迈克尔·鲁索。

NA-99/P-51A

随着战局的发展，美国国会很快批准了购买新型战斗机的预算。1942年7月23日，美国陆航与北美公司签订购买1200架P-51A战斗机的合同。该亚型的北美公司内部编号为NA-99，是陆航阵营中第一位作为纯粹的战斗机投产的野马家族成员。

和A-36A相比，P-51A基本上是前者的空战型号，保留了原有的化油器进气口、冷却器进气口以及发动机废气排放口外形。两者之间的区别主要在于：

◆ 动力系统升级

P-51A的发动机更换为艾利森V-1710-81型，生产代号为F20R，配备的机械增压器将传动比改为9.6：1，高空性能有所加强。发动机输出最大功率的临界高度提升到14000英尺。

◆ V-1710-81性能表，其他数据参考V-1710-39

◆ 武器系统更改

P-51A取消了A-36A引擎罩中的枪械、弹药箱以及射击协调器，保留每侧机翼中的2挺12.7毫米机枪，在机翼的弹药槽中一共配备有

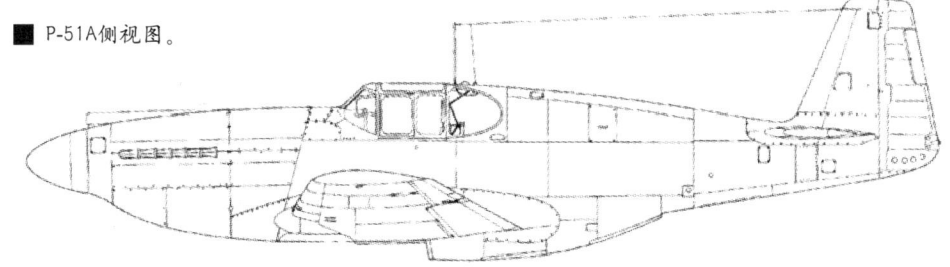

■ P-51A侧视图。

NA-99/P-51A性能	
增压器传动比	9.6：1
临界高度	14000英尺
最大起飞功率	1120制动马力（3000转/分钟，44.5英寸水银柱进气压力）
高速巡航功率	750制动马力（2280转/分钟，耗油59加仑/小时）
最大持续功率	1100制动马力（2600转/分钟，38.3英寸水银柱进气压力，耗油115加仑/小时）
最大军用功率	1125制动马力（3000转/分钟，44.2英寸水银柱进气压力，耗油135加仑/小时）
作战紧急功率	1330制动马力（3000转/分钟，57英寸水银柱进气压力，耗油175加仑/小时）

1260发子弹，其中内侧的机枪各备弹350发，外侧机枪各备弹280发。

◆ 气动布局更改

由于无需执行俯冲轰炸任务，P-51A拆除了A-36A安装在机翼上的减速板，右侧机翼下方也得以重新安装上L型空速管。

照相枪位置从先前型号的引擎罩下方移动至左侧机翼前缘，A-36A左侧机翼集中安置的着陆/滑行灯变为单个。

P-51A的空重为6800磅，执行战斗任务时起飞重量达到8600磅，当挂载两副75加仑副油箱时，重量上升到9600磅，如果挂载两副165加仑副油箱，则起飞重量则突破一万大关，达到10300磅。相比先前型号，P-51A结构重量大为减轻，动力系统性能有所提升，两项改进同时作用，促使性能得到明显增强。最突出一点便是最大平飞速度，从NA-73的382英里/小时猛增22英里/小时，提升到404英里/小时。

翼下挂载的副油箱给予飞机卓越的远程性能，通过防火墙前安装的电动燃油泵，副油箱之内的燃油被吸入发动机使用。当挂载两副165加仑副油箱时，P-51A的转场航程可达2740英里。优异的远程性能不仅使飞越北大西洋抵达英伦三岛的转场飞行成为可能，而且为日后野马家族发展为有史以来最优秀的护航战斗机奠定坚实的基础。

1943年2月3日，第一架P-51A由罗伯特·切尔顿驾驶完成首飞，北美公司随即在一个月后开始批量生产P-51A。P-51A的生产分为三个批次，其中包括：100架P-51A-1NA，陆航序列号从43-6003到43-6102；55架P-51A-5NA，陆航序列号从43-6103到43-6157；155架P-51A-10NA，陆航序列号从43-6158到43-6312。不过，1200架P-51A的生产计划并没有全部完成，为了尽快投产更先进的野马战斗机改型，P-51A的产量被削减到310架。

出厂的P-51A-1NA中，有35架被安装上2架K-24照相机作为侦察机使用，美国陆航编号为F-6B。另有50架P-51A被送交给英国皇家空军，作为对扣押57架P-51的补偿，英国皇家空军为其赋予的编号为"野马Ⅱ"。

从这个亚型开始，美国陆航意识到P-51设计中蕴涵的巨大潜力，并最终成为这架本来为英国皇家空军设计的战斗机的主要客户。

第三章　P-51的定型

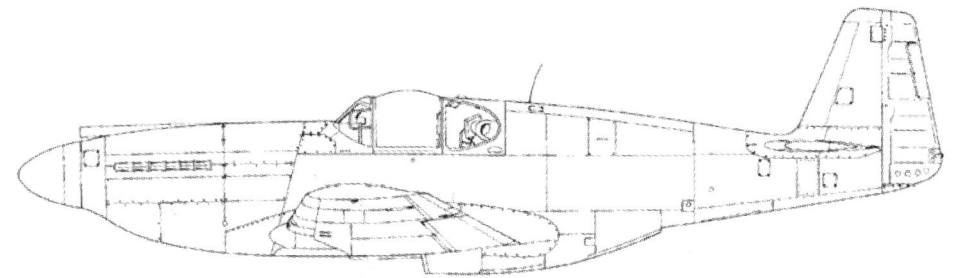

■ F-6B侧视图，注意飞机已经改装了气泡状座舱盖。

P-51A性能表	
公司编号	NA-99
美国陆航编号	P-51A
皇家空军编号	野马Ⅱ
发动机	V-1710-81
几何尺寸	
机长	32英尺2又7/8英寸
翼展	37英尺5/16英寸
机高	8英尺8英寸
机翼面积（平方英尺）	233
重量	
空重（磅）	6800
正常起飞重量（磅）	8600
最大起飞重量（磅）	10600
机内燃油（加仑）	180
最大燃油（加仑）	330
固定武器	
机枪（数量×口径）	4×12.7毫米
备弹（发）	1260
外挂武器	
炸弹（数量×磅）	2×500
副油箱（数量×加仑）	2×75
性能	
最大平飞速度/高度（英里/小时/英尺）	374/1000 409/10000 385/20000
巡航速度（英里/小时）	305
爬升率（时间/至高度）	2.2分钟/5000英尺 4.4分钟/10000英尺 9.1分钟/20000英尺
实用升限（英尺）	31350
机内油箱航程（英里）	900
最大航程（英里）	1600/75加仑副油箱

1943年8月，英国皇家空军编号FR893的野马Ⅱ在下博斯坎比进行了一系列测试飞行。英国人惊奇地发现发动机功率的增强以及螺旋桨尺寸的加大使野马战斗机的性能大为提升。起飞时，FR893号机的总重量为8633磅，发动机的进气压力为52英寸水银柱，转速为3000转/分钟。在6000英尺的高度，FR893号机的爬升率竟然达到了3800英尺/分钟，几乎比先前的AG351号野马Ⅰ快上1倍！在10000英尺，FR893号机飞出了409英里/小时的最大真实空速。V-1710-71发动机保持节流阀全开，FR893号机只需要6.9分钟便爬升至20000英尺。在更高的空域中，由于空气稀薄，发动机的输出功率开始下降。爬升34分钟之后，FR893号机抵达了它的

呼啸长空 P-51战机传奇

■ 在恩格林机场进行测试的P-51A，图片摄于1943年5月21日。

绝对升限——34000英尺高度，此时的发动机进气压力仅有20英寸水银柱。

英国人为FR983号机换装了V-1710-39发动机的机械增压器试飞，发现在低空可以将发动机的进气压力加大到60英寸水银柱进行超负荷运转，在800英尺高度达到4090英尺/分钟的爬升率。不过，飞机改装后的高空性能比原先下降甚多。

英国皇家空军编号FR894的野马Ⅱ被用于测试航空照相机的安装位置，其余的野马Ⅱ加入到陆军协同司令部的野马Ⅰ队列当中。

为了试验野马战斗机是否具备极地环境的部署能力，第一架P-51A战斗机（美国陆航序列号43-6003）被送到新罕布什尔州的格伦尼尔机场进行加装滑橇起落架的试验，时间是1944年1月18日。这架P-51A的起落架主体不变，起落架轮被拆除换装上轻型滑橇。飞机的主起落架舱门也被拆除，长长的滑橇在飞行中收起到引擎罩两侧下方。尾起落架的滑橇向前收起，安置在原有的起落架舱之中。所有的改装完成之后，飞机的总重量提升了390磅。

试验结果表明，飞机能够在雪地环境下安全地起飞和降落，需要的空地长度为1000英尺。地面的滑行通过节流阀和方向舵控制前进方向，其操作相当简单。不过，在升上

■ 43-6003号P-51A-1NA，照片摄制于阿拉斯加的拉德机场。

第三章 P-51的定型

天空之后,飞机的最大平飞速度下降了18英里/小时,原因为拆除主起落架舱门所导致的阻力提升。试验报告中提出的建议是:主起落架和滑橇收起之后,应当合上舱门,保持飞机光顺的气动外形,由此可使P-51A在极地起降改装后的飞行性能损失降到最低。不过,由于在极地环境的作战可能性较小,军方在收集到足够的数据之后没有继续进行试验。

P-51B

艾利森动力的野马Ⅰ投产之后,北美公司、美国陆航以及英国皇家空军开始明白该型飞机拥有完美的机体设计,只是动力设备不够理想。这并非意味着对艾利森发动机的指责,事实上,V-1710是一款优秀的引擎,在其设计稿中所规划的工作空间——中低空域内的表现堪称无懈可击。然而,随着欧洲上空战局的变化,制空权的争夺开始朝向更高的空域转移,这是缺乏增压器支持的艾利森V-1710无能为力的领域。时至1942年,奔腾的野马开始显露出疲态,而此时的大洋彼岸有一颗更强壮的"心脏"正在静静地等待。

1942年初,英国皇家空军的空战发展单位获得了一批用以评测的野马Ⅰ,该单位指挥官打电话邀请他的好朋友——罗尔斯-罗伊斯公司的试飞员罗纳德·哈克来体验一下这架新飞机。1942年4月30日,罗纳德·哈克接受邀请,前往达克斯福德机场的空战发展单位驻地,驾驶AG422号野马Ⅰ进行了半个小时的飞行。

在此之前,罗纳德·哈克试飞过寇蒂斯公司同样配备艾利森V-1710引擎的P-40战斗机,因此对高性能野马Ⅰ的传闻非常好奇。结果,在半小时飞行结束后,和所有第一次体验这种异国战斗机的英国飞行员一样,罗纳德·哈克对AG422号的表现深感折服。

第二天,罗纳德·哈克向罗尔斯-罗伊斯公司提交了一份野马Ⅰ的性能报告,称"该

■ 等待英国人试飞的野马Ⅰ,照片中的飞机为AG349号。

呼啸长空 P-51战机传奇

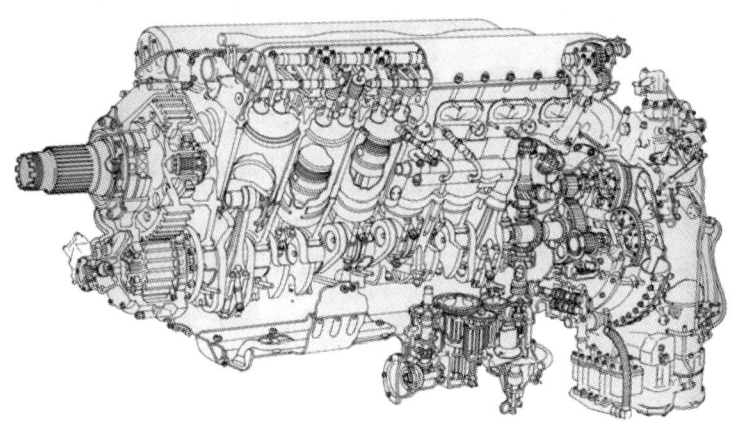

■ 灰背隼发动机线图。

机将证明它是一型令人敬畏的中低空战斗机。它的造型类似Bf 109，因其是由一位梅赛施米特的工程师所设计"。需要指出的是，这句话是当时流传甚广的一个谬误，在野马项目的设计团队中，艾德加·舒默德的确具有德国血统，但他事实上从未在梅赛施米特公司工作过。罗纳德·哈克继续写道："它的速度比动力系统功率相当的喷火V快35英里/小时，我由此认为如果换装灰背隼61一类功率更强、更优秀的发动机，其性能更将为突出"。罗纳德·哈克在报告中提供的数据指出，艾利森动力的野马I在5000英尺高度比喷火V快30英里/小时；到15000英尺，这个领先优势增加到35英里/小时。

根据哈克的估算，安装灰背隼发动机的野马将在26000英尺高度飞出440英里/小时（710公里/小时）的最大平飞速度，大大超出V-1710动力的野马I——甚至在某些方面能胜过未来登场的喷火IX。

罗尔斯－罗伊斯公司对罗纳德·哈克的报告极为重视。1942年5月14日，总经理欧内斯特·海福斯编写了一份秘密备忘录，阐述了对这一想法的极力支持。然而，此时的英国空军部更着重喷火IX战斗机的研发进度，在他们看来，这是战胜德国空军新锐Fw 190战斗机的唯一选择。为此，英国军方非常担心罗尔斯－罗伊斯公司抽调人手用于野马I改装会对喷火IX的项目产生影响。

不过，欧内斯特·海福斯还是通过自己的军方关系获得3架野马I，在诺丁汉附近的哈克那尔试飞基地开始了灰背隼动力野马的项目。同时，罗尔斯－罗伊斯公司将项目的进程开诚布公地与美方进行交流。

1942年5月，罗尔斯－罗伊斯公司将灰背隼动力野马的项目细节告知美国驻伦敦大使馆的陆航武官托马斯·希区考克少校。希区考克少校将消息向美国陆航高层转达后，引起了陆航最高领导人——阿诺德将军的关注。随即，在1942年7月25日，美国陆航和北美公司签订合同，将美国陆航序列号为41-37352和41-37421的2架P-51用于灰背隼发动机的改装以及试飞验证工作。这两架飞机被赋予XP-78的军方编号，在北美公司的内部编号为NA-101。当时，位于密歇根州底特律市的派卡德公司正在为英美两国生产灰背隼发动机的美国版——V-1650发动机，XP-78的动力系统便被指定为派卡德公司的最新产品V-1650-3发动机。考虑到该型发动机要到年底方可交货，北美公司在项目开始阶段临时采用罗尔斯－罗伊斯公司的灰背隼65发动机作为XP-78的动力系统。从这年夏天开始，大西洋两岸同时进行着灰背隼动力野马的改装工作，罗尔斯－罗伊斯公司、北美以及派卡德三家公司之间为此保持着密切的联系以及充分的沟通。

在这场旗鼓相当的竞争当中，英方从起跑线阶段开始获得领先优势。1942年6月7日，AM121号野马I送到哈克那尔试飞基地，AL963、AL975、AM203和AM208号机也随后抵达，这最后两架野马I是根据美国陆航的要求增加至罗尔斯－罗伊斯公司的项目当中的。这5架飞机均被赋予野马X的非正式编号。

1942年7月14日，罗尔斯－罗伊斯公司的工程师完成了对野马I改装灰背隼61发动机的预研究工作。由于在发动机后下方附加了两级两速机械增压器，灰背隼发动机比V-1710-39高5英寸，但两者的正投影面积均为7.5平方英尺左右。同时，灰背隼发动机比V-1710-39重300多磅，发动机的安装支架为此要经过加固的改造。除此之外，工程师认定灰背隼发动机只需进行少量调整便可安装至野马的引擎罩当中。

艾利森V-1710-39发动机的液冷系统需要正投影面积为2.1平方英尺的散热器，滑油冷却器则需要1.1平方英尺的散热器。与之相比，灰背隼61发动机的输出功率更大，配备的液冷系统的散热器也随之扩大，需要2.9平方英尺方可满足冷却需要；不过，滑油冷却器的尺寸可以设法缩减到0.645平方英尺。

值得特别指出的是，灰背隼发动机的两级两速机械增压器需要额外的0.695平方英尺

■ AM121号野马I在进行灰背隼发动机改装之前。

呼啸长空　P-51战机传奇

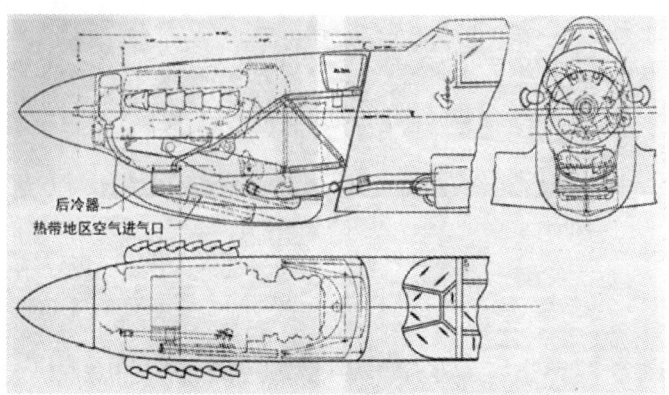

■ 罗尔斯－罗伊斯公司的野马X引擎罩设计图。

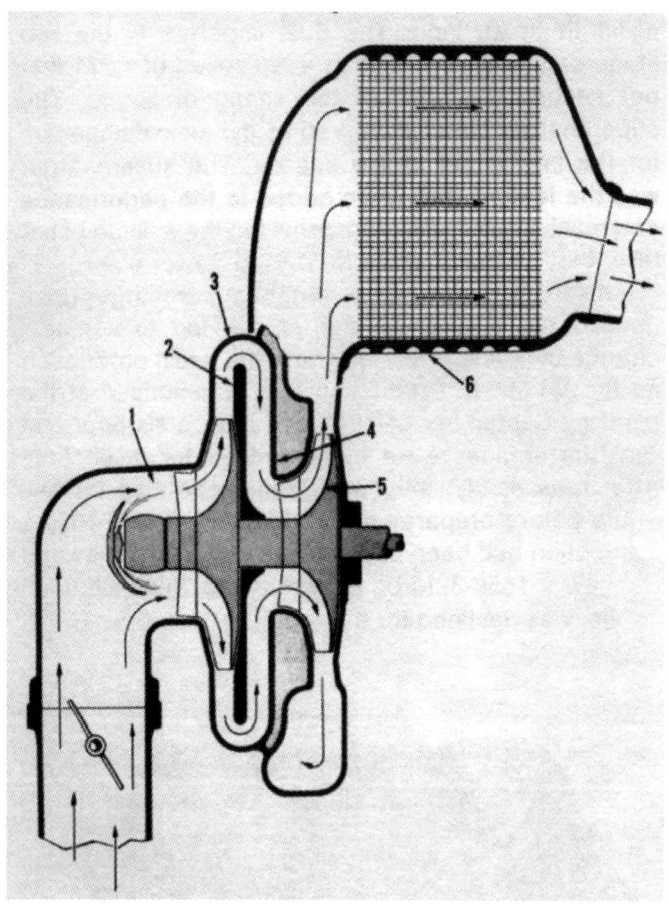

■ 灰背隼发动机冷却系统示意图。1.通过第一级叶轮的油气混合气；2.第一级扩散器；3.压缩机壳及其冷却剂套管；4.通往第二级叶轮的涡形管道；5.第二级叶轮；6.后级中间冷却器散热器。

的后级中间冷却器进行散热。发展到二战中期，罗尔斯－罗伊斯公司的灰背隼发动机普遍采用两级两速的机械增压器。以在野马家族内广泛采用的V-1650-3为例，其两级两速机械增压器的核心部件为两级共轴叶轮，第一级叶轮直径为12英寸，第二级叶轮直径为10.1英寸。发动机导出的一部分能量通过齿轮驱动叶轮转动，两级叶轮低速档的传动比为6.391∶1，高速档的传动比为8.095∶1。这意味着，第一级叶轮在高速运转时，其边缘转速可达到1271英尺/秒，已超过了音速。与之相比，V-1710-39发动机的机械增压器之内，直径为9.5英寸的叶轮以8.8∶1的传动比驱动。V-1650-3的叶轮传动比较低，但来自化油器的油气混合气能够得到两级叶轮的先后压缩，进气压力大为增加，从而提升了发动机在高空条件下的输出功率。在空气稀薄的26000英尺高空飞行时，V-1650-3的输出功率甚至超过了海平面工作环境下的V-1710-39！在进行两级压缩的过程中，增压器叶轮会将油气混合气加热到400华氏度以上的高温。为了防止温度过高引起汽缸内的爆震，有必要在油气混合气进入发动机之前进行降温工作。在灰背隼发动机连接增压器两级叶轮的管道之外，包裹有一层冷却剂套管，这一级冷却系统称为前级中间冷却器。乙二醇冷却剂在套管之内往复流动，带走一部分热量。由于增压器尺寸较为紧凑，前级中间冷却器的冷却剂套管大小受到一定的限制，其冷却效果未能满足发动机工作的需要。

为此，工程师们在两级两速机械增压器与发动机之间增加了一套后级中间冷却器（通常简称为后冷器）。高温高压的油气混合气经过后冷器之后，热量会被在离心泵的作用驱动下高速循环的乙二醇溶液带走，其温度将降低到适合发动机工作的水准。

灰背隼61发动机采用上吸式化油器，其进气口位于引擎罩下方，化油器进气口内加装了空气过滤器以减轻地面吸入的沙石对发动机的磨损。为此，原野马Ⅰ引擎罩上方化油器进气口管道的空间便空闲下来，罗尔斯－罗伊斯公司的工程师计划在这里安装机械增压器的后冷器，同时保持后机身的散热器和滑油冷却器安装不变。这个设计的优点是合理利用了原有的机身构造，所需的改动工作量最小。

不久之后，罗尔斯－罗伊斯公司收到了第一批野马Ⅰ的作战报告，获知引擎罩上方突出的化油器进气口对飞行员的瞄准射击造成极大的障碍，飞行员更希望看到一个光滑平顺的机头轮廓。如果在这个位置安装后冷器，野马Ⅰ的引擎罩还需再向上突起少许，对驾驶舱内视线的影响更为明显。为此，工程师们决定将后冷器移至引擎罩下方，与化油器等设备共用一个进气口。因而，野马Ⅹ的引擎罩下方明显突出，进气口尺寸被极大增加，飞机由此拥有了与P-40系列相同的"鲨鱼口"。

但新的问题随即出现：引擎罩过于突出的下方轮廓所引发的气流将影响到主起落架舱门的开合甚至后方乙二醇冷却器的工作。为此，在保证引擎罩上方轮廓不影响飞行员射击的前提下，灰背隼61发动机的安装位置提升了3.5英寸，为引擎罩下方各部件的安装让出了空间。原野马Ⅰ的电动燃油泵无法满足灰背隼引擎在18000英尺以上高度的工作需求，为此工程师们计划在野马Ⅹ的机翼油箱之内加装一副液压泵。

在原始设计中，工程师为灰背隼61配备了直径11英尺4英寸的新型四叶螺旋桨，减速比为1∶0.42，如飞机性能不理想，也可采用喷火系列装备的直径10英尺9英寸的四叶螺旋桨，减速比为1∶0.477。

1942年8月，野马Ⅹ的改装工作正式开始。英国皇家空军给予这5架飞机最高的优先级，以验证灰背隼动力野马与喷火Ⅷ之间的性能差异。在工程师的估算中，改装后的野马会比喷火Ⅷ重1600磅，但还是能够表现出相近甚至更优秀的性能。

在哈克那尔试飞基地，AL975号是第一架完工的野马X，除了机翼油箱内的液压泵之外实现了所有设计图纸上的规划。巨大的乙二醇冷却器排气口由液压系统控制开关，而机械增压器则是电动-液压混合控制。

为了更好地配合未来液压泵的使用，工程师们为野马X设计一副镀锡薄钢板制造的机翼油箱，这项成果随后被运用到北美公司的XP-78原型机上。

与此同时，使用喷火V机体改装而来的喷火IX恰到好处地顶替了未能及时投产的全新喷火VIII。喷火IX的发动机采用邦迪克斯公司的喷射化油器，从而使飞机具备了与Bf 109相同的拉负重力机动能力。在灰背隼61发动机之上运用这项新技术，再配合一个叶轮尺寸更大、传动比稍小的两级两速机械增压器，便成为灰背隼65型，它能在16000英尺高

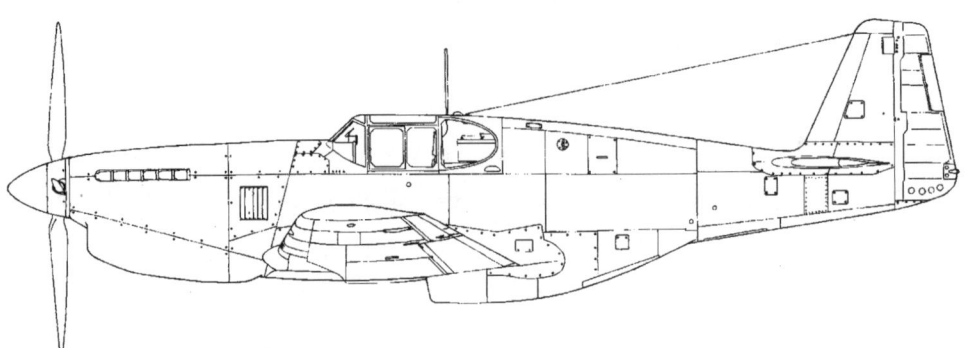

■（上）罗尔斯－罗伊斯公司的野马X引擎罩细节。（下）罗尔斯－罗伊斯公司的野马X侧视图。

■ AL975号野马X，照片拍摄于1942年10月13日首飞当天。

度上比灰背隼61多输出210马力功率。

在试飞之前，AL975号野马X将发动机升级为灰背隼65，驱动直径10英尺9英寸的四叶螺旋桨，减速比为1∶0.477。

AL975号机的乙二醇冷却器和滑油冷却器由莫里斯公司特别制造，布局与野马Ⅰ完全相同，在地面试车阶段没有出现冷却问题。由于缺乏机翼油箱内的液压泵，罗尔斯－罗伊斯公司决定只对AG975号机进行中低空域的试飞，获取最初的测试数据。

1942年10月13日，AG975号机成功地进行了试飞。在5000英尺高度上，飞机进行了多次平飞速度测试，以验证可能存在的冷却系统故障。当机械增压器处在低速运转状态，平飞速度达到376英里/小时后，中间冷却器的排气不畅引发引擎罩变形，试飞只得暂时中止。为此，工程师们在AG975号机的防火墙附近为中间冷却器特别增设了排气口。

AG975号机很快返回了试飞场地，第二次升上天空。灰背隼65发动机的冷却器排气口尺寸为1.8平方英尺，飞行员在空中将其部分闭合至0.7平方英尺，发现对冷却器的工作没有明显影响。在梅里迪斯效应的作用下，AG975号机顺利地达到390英里/小时的平飞速度。

在AG975号机成功试飞后第二天，派卡德公司向罗尔斯－罗伊斯公司发出一封信函，祝贺后者"在(灰背隼动力)野马的试飞竞争中打败了我们，希望其性能超乎预想"。

■ AM121号野马X，已经完成了灰背隼发动机的改装。

接下来,AG975号机接受了包括安装机翼油箱液压泵在内的不同改装,完成了多次试飞。英国首相温斯顿·丘吉尔对此极为重视,他在1942年10月16日向美国总统助理哈利·霍普金斯建议:一定要发展灰背隼动力的野马战斗机,如有必要,甚至可以为其安装最尖端的狮鹫发动机!

野马X的试验继续进行。在22000英尺高度,当乙二醇冷却器的进气口锁定至最小位置、机械增压器运转在高速挡时,AG975号机的最大平飞速度达到了432英里/小时。对此,罗尔斯-罗伊斯公司高层喜出望外,一名官员在内部信件中声称:"速度测试极度振奋人心,也许很快我们就会高呼着用野马替换喷火IX了!"

试飞继续进行,飞行员称赞AG975号机的操纵性能"令人欣喜"。不过,保守的英国人又一次小看了野马家族的实力——AG975的爬升速度比估算值高出450英尺/分钟之多!野马X爬升至20000英尺(6100米)高度只需要6.3分钟,这个时间是野马Ⅰ的三分之二。在野马X面前,喷火战斗机的优势只剩下更小的转弯半径,这一点应该归功于英国战斗机的传统——较大的机翼面积以及较轻的机身。

由于配备功率更强的发动机以及直径更大的螺旋桨,灰背隼动力野马的扭矩作用更为显著。根据罗尔斯-罗伊斯公司工程师的计算,野马X为此损失了44%的横向稳定性,这相当于3.8平方英尺的垂尾面积。罗尔斯-罗伊斯公司以及北美公司因而共同设计了一副面积加大2平方英尺的垂直尾翼,计划加装在灰背隼野马之上。然而这项改进被拖延下来,直到野马家族的最后一个亚型——P-51H,横向稳定性的问题才得到最终解决。

其余的4架野马X在改装完工之后,分别交付英国皇家空军以及美国陆航进行评估。同时,野马X的试飞记录报告不断地传递到

■ AM203号野马X,引擎罩下方经过整流处理,侧面的排气口造型也有所不同。

第三章 P-51的定型

■ 极为少见的照片，飞行中的AM208号野马X。

大洋彼岸，供北美公司的工程师们借鉴，以此改良他们的XP-78设计。同时，罗尔斯－罗伊斯公司计划以野马X为蓝本，将英国本土所有艾利森动力野马换装灰背隼发动机，其数量将达到500架之多。

第八航空军战斗机司令部的卡斯·霍夫上校是负责飞机测试的主管官员，他和罗尔斯－罗伊斯公司的联络官威廉·拉宾私交甚深。在灰背隼动力野马改装成功之后，拉宾邀请霍夫上校到哈克那尔基地试飞新的野马X，霍夫上校在回忆这段经历时说："他们事先对我守口如瓶，所以我一开始只能猜想这是一架普普通通的飞机。拉宾告诉我的唯一情报就是在哈克那尔的首飞结束后，飞行员对飞机相当喜欢。

试飞一架新飞机时，我通常在地面上简单启动发动机，然后在滑行中初步体验手感，随后加大功率起飞。

当飞机离地爬升到几百英尺高度以后，我收起了起落架，决定看看它从最初开始的爬升性能如何。我推动节流阀，没想到它竟然开始了一个快滚动作！罗尔斯－罗伊斯公司没有给够配平调节，垂尾的面积也不够大。

我急切地想把飞机带到高空，看它的表现如何，因为这是至关重要的性能。我在其他几架飞机之上研究过灰背隼引擎的燃油消耗曲线，估算了它依靠内部燃油能够达到的航程。但我不知道它在高空中能飞得怎么样，因为我还从来没有把一架艾利森动力野

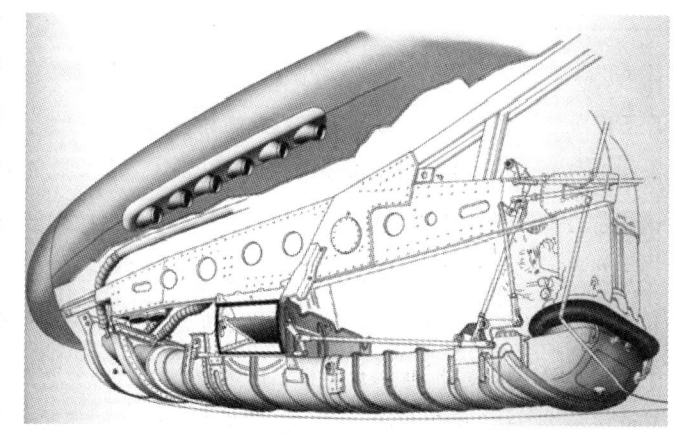

■ 北美公司的灰背隼动力野马引擎罩下方结构图。

呼啸长空 P-51战机传奇

■ 罗尔斯－罗伊斯公司的野马X（上）与北美公司在灰背隼发动机安装方式（下）上的比较。

马飞到24000或者25000英尺之上。

在喷火战斗机之上，两级机械增压器是通过手动调节的。我正在盘算着到时候把增压器调到高速挡时——我还没有问过用哪个开关进行调节的——猛然之间，我在16000英尺高度听到了轧的一声，增压器已经运转在高速挡下了。原来飞机的机械增压器是自动调节的，这给我一个完全的惊喜。

我把飞机带到了33000英尺高度，它的机动性真是太棒了。如果飞机上的仪表经过准确调校，我不需要专门的速度测试就能猜出它能飞得相当快。但在做过一两次速度测试之后，我还是无法相信自己看到的结果。"

回到北美大陆，在英国同行的热情帮助下，XP-78的改装工作进行得较为顺利。和罗尔斯－罗伊斯公司的处理方式不同，北美公司工程师们将灰背隼发动机的后冷器移动到机身后方，与散热器合而为一。因此，XP-78机头的突出部分只剩下引擎罩下的化油器进气口，气动阻力相比野马X降低甚多，同时机身下腹部结构的线条更显突出。

在XP-78上，后冷器与散热器的乙二醇冷却管道各自独立；通过管道内的离心泵的作用，后冷器系统中的乙二醇溶液以每分钟30加仑的速度进行循环。散热器/冷却器组合的机腹进气口继承了A-36A和P-51A的造型，但被向下移动两英寸，以此避开机翼下表面所产生的涡流，提高冷却效率。

为了配合功率更强的灰背隼发动机，XP-78配备了新型汉密尔顿标准四叶宽弦螺旋桨，直径达11.2英尺。

同时，41-038号野马Ⅰ在NACA的研究成果被运用到这一新型号上来。XP-78的副翼系统经过重新设计，副翼前方的机翼表面安装有微微突起的小型翼刀，用以平滑流过机翼的空气，将其引导至副翼位置以提高控制效率。每侧机翼上表面安装有两副翼刀，下表面安装有一副翼刀，其位置与上表面的外侧翼刀相对称。这将成为后续野马亚型的标准配备，早期出厂机型也可以在前线机场进行相应的改装。

这2架原型机的前身——P-51原本安装有4门20毫米机炮作为固定武器，为了加快项目进度，美国陆航序列号41-37352的第一架XP-78没有加装机炮，而41-37421号原型机则保留了机炮。

1942年8月26日，出自对野马家族的信任，在原型机试飞前3个月，美国陆航与北美公司签订生产400架灰背隼动力的P-51B-1NA合同，公司内部编号为NA-102，这批飞机的美国陆航序列号为43-12093至43-12492。随后，XP-78被正式命名为XP-51B。

XP-51B原型机的全部改装工作消耗了不到六个星期的时间，随后开始进行发动机的地面试车工作。新发动机启动以后，很快出现过热的征兆。经过检查，工程师们发现冷却剂掺杂了一定的沉淀物，将散热器堵塞使其无法正常工作。在冷却系统排空清洁过后，地面试车阶段顺利完成。

1942年11月30日，罗伯特·切尔顿将第一架XP-51B原型机带上了空中。在45分钟的飞行过后，地面塔台收到了罗伯特·切尔顿的紧急呼叫："发动机开始过热，飞机必须马上降落！"只见飞机的引擎罩不断向外散发着蒸汽和烟雾，XP-51B从高空迅速下滑，有惊无险地降落在跑道之上。经检查，飞机的冷却剂系统再次发生堵塞现象。北美公司高层由此决定，在将该问题彻底解决之前，暂缓原型机的试飞工作。

经过研究，野马设计团队订购了一套新的冷却器散

■（上）XP-51B侧视图，注意垂直的机腹进气口。
■（下）V-1650发动机比V-1710略高，因而XP-51B的机头引擎罩下方隆起了一块，在生产型P-51B之上，这个部位将得到流线过渡处理。注意这是第一架XP-51B原型机，没有安装20毫米机炮。

■（上）灰背隼动力野马采用的矩形散热器。
■（下）灰背隼动力野马冷却系统。1.冷却剂储存罐；2.通风口；3.通往散热器的管道；4.散热器；5.从散热器返回引擎罩的管道；6.冷却剂泵；7与8.连接后冷器的管道；9.过滤器。

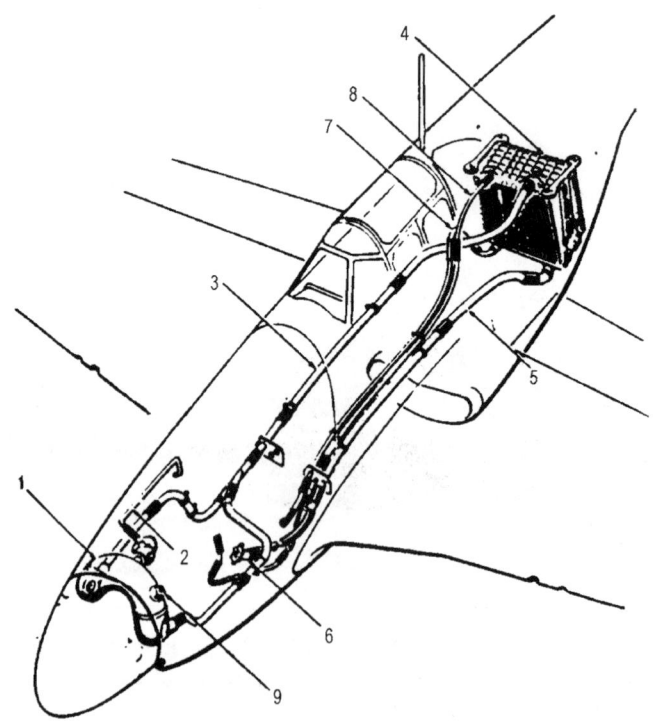

热器，其正投影呈矩形，面积为2.7平方英尺，包含发动机以及机械增压器的后冷器。同时，滑油冷却器被分离开来，作为一个独立的组件安装在散热器前方的管道当中。为此，将XP-51B机身下方结构进行了相应的更动：散热器/后冷器与滑油散热器共用一个进气口，拥有各自的排气口，在进气口之后通过内部管道分配冷却空气流量。这将成为后续野马亚型的基本冷却系统架构。

1942年12月，改装

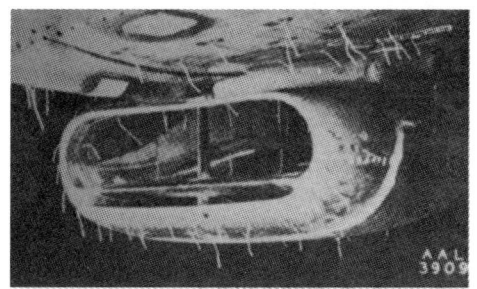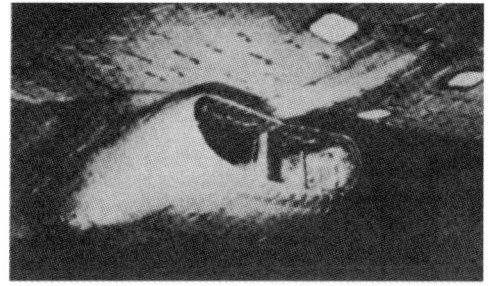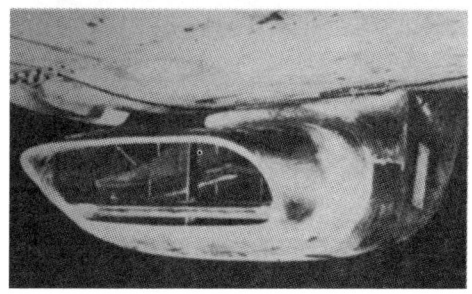

■ 为灰背隼动力野马进行的不同散热器进气口试验照片。

完毕后的XP-51B再次开始试飞工作。新的问题很快暴露出来：在高速飞行过程中，吸入机腹进气口的气流会产生剧烈的扰动，从而引发震耳欲聋的噪音，对驾驶舱内的飞行员造成极大的干扰。为此，41-37352号原型机被送往艾姆斯航空实验室进行风洞吹风试验。在尝试了多种不同的改进方式之后，机腹进气口被改成上唇靠前、下唇靠后的倾斜布局。

和它的英国胞兄一样，XP-51B的试飞成绩同样令人振奋：相比艾利森动力野马，它的实用升限提升了10000英尺，爬升到30000英尺时间缩短到12.5分钟，在这个高度的最大平飞速度增加50英里/小时。1943年1月19日，美国的XP-51B试飞报告送交给英国政府，后者旋即决定中止罗尔斯-罗伊斯公司计划中的500架艾利森动力野马改装工作，转而等待美方提供的P-51B生产型。

1942年8月，英国皇家空军的喷火战斗机已经成为英吉利海峡上空不朽的传奇，此时最早的野马部队才开始接受战火的洗礼。美国陆航未来最庞大的一支空中打击力量——第八航空军正在孕育成形，还要一年时间才能在德国领空投下第一枚炸弹。就在这年夏天，襁褓之中的美国陆航开始奋起直追，大笔订单发往国内的各大军工企业。

1942年10月8日，北美公司的得克萨斯州达拉斯工厂获权生产1350架灰背隼动力的NA-102。这家新工厂在1年前落成，钢筋水泥结构的厂房面积达855000平方英尺。由于产地改变，飞机的工厂内部编号变为NA-103，军方编号变为P-51C，同时加上-NT的后缀，用以和英格伍德工厂的产品相区别。这1350架P-51C将分3个批次出厂，包括：350架P-51C-1NT，美国陆航序列号42-102979至42-103328；450架P-51C-5NT，美国陆航序列号42-103329至42-103778；550架P-51C-10NT，美国陆航序列号42-103779至42-103978以及43-24902至43-25251。

在XP-51B成功试飞之后，英格伍德工厂也获得了1588架P-51B的追加订单。这批飞机的内部编号为NA-104，将分为三个批次出厂，包括：800架P-51B-5NA，美国陆航序列号43-6313至43-7112；398架P-51B-10NA，美国陆航序列号43-7113至43-7202、42-106429至42-106538以及42-106541至42-106738；390架P-51B-15NA，美国陆航序列号42-106739至42-106978以及43-24752至43-24901。在以上合同签署之后，美国陆航继续追加订购400架P-51C-10NT，但北美公司内部编号改为NA-111，美国陆航序列号44-10753至44-11152。

相比原型机，生产型P-51B/C的改进主要为：

◆ 逐步改进动力系统。

P-51B/C投产时将原型机的英国造灰背隼65替换掉，装备派卡德公司的V-1650-3。在先前出场的野马战斗机之上，艾利森V-1710是一台可靠的机器，在额定的功率输出范围内工作时运转相当平稳。与之相比，V-1650-3发动机的性情极其暴烈。在起飞阶段，V-1650-3能比V-1710系列多输出200马力功率；在25800英尺高度，V-1650-3将以61英寸水银柱的进气压力输出1210马力的功率，几乎2倍于V-1710！

■（上、下）第二架XP-51B原型机，美国陆航序列号41-37421，飞机装备有20毫米机炮。

第三章　P-51的定型

从P-51B-10NA和P-51C-5NT开始，所有后续的野马家族成员均将动力系统更换为V-1650-7。

与V-1650-3相比，V-1650-7的改动主要聚集在机械增压器之上：低速挡与高速挡传动比分别降低为5.802∶1和7.349∶1。由于传动比降低，V-1650-7在25000英尺以上的性能有所下降。以此为代价换来的优势是：在25000英尺以下——远程护航任务里战斗最为激烈的空域之中，发动机能输出更高的功率，

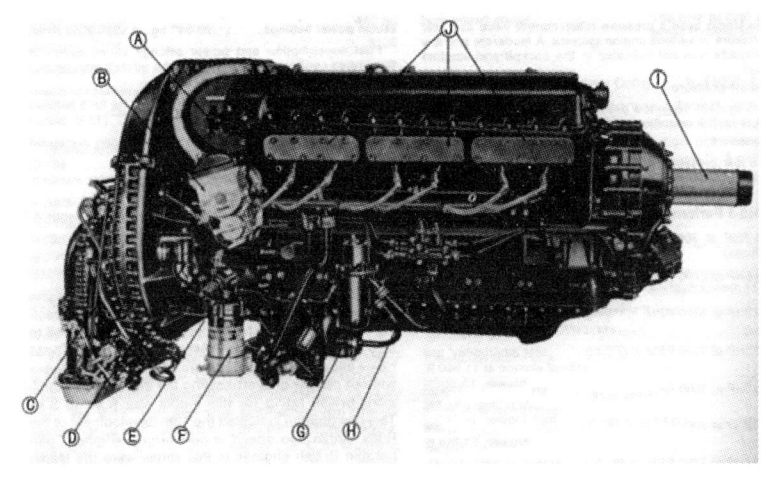

■ V-1650发动机示意图。A.转速计传感器；B.A列磁电机；C.化油器油管；D.飞轮箱呼吸阀；E.人力起动机；F.电磁启动机；G.滑油过滤器；H.滑油分配阀；I.螺旋桨轴；J.排气口盖板。

而且不必担心超负荷运转的危险。

在14500英尺高度，发动机的气压系统将自动触发V-1650-7的增压器跳转至高速挡运行。V-1650-3与V-1650-7大修时间间

V-1650-3性能表	
长	87.108英寸
宽	29.966英寸
高	41.637英寸
气缸容积	1649立方英寸
重量	1690磅
增压器传动比（低速挡）	6.391∶1
增压器传动比（高速挡）	8.095∶1
最大进气压力	67英寸水银柱(持续5分钟)
最大起飞功率	1380制动马力（3000转/分钟，61英寸水银柱进气压力，持续5分钟）
海平面最大持续功率	975制动马力（2700转/分钟，46英寸水银柱进气压力）
巡航功率设定	1850至2350转/分，29至34英寸水银柱进气压力
增压器低速挡	
正常临界高度功率	1110制动马力（2700转/分钟，46英寸水银柱进气压力，17400英尺）
临界高度功率	1490制动马力（3000转/分钟，61英寸水银柱进气压力，13750英尺）
作战紧急功率	1600制动马力（3000转/分钟，67英寸水银柱进气压力，11800英尺）
增压器高速挡	
正常临界高度功率	950制动马力（2700转/分钟，46英寸水银柱进气压力，29500英尺）
临界高度功率	1210制动马力（3000转/分钟，61英寸水银柱进气压力，25800英尺）
作战紧急功率	1330制动马力（3000转/分钟，67英寸水银柱进气压力，23000英尺）

V-1650-7性能表，其他数据参考V-1650-3	
增压器传动比（低速挡）	5.802:1
增压器传动比（高速挡）	7.349:1
最大起飞功率	1490制动马力（3000转/分钟，61英寸水银柱进气压力）
海平面最大持续功率	975制动马力（2700转/分钟，46英寸水银柱进气压力）
巡航功率设定	1600至2400转/分钟，26至36英寸水银柱进气压力
最低巡航功率	400马力（1800转/分钟，23英寸水银柱进气压力，18300英尺，使用高速挡）
增压器低速挡	
正常临界高度功率	1180制动马力（2700转/分钟，46英寸水银柱进气压力，11300英尺）
临界高度功率	1590制动马力（3000转/分钟，61英寸水银柱进气压力，8500英尺）
作战紧急功率	1720制动马力（3000转/分钟，67英寸水银柱进气压力，6200英尺）
增压器高速挡	
正常临界高度功率	1065制动马力（2700转/分钟，46英寸水银柱进气压力，23400英尺）
临界高度功率	1370制动马力（3000转/分钟，61英寸水银柱进气压力，21400英尺）
作战紧急功率	1505制动马力（3000转/分钟，67英寸水银柱进气压力，19300英尺）

隔均为300小时，两者之间保持良好的通用性，可根据需要进行更换。事实上，在前线机场中，有为数众多的早期型P-51B/C换装了V-1650-7，也有后期型P-51B/C换装了V-1650-3，一切根据作战任务需要而定。

新手飞行员学习灰背隼动力野马的操作时，要熟悉动力系统的性能以及操作往往得消耗额外的时间。在起飞阶段，强大的起飞功率以及四叶螺旋桨综合产生的扭矩效应加大了飞行员的操纵难度。飞行员被告诫，在起飞滑跑阶段，尽量不使尾轮离开地面，以其来抵消扭矩效应。因而，跑道上的飞机的滑行速度将逐步提升，直到猛然间三个机轮同时离地，宛如真正的野马一般飞跃而起。

当升上天空之后，灰背隼发动机以及四叶螺旋桨的扭矩效应将在飞机加速时产生侧洗流因而损失横向稳定性，调整后更敏感、反应更迅速的操纵面恶化了这个现象。在空战中，飞机进行侧滑、从高失速及俯冲中改平等机动时均有可能使机体超载。

当一架战斗机的动力系统升级之后，设计者对其的通常处理方式为加长机身、扩展垂直尾翼以补偿增强的扭矩效应所损失的横向稳定性。例如，寇蒂斯公司的P-40F在加装V-1650-1发动机的同时，需要将机身加长2英尺2英寸以增加稳定性。为了保证操纵效率，垂直尾翼和水平尾翼的位置都要向后移动。然而，P-51B/C继承了野马家族传统的机身结构和尺寸，飞行员通常只能尝试加大对操纵面的控制来抵消扭矩效应，但这加重了施加在尾翼上的应力。在问题得到彻底解决之前，P-51B/C的机动飞行不得不进行相应的限制。

◆ 换装武器系统

P-51B/C继承了P-51A的固定武器，即4挺

12.7毫米口径机枪。为了给子弹输送带留出机翼内的安装空间，所有的机枪均采用倾斜架设的方式，以使子弹输送带绕过机枪顶端，从另一面输入枪膛。这个结构较容易导致卡弹的事故，加之在高空飞行时，武器系统内的润滑油往往会因低温发生凝结，进一步加大了卡弹的几率。机翼内的机枪加热系统本来可以有效防止凝结现象，但在实战中飞行员们习惯于在进入战斗之前才将机枪加热系统开启，使其难以发挥足够的作用，因而卡弹的可能性进一步增加。

根据经验，地勤人员对枪械的供弹系统进行改进——包括加装B-26轰炸机炮塔上的供弹马达，并加大了保养工作的力度。同时，飞行员们被告

■（上）从A-36A到P-51B的野马家族成员所采用的12.7毫米机枪安装方式。
■（下）飞行员和地勤人员正在讨论P-51B上机枪的供弹系统。

呼啸长空 P-51战机传奇

诚在起飞升空并给机枪上膛的同时,最好打开机枪加热系统。以上措施在一定程度上减小了卡弹事故出现的几率,但是问题依旧存在,随时都有可能给飞行员造成麻烦。

XP-51B原型机的前身——P-51不具备挂载炸弹或者副油箱的挂架,为了更好地满足多样化的作战需求,P-51B/C沿用了P-51A的挂架设计,在通常作战条件下可挂载1枚500磅炸弹或者75加仑副油箱,同时每侧机翼油箱再次略微扩容达到92加仑。

◆ 增加机身油箱

出厂的800架P-51B-5NA事实上分为两批不同架次,后550架(美国陆航序列号43-6563至43-7112)加装了容量为85加仑的辅助机身油箱。该油箱安装在驾驶员座椅之后,和机翼油箱一样均采用自封闭橡胶材料制成。在后续出场的野马亚型中,85加仑的辅助机身油箱成为标准配备。

当该油箱满载85加仑燃

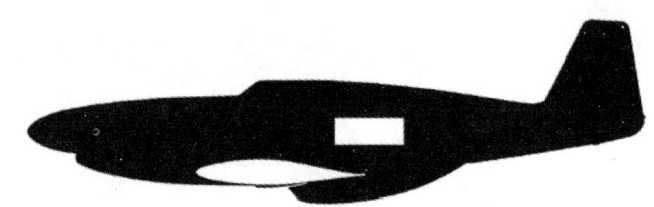

■ 机翼以及辅助机身油箱位置示意图,由此可见该油箱满载时,飞机的重心将向后移动。

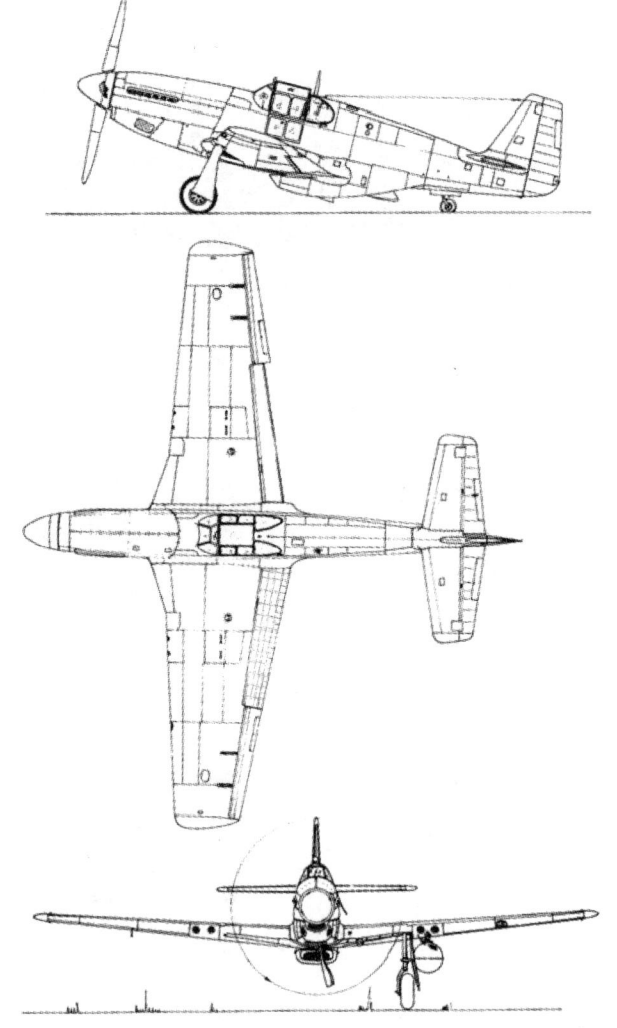

■ P-51B/C三视图。

油时，飞机的重心被向后移动甚远，导致飞机稳定性受到极大影响。为此，飞行员们被告诫在抛弃外挂副油箱并且辅助机身油箱消耗至25加仑以下时，方可执行激烈的空战机动。事实上，为了安全起见，辅助机身油箱在起飞升空前往往只加注65加仑燃油。即便如此，飞机的起飞过程仍然遇到相当大的麻烦——由于重心向后移动甚多，飞行员只能先抬起机头使机翼下两个主起落架轮离地，待到积累足够速度之后，起落架尾轮方能离地升空。这一套起飞步骤与通常的后三点起落架飞机完全相反，为新手飞行员带来了极大的困扰。此外，主起落架率先离地意味着在飞机滑跑阶段机头被抬高，飞行员的前方视野受到引擎罩的遮挡影响更为明显，一旦在滑跑中出现差错，其后果往往是灾难性的。

P-51B/C的新改进给欧洲战区的飞行员出了一道难题：在进入战区之前，应当先使用哪个油箱——翼下副油箱还是辅助机身油箱？（注：美国陆航装备的此种副油箱，在不同场合有108/110加仑两种容量标识）如果先使用翼下副油箱，则满载的辅助机身油箱将在战斗中影响飞行员的操作；如果先使用辅助机身油箱，飞行员往往要在与敌人交手时将两副满载燃油的副油箱抛弃，造成极大的浪费。面对这个两难问题，有的野马部队找到了自己的应对方案：在进入战区之前使用翼下挂载的副油箱，在即将与敌人交手时，抛弃副油箱，使用机身辅助油箱，同时尽量通过高速的俯冲/爬升机动与敌人周旋，避免激烈的转弯机动，直至燃油消耗至安全范围之内。

P-51B-1NA性能表	
公司编号	NA-102
美国陆航编号	P-51B-1NA
皇家空军编号	野马 III
发动机	V-1650-3
几何尺寸	
机长	32英尺3.3125英寸
翼展	37英尺0.25英寸
机高	8英尺8英寸
机翼面积（平方英尺）	233
重量	
空重（磅）	6840
正常起飞重量（磅）	9200
最大起飞重量（磅）	11200
机内燃油（加仑）	184
最大燃油（加仑）	334
固定武器	
机枪（数量×口径）	4×12.7毫米
备弹（发）	1260
外挂武器	
炸弹（数量×磅）	2×500
副油箱（数量×加仑）	2×75
性能	
最大平飞速度/高度（英里/小时/英尺）	388/5000
	406/10000
	427/20000
	430/25000
	440/30000
巡航速度（英里/小时/英尺）	325/10000
爬升率（时间/至高度）	1.8分钟/5000英尺
	3.6分钟/10000英尺
	7分钟/20000英尺
实用升限（英尺）	42000
机内油箱航程（英里）	1200
最大航程（英里）	2120/110加仑副油箱

呼啸长空　P-51战机传奇

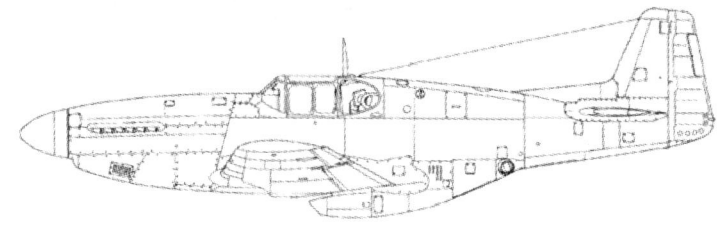

■ F-6C-10NT侦察机侧视图。

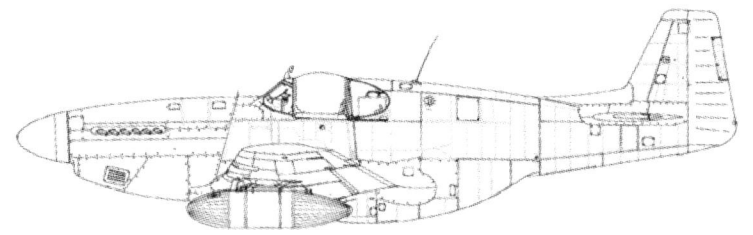

■ 加装马科姆座舱盖的P-51B-15NA侧视图，注意无线电天线杆的位置。

为了提醒飞行员，安装了辅助机身油箱的P-51B/C均会在机身侧面绘制一个白色或者黑色的十字作为标记。增加辅助机身油箱所引发的一系列问题，促使了其后的野马亚型中采用全金属升降舵的升级。

1943年5月，北美公司完成了所有310架P-51A的交货，开始转产P-51B。5月5日，罗伯特·切尔顿成功试飞第一架P-51B-1NA，该机的美国陆航序列号为43-12093。

1943年8月，第一架生产型P-51B被拆解装箱开始海运，并在9月运抵英国。同年12月1日，第一支灰背隼野马部队——第354战斗机大队在英国成军。

出厂的P-51B/C之中，有944架交付英国皇家空军，以野马Ⅲ的编号加入第二战术航空军。最早装备野马Ⅲ的部队是第19中队，其任务包括护航、对地攻击以及武装侵扰。和早先配备艾利森发动机的前辈一样，灰背隼动力野马再一次使皇家空军心悦诚服。高傲的英国人意识到，即便机动性能略为逊色，凭借着杰出的远航程、高速度以及操控性能，野马战斗机必然与不列颠的杰作——喷火一起名垂青史。

此外，有71架P-51B-10NA被改装为F-6C-10NA侦察机；20架P-51C-10NT被改装为F-6C-10NT侦察机。F-6C系列侦察机配备有2架K-24照相机或是工作范围提高到30000英尺的K-17和K-22照相机。

到P-51B/C，所有野马亚型均采用鸟笼状座舱盖结构。这个设计的优点是空气阻力较低，但极大限制了飞行员的视野。而且，高个子的飞行员还需处处小心，如果动作过于激烈，他的头顶便有可能重重地撞到座舱盖顶端！

为此，马科姆公司推出了气泡状有机玻璃无框座舱盖用于野马机型的改装，飞行员习惯于将其称之为"马科姆座舱盖"。座舱盖向上方以及两侧突起，其造型介于传统的鸟笼式座舱盖和完美的气泡状座舱盖之间。马科姆座舱盖增加了驾驶舱内的空间，改善了飞行员的视野。这种新型的座舱盖向后滑动

第三章　P-51的定型

■（从上至下）对比一下美国人的风格，加装3管4.5英寸口径"巴祖卡"火箭弹发射管的P-51B，及发射管特写。

个缺点倒也无伤大雅，英国皇家空军很快将旗下的野马Ⅲ进行了座舱盖换装。

新型的座舱盖引起了美国陆航战斗机部队的注意，不少野马大队向英方索取了马科姆座舱盖的零部件，对自己的战斗机加以改装。马科姆座舱盖还将影响到美国陆航的P-47和海军的F4U战斗机，后者改型所采用的座舱盖和马科姆公司的早期设计极为类似。

1944年2月，最早的马科姆座舱盖试验在英国皇家空军序列号为FX893的野马上进行，改装地点为下博斯坎比的英国皇家空军测试中心。试验结果表明，马科姆座舱盖能够在250英里/小时的速度下安全打开。

FX893号机还安装有新型火箭弹发射架以及相应的测试设备。火箭弹发射架呈T字布局，可在顶端挂载2枚60磅重的火箭弹。FX893号机的每个翼下挂架均一左一右地横向安置2个火箭弹发射架，总携弹量为8枚。试验结果表明，除了在俯冲至450英里/小时速度之前必须将飞机改平拉起的限制之外，火箭发射架的安装对飞机的总体飞行品质没有特别的影响，失速以及降落性能与普通的野马Ⅲ相当。在拉起时，飞机平均每1个G的机动需要飞行员施加20磅的杆力。

开启，为此安装在飞机驾驶舱正后方的无线电天线杆被移动至机身右侧。如果长期暴露在阳光之中，马科姆座舱盖将会受热引起结构变形，给维护造成一定的麻烦。不过，这

083

呼啸长空　P-51战机传奇

■ 这架英国皇家空军第126中队的KH482号野马Ⅲ加装了马科姆座舱盖以及背鳍。注意马科姆座舱盖为向后滑动开启。

随后，FX899号野马Ⅲ开始了75加仑副油箱以及500磅航空炸弹的挂载/投掷测试。在挂载满负荷的75加仑副油箱时，飞机能够以450英里/小时的速度完成俯冲机动，巡航速度为275英里/小时。此外，副油箱的挂载只对失速速度有着略微的影响。

FX899号机还进行了仅在右翼下挂载副油箱的飞行测试。在滑跑时，飞机没有放下襟翼以提高升力，而是在跑道上以最快的速度滑行升空。离地后，飞行员发现副翼为配平预先设置的5度偏转不足以抵消飞机的扭矩效应。在飞行速度增加到160英里/小时后，飞机进入水平飞行状态，飞行员得以对副翼施加更多的操作。虽然挂载单侧副油箱对飞机的气动阻力产生一定的影响，FX899号机的水平飞行和俯冲仍然与普通野马Ⅲ相差不远。在收回起落架和襟翼、并且进行略微配平操作的条件下，飞机的失速速度为88英里/小时，此时飞行员将副翼偏转角打满进行操控。在放下起落架和襟翼的条件下，由于飞机的副翼作用不足，飞机无法进行精确的失速测试。在着陆时候，飞机需要放下左侧副翼以平衡阻力，此时的着陆速度为110英里/小时。通过分析试验结果，英国皇家空军要求飞行员在进行此种类型的降落时使用的襟翼控制不超过20度。

为了测试新型全金属副翼以及将垂直尾翼偏转1度对飞行特性的影响，北美公司建造了一架三分之一比例的野马模型用于风洞试验。为使试验数据与真实飞行尽可能接近，国家航空咨询委员会索性将1架P-51B进行最大程度的减阻改装，由1架P-61夜间战斗机牵引用于俯冲测试。

这架飞机的螺旋桨被拆除，换装了新型的毂盖以获得最佳的气动外形。机头配备了一套与牵引滑翔机类似的挂钩以及收放系统，通过螺旋桨毂盖固定在发动机轴之上。飞机外的涂装经过磨砂处理，并被打蜡、涂上虫漆。为了最大限度地减小阻力，翼下挂架被拆除，化油器进气口和机枪口均被密封进行整流处理，在飞行中散热器排气口将一直保持关闭状态。飞机上新增的仪器包括两侧机翼前缘的空速计。由于在试验中，飞机的发动机停止工作，无法为液压系统提供动力，飞机上安装了一套由机身中电池驱动的电动液压泵系统用以控制襟翼以及起落架收放。

这架无动力的P-51B由国家航空咨询委员会的试飞员詹姆斯·尼森驾驶，P-61拖曳着它从洛杉矶北部的一条干湖床跑道上起飞。这条跑道长度只有2500英尺，对于负担额外载荷的P-61来说明显过短，它拖曳着P-51B一直滑行到跑道尽头才勉强升空。第一次测试的滑跑过程中，P-61高速运转的机轮和螺旋桨气流掀起滚滚黄沙，将P-51B的机身和机翼前缘的蜡涂层以及风挡蒙上了一层细小的沙尘，这使詹姆斯·尼森对试验结果尤为担心。被拖曳到28000英尺高度后，P-51B松开挂钩，向下高速俯冲。飞机沾染的沙尘对俯冲性能没有影响，P-51B顺利达到了0.71马赫的俯冲速度。和其他俯冲飞行不一样的是，这架P-51B没有引发剧烈的震动或噪音，詹姆斯·尼森听到的只有驾驶舱外的风声以及记录试验数据的照相机运转时的咔哒声。

按照国家航空咨询委员会的计划，每次俯冲的速度均要在上次测试的基础上有所提高。第二次测试的俯冲速度为0.73马赫，结果同样相当令人满意。第三次测试达到了0.75马赫，这已经接近了美国军方为野马系列界定的俯冲极限，而且詹姆斯·尼森和P-61机组的操作愈发熟练和默契。不过，第四次测试发生了严重事故，在两架飞机离地升空后不久，连接两架飞机的牵引绳忽然断裂。P-51B无法将挂钩松开，剩余部分的牵引绳从引擎罩毂盖垂下，给飞机的控制带来极大的干扰。幸好詹姆斯·尼森迅速找到了一块空旷的地形，驾驶无动力的P-51B紧急滑翔迫降，结果是飞机严重受损，但詹姆斯·尼森只受了点轻伤，试验仪器完好无损。

由于已经收集到足够多的数据，国家航空咨询委员会决定试验到此结束。通过对比P-51B的试飞数据和等比模型的风洞测试结果，工程师们确认这两者之间能够很好地保持吻合。此外，风洞试验无法模拟的是P-51B

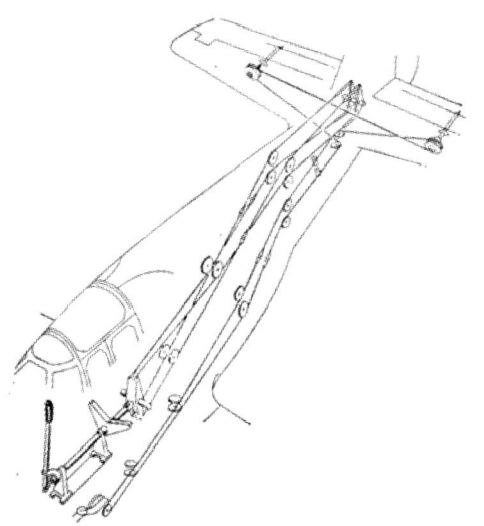

■ P-51B升降舵以及配平调整片控制。

野马III评测

1943年12月28日起,英国皇家空军用序列号将FZ107的野马III与其他型号战斗机进行了一系列对比测试,它的对手包括采用切短翼尖的BS552号喷火IX、采用正常翼尖的JL359号喷火IX、JN737号暴风V、缴获的PM679号Fw 190以及RN228号Bf 109G。其评测报告如下所述。

飞行品质

1. 野马III的飞行和着陆与野马I很相似。它的操纵感受相当愉悦,和喷火IX一样,非常容易驾驶,除了方向舵需要改进偏转角度以外。发动机的感受十分平顺。

飞行控制

2. 飞机平衡性良好,操作反应积极,在高速条件下尤甚。与喷火IX的比较结果:

a. 方向舵控制较重。该方向舵的操作极为有效,在高速条件下(表速在400英里/小时以上)仅仅需要略微重新配平以保持飞机径直飞行。飞行中没有横向偏移现象。

b. 副翼控制较轻,尤其在正常飞行以及小幅度操作时。当副翼全部展开时,操纵显现出有减震效应的迹象。在需要迅速改变副翼角度时,需要相当多的操纵杆力。

c. 升降舵控制较重,但不令人疲劳,可能因为高速飞行需要配平的机会较少。

编队飞行

3. 由于飞机造型光洁,曾被认为难以保证编队飞行,实际上发动机的运转相当稳定,编队飞行十分简单。

低空飞行

4. 越过机翼向前下方的视野和野马I相同,因此优于喷火IX。这有助于简化飞机低空飞行操作。然而,该型号并非为低空任务而设计,改善该型号空战能力需求的要求会使对地攻击难度提高。

俯冲速度

5. 由于野马III在俯冲时加速极快,在高空它很容易进入压缩效应的范围(接近音速)。该现象只有在俯冲时方可引发,俯冲速度的限制是:(见右表)

表速(英里/小时)	高度(英尺)
298	35000
336	30000
376	25000
422	20000
468	15000
520	10000
574	5000

与喷火Ⅸ比较

1. 由于两架飞机的设计和结构相近，它们之间的比较相差不远。战术表现上的区别在于野马Ⅲ的表面较为光洁、重量较大、相比喷火Ⅸ具备较高的翼载荷（野马Ⅲ翼载荷为43.8磅/平方英尺，喷火Ⅸ翼载荷为31磅/平方英尺）。

航程

2. 不挂载副油箱的条件下，野马Ⅲ的机身燃油量154加仑（英加仑，以下同），滑油量为11.2加仑；喷火Ⅸ的机身燃油量为85加仑，滑油量为7.5加仑。挂载副油箱之后，野马Ⅲ拥有279加仑的总燃油量（挂载两副62.5加仑副油箱）；喷火Ⅸ拥有177加仑的总燃油量（挂载一副90加仑拖鞋式副油箱）。

3. 在同样的进气压力和转速设定下，两架飞机的燃油消耗大体相同，但野马Ⅲ的平飞速度要快20英里/小时。因此，当两架飞机挂载远程副油箱之后，如果飞机的航程直接根据燃油量决定，则野马Ⅲ的远程性能引人注目。

速度

4. 到目前为止仍没有获得官方的速度曲线数据，因此现有的速度测试数据没有得到最终确认。不过，这些数据显示：通常情况下采用同样的发动机功率设定，野马Ⅲ在所有高度上均快出20至30英里/小时。在一定高度上，发动机可以在3000转/分钟以及76英寸水银柱（+18磅）进气压力条件运转。两架飞机的最佳性能高度相似，均位于10000至15000英尺以及25000至32000英尺之间。

爬升

5. 功率全开时，野马Ⅲ在所有高度上的爬升率均较为逊色（在编队起飞过程中，喷火Ⅸ需要保持的进气压力比它小5磅）。如果采用不同的发动机设置以175英里/小时速度爬升，两者性能相仿。不过，野马拥有更好的紧急功率爬升能力，它能够俯冲5000英尺或者更多高度，然后以更快的速度爬升回原先高度，需要更少功率增加便能恢复原先的高度以及速度。

俯冲

6. 在小角度俯冲当中，野马Ⅲ迅速拉开与对手的距离，喷火Ⅸ需要4到6磅更多进气压力方可跟上。

转弯半径

7. 野马Ⅲ一直被喷火Ⅸ胜出，使用襟翼辅助转弯并没有显示出明显的改进。飞机以升降舵震颤的形式给出了高速条件下失速的足够警告，随后将引发机尾震颤。

滚转

8.虽然副翼操纵感觉较轻，野马Ⅲ无法在正常速度下保持与喷火Ⅸ一样的滚转速度。随着速度的增加，副翼操纵变得僵硬。在400英里/小时速度时两架飞机的滚转率相同。

搜索

9.驾驶舱中，飞行员的周围视野与野马Ⅰ相同，因而逊色于喷火Ⅸ，但从机身两侧向前下方的视野较优。为此已经设计了一个滑动座舱盖，将安装到现役的野马战斗机之上。这将使野马的视野最少与喷火Ⅸ平齐——如果没有比后者胜出的话。

装甲

10.野马Ⅲ的后方装甲防护包括飞行员座椅背后的两块防弹钢板。其中一块厚5/16英寸，从座椅底部延伸到飞行员肩膀的位置，其顶端安装有另一块厚7/16英寸的防弹钢板以保护飞行员头部。前方的防护包括1/4英寸厚的防火墙钢板、发动机本身、3/2英寸厚的防弹玻璃、发动机前端冷却剂储存罐之前的1/4英寸厚的钢板。机翼油箱没有装甲防护，但它们本身为自封闭结构。

与喷火ⅩⅣ比较

1.航程：喷火ⅩⅣ处于劣势。

2.最大速度：两架飞机事实上不相上下。

3.最大爬升能力：喷火ⅩⅣ优势明显。

4.俯冲：野马占据优势，但不甚突出。

5.转弯半径：喷火ⅩⅣ胜出。

6.滚转率：喷火ⅩⅣ倾向于占据上风。

7.结论：除了航程数据，对这两架飞机不应下定性结论，因为它们不会成为对手。按照需求作出取舍即可。

与暴风Ⅴ比较

1.航程：暴风Ⅴ处于劣势。

2.最大速度：在15000英尺以下暴风快出15至20英里/小时，高度增加到24000英尺之前两架飞机大致相当，随后野马逐渐赶上并在30000英尺高度快出30英里/小时。

3.最大爬升率：该评测与速度测试一起进行。处在同样的高度时，暴风Ⅴ拥有较好的紧急功率爬升性能。

4.俯冲：暴风Ⅴ倾向于占据上风。

5.转弯半径：暴风Ⅴ处于劣势。

6.滚转率：暴风Ⅴ处于劣势，这应当在后续亚型中得到改进。

7.结论：野马拥有航程优势以及24000英尺以上的性能优势，但暴风在10000英尺以下拥有较好的速度和爬升性能。

与Fw 190（装备BMW-801D发动机）比较

1.最大速度：Fw-190在所有高度上均比野马Ⅲ慢50英里/小时，在28000英尺以上速度差距拉大到70英里/小时。预计未来加装DB-603发动机的新型Fw 190（注：即Fw 190D）能在27000英尺高度下略占速度优势，但在此之上速度落后。

2.爬升：测试显示两架飞机的最大爬升率相当。预计野马Ⅲ将比新型Fw 190拥有更好的最大爬升率。所有高度之上，野马的紧急功率爬升性能均优于对手。

3.俯冲：野马一直领先于Fw 190。

4.转弯速度：测试再次显示两者性能大致相当，野马轻微胜出。以急转弯机动躲避敌机进攻时，飞行员可借助速度差异获得最初的转弯优势。在攻击敌机时，野马同样可以利用这一优点。

5.滚转率：野马落后甚远。

6.结论：在攻击时，野马应保持或重新加到高速以再次获得高度优势，Fw-190无法通过俯冲摆脱追击。在受攻击时，野马应进行急转弯机动，随后进行全速俯冲以拉开距离，随后重新获得高度优势。不推荐进行近距离缠斗，在最初速度处于250英里/小时速度以下时不要尝试爬升机动。

与Bf 109G比较

1.最大速度：野马Ⅲ在所有高度上的速度均领先。在对比中，它的最佳高度位于16000英尺以下（快30英里/小时）以及25000英尺以上（快30英里/小时，在30000英尺高度优势加大到50英里/小时）；

2.爬升：两者爬升性能相当，野马在25000英尺之上稍快，在20000英尺之下稍慢。

3.紧急功率爬升：Bf 109G拥有非常优秀的高速爬升能力，使得两者紧急功率爬升性能相当。

4.俯冲：在受到攻击时，野马依然可以通过小角度俯冲拉开距离。

5.转弯性能：野马Ⅲ优势明显。

6.滚转率：两者差别不大。在防御态势中，野马可通过快速改变方向将Bf-109G甩掉，这是因为Bf 109G的最大滚转能力相当低下。

7.结论：在攻击时，野马总能俘获Bf 109G，除非处在爬升过程中（排除拥有巨大速度优势的情况）。在防御态势中，采取的第一个机动应当是急转弯，如有必要，再进行俯冲（在20000英尺以下）。高速爬升动作将不幸地拉近双方距离。如身处25000英尺以上，应尽量采取爬升或平飞保持高度。

挂载副油箱时的作战性能

1.速度：在所有高度以及发动机功率之下，挂载副油箱均会带来40至50英里/小时的速度损失。在25000英尺之上慢于Bf 109G，但仍比Fw 190快。

2.爬升：爬升性能大幅降低，被Fw 190超过，落后Bf 109G更远。

3.紧急功率爬升：使用紧急功率爬升展开攻击仍能收到实效，但防御时无法甩开Fw 190，对Bf 109劣势更明显。

4.俯冲：当副油箱几乎全满时，野马仍能依靠动力俯冲击败Fw 190和Bf 109。

5.转弯性能：与预料结果不同，副油箱对转弯性能的影响不明显。野马Ⅲ最少能和Fw 190保持同样小的转弯半径而不转入失速，对Bf 109G能占据绝对优势。

6.滚转率：操作与滚转率受到的影响甚小。

7.结论：挂载副油箱后，野马Ⅲ的性能被大为削弱。敌人不果断的进攻仍能通过急转弯机动进行化解；如在面对决断性强的敌手时，飞机很难在不失去高度的情况下摆脱攻击。这仍然是一款优秀的攻击型战机，尤其是在拥有高度优势时。

总结：

1.野马Ⅲ是一架操纵感简单以及令人愉悦的飞机。

2.相对于喷火Ⅸ的优势是令人注目的航程以及全包线的高速性能。它能在俯冲中击败Fw 190，以及跟上对手的小角度爬升。它唯一的明显缺点是爬升率略低于喷火Ⅸ，在高空尤为突出。

3.所有飞行员均应该理解该机的压缩效应特性，避免亲身体验。

俯冲后改平拉起时机翼上表面引发的涡流，不过总体而言无关大局，这意味着未来的风洞数据可放心地使用，无动力P-51B的试验飞行获得了成功。

P-51D

在加入二战伊始，美国生产的战斗机只有P-38系列装备了气泡状座舱盖，这是由多片弧形树脂玻璃通过框架结合而成。框架结构对驾驶舱内的视野仍有一部分影响，在飞行员看来，最理想的气泡状座舱盖应当由一次成形的整块弧形树脂玻璃构成——这正是20世纪40年代初期的美国航空工业所缺乏的技术。不过很快，战争的压力促使技术水平得到长足的提高，这一切将得到改变。

为了使战斗机拥有更好的视野，北美公司的工程师团队开始勾勒安装气泡状座舱盖的野马战斗机图纸。接下来的工作便是依照图纸设计制作新飞机的木质模型，在风洞之中进行吹风试验以证明设计是否可行。

在二战初期，北美公司的每次模型吹风试验均要借助加州理工大学等其他机构的风洞。这些风洞的工作日程表被来自各家飞机制造厂商的不同试验要求排满，要轮到一次吹风试验的机会，往往需要等上几个星期甚至

几个月的宝贵时间。为此，北美公司早早意识到拥有独立的风洞试验室的重要性，并不惜动用大笔资金以及稀缺的战时物资在英格伍德工厂建立了自己的风洞试验室——一栋巨大的钢筋混凝土堡垒状建筑。风洞内安设有1台3000马力发动机，驱动一副直径达19英尺的螺旋桨以每分钟700转的速度运转。螺旋桨能够将风洞内的气流加速到325英里/小时的速度。同时，风洞内还包括1台200马力的小

■（上）派卡德公司生产的第50000台V-1650发动机。
■（下）1945年5月25日，欧洲战场已经偃旗息鼓，但派卡德公司的生产线依旧运转。

型发动机，在必要时为模型的螺旋桨提供动力。

北美公司制造了一副配备层流翼以及气泡状座舱盖的野马战斗机木质模型，吹风试验证明这个气动布局的表现完全符合设计团队的预先设想。气泡状座舱盖表面的扰流不会对飞机的垂直尾翼以及水平尾翼造成不良影响。进行气泡状座舱盖的改装之后，飞机后方机身的上半部分结构要进行相应的调整，这相当于削减了一部分垂直稳定面的面积。通过风洞试验，工程师们认为飞机的横向稳定性将因此受到进一步的影响。

为验证新型气动布局的实际性能，1943年夏天，北美公司出厂的第10架P-51B-1NA被专门用于加装气泡状座舱盖的试验。从风挡到垂直尾翼之前，这架美国陆航序列号43-12102的野马战斗机的机身经过了重新设计。座舱盖后方的机身结构上方被改到与引擎罩大致平齐的高度以安装气泡状座舱盖，同时还要保持与机尾部分的流线连接。飞机被美国陆航赋予XP-51D的编号，于1943年11月17日进行了首飞，根据罗伯特·切尔顿的试飞报告，飞机的表现有如预想中一样出色。

此外，根据同年1月17日与美国陆航签订的合同，随后出厂的第201和202架P-51B-10NA将用作下一个亚型的原型机。对于这2架采用气泡状座舱盖的全新野马，美国陆航赋予P-51D的军方编号，北美公司内部编号为NA-106，其美国陆航序列号分别为42-106539和42-106540。不过，在更多情况下，P-51D这个编号通常代表着P-51D这个亚型的所有批次。

从1944年3月开始，北美公司开始批量生产P-51D系列战斗机。达拉斯工厂的产品线除了P-51D之外还包括P-51K，这是P-51D换装螺旋桨的衍生版本，与P-51D基本相同。

P-51D/K系列包括：

◆ 英格伍德工厂生产的6502架P-51D，分为以下批次：

P-51D，北美公司内部编号NA-106，美国陆航序列号42-106539至42-106540，共制造2架；

P-51D-5NA，北美公司内部编号NA-109，美国陆航序列号44-13253至44-14052，共制造800架；

P-51D-10NA，北美公司内部编号NA-109，美国陆航序列号44-14053至44-14852，共制造800架；

P-51D-15NA，北美公司内部编号NA-109，美国陆航序列号44-14853至44-15752，共制造900架；

P-51D-20NA，北美公司内部编号NA-122，美国陆航序列号44-63160至44-64159、44-72027至44-72626，共制造1600架；

P-51D-25NA，北美公司内部编号NA-122，美国陆航序列号44-72627至44-74226，共制造1600架；

P-51D-30NA，北美公司内部编号NA-122，美国陆航序列号44-74226至44-75025，共制造

800架；

P-51D-1NA，北美公司内部编号NA-110，共制造100架机体，交付澳大利亚联邦飞机公司组装。

◆ 澳大利亚联邦飞机公司生产的P-51D，分为以下批次：

野马MK.20，澳大利亚皇家空军编号A-68-1至A-68-80，共制造80架；

野马MK.21，澳大利亚皇家空军编号A-68-81至A-68-106，共制造26架；

野马MK.22，澳大利亚皇家空军编号A-68-107至A-68-120、A-68-187至A-68-200，共制造28架；

野马MK.23，澳大利亚皇家空军编号A-68-121至A-68-186，共制造66架；

◆ 达拉斯工厂生产的1600架P-51D，分为以下批次：

P-51D-5NT，北美公司内部编号NA-111，美国陆航序列号44-11153至44-11352，共制造200架；

P-51D-20NT，北美公司内部编号NA-111，美国陆航序列号44-12853至44-13252，共制造400架；

■（上）北美公司风洞中的气泡状座舱盖野马战斗机模型。
■（下）最早进行气泡状座舱盖改装的43-12102号P-51B-10NA。

P-51D-25NT，北美公司内部编号NA-111，美国陆航序列号44-84390至44-84989、45-11343至45-11542，共制造800架；

P-51D-30NT，北美公司内部编号NA-111，美国陆航序列号45-11543至45-11742，共制造200架；

◆ 达拉斯工厂生产的1500架P-51K（改用其他螺旋桨），分为以下批次：

P-51K-1NT，北美公司内部编号NA-111，美国陆航序列号44-11353至44-11552，共制造200架；

P-51K-1NT，北美公司内部编号NA-111，美国陆航序列号44-11553至44-11952，共制造400架；

P-51K-10NT，北美公司内部编号NA-111，美国陆航序列号44-11953至44-12552，共制造600架；

P-51K-15NT，北美公司内部编号NA-111，美国陆航序列号44-12553至44-12852，共制造300架；

P-51D/K亚型继承了P-51B/C的大部分设计，包括V-1650-7发动机以及附加的85加仑辅助机身油箱等，其改进除了气泡状座舱盖之外还包括：

■（上）P-51K，外表和P-51D几乎完全相同。
■（下）澳大利亚联邦飞机公司生产的野马MK.20，澳大利亚皇家空军编号A-68-67。

第三章 P-51的定型

◆ 加强武器系统

自从A-36A将每侧机翼装备的机枪数量减少为2挺之后，野马家族机翼最外侧的机枪安装位置实际上闲置无用。从P-51D开始，这个位置被用以加装第3挺12.7毫米机枪，同时机翼结构进行了相应的加强。野马家族装备的M2机枪每分钟可发射800发子弹，枪口射速达2810英尺/秒；机枪的最大射程为7200码，在实战中，最大有效射程通常控制在800码左右。这6挺机枪一共配备有1840发子弹，其中每侧机翼最内侧的1挺机枪备弹400发，其余2挺机枪各自备弹260发。根据作战任务的需要，最外侧的第三挺机枪可以被卸下以增加其余武器的备弹量。同时，所有机枪改为垂直安装，子弹输送带的布设方式亦经过重新设计，飞行员的训练手册中明确指出需要在机枪上膛之后开启加热系统，从而彻底杜绝了P-51B/C上子弹卡壳的问题。

同时，早期野马亚型上采用的翼下挂架得到加固，可以承担1000磅炸弹或者165加仑副油箱的重量。当挂载110加仑副油箱之后，P-51D拥有总共489加仑的燃油携带量。当飞机在高空以260英里/小时速度巡航时，V-1650-7发动机的耗油量低于每小时60加仑，以此为基准，P-51D的作战半径

■ P-51D的每侧机翼之中垂直安装有3挺12.7毫米口径机枪。

■ 美国陆航序列号44-14886的P-51D-15NA正在测试挂载3管4.5英寸口径"巴祖卡"火箭弹发射管的性能。

■ 美国陆航序列号44-14105的P-51D-10NA正在发射火箭弹。

提升到了850英里，可以覆盖德国境内任何一个目标，执行从伦敦到柏林的600英里护航任务更是游刃有余。值得注意的是，在欧洲战场上战斗机部队使用的航空炸弹通常为500磅量级，P-51D基本上没有机会挂载1000磅炸弹

呼啸长空　　P-51战机传奇

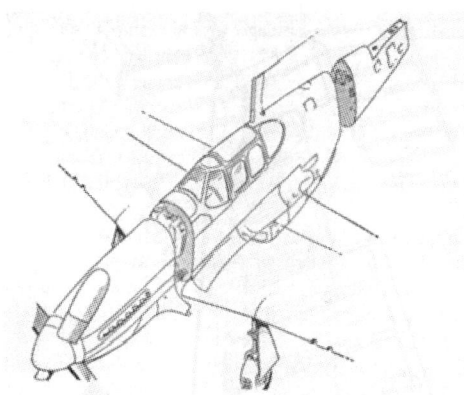

■ P-51B机身容易发生结构损坏的部分。

升空作战。

在野马战斗机投入战场后，为了增加飞机的对地攻击能力，前线部队往往自发将飞机改装，在翼下挂架的外侧加装一副3管4.5英寸口径"巴祖卡"火箭弹发射管。从美国陆航序列号为44-72226的P-51D-20NA开始，所有后续出厂的野马战斗机均在机翼当中加装了火箭发射器的点火开关电路，每侧翼下可以加装5枚5英寸口径的HVAR (high velocity aircraft rocket)机载高速火箭弹。

◆ 气动布局的改善

由于野马系列机体阻力极小，不熟悉操作的新手很容易将飞机加速到安全范围之外，因而产生事故隐患。曾经有架P-51C在激烈的转弯过程中右侧起落架舱门松开，起落架滑落到高速气流当中，强大的外力作用当即将机翼撕裂。野马家族进化到气泡状座舱盖的亚型之后，这个问题依然存在，有两架飞行中的P-51D在队友的目睹之下机尾完全断裂！大部分情况下，这些事故要归咎于飞行员不恰当的操纵。空战机动时的机身舱门松脱故障可以得到纠正，但要彻底清除机尾断裂的事故隐患，必须解决飞机稳定性不足以及升级至灰背隼发动机之后尾翼部分受到的扭矩作用力过大的问题。

事实上，第一批P-51B/C交付部队使用之后，军方便下发了一份机场技术指引，要求各部队临时加强飞机的垂直安定面。但飞机尾部结构的缺陷依然继续引发事故。为此，各部队对灰背隼野马的作战运用做出了一系

■ 机身编号为5J●I的这架野马Ⅲ曾经在德国上空猎杀过Me 262喷气战斗机。1945年6月9日下午，英国皇家空军第126中队的K.A.C.莱特中尉驾驶着它在东萨福克郡与美国陆航的另一架P-51进行了模拟空战，随后俯冲掉头返回基地。此时，地面上的人员目击飞机尾部在300英尺高度脱落，莱特中尉立即跳伞。理论上，在这个高度降落伞无法完全张开，但莱特中尉奇迹般地落到了树丛的顶部，减缓了下坠速度，因而只被震晕，没有受到严重伤害。随后，这架野马Ⅲ被送到范堡罗的皇家航空研究院进行分析。

列限制，包括严禁在505英里/小时以上速度进行滚转、筋斗和俯冲动作。飞行员对此无不怨声载道，认为如此束手束脚的野马已经无法再作为一型战斗机投入战场，而且飞机的事故率并没有因此而显著地减小。

北美公司的工程师们为此不断地努力修正飞机设计，在P-51B-5NA加装了辅助机身油箱之后，起落架舱门插销、加载了配重的全金属升降舵、防止飞行员动作过剧的新型副翼等改良设计被陆续运用到野马家族之中。

灰背隼野马的低阻力外形和显著的高速性能促使美国陆航审视过去陈旧的空战理念，装备司令部和北美公司一起根据飞机设计的变化着手修订全新的飞行以及维护手册。

最后，北美公司终于拿出了明显改善飞机气动特性、降低尾部结构故障隐患的改进——在飞机尾翼前方增加背鳍。从美国陆航序列号44-13902的P-51D-5NA开始，所有后续出厂的野马系列战斗机均配备有背鳍结构。在此之前，已经有600架没有配备背鳍的P-51D交付部队，北美公司因而从1944年8月开始向各战斗机大队配发背鳍的改装套件，供地勤人员在前线对早期出厂的P-51D加以改装。同时，有若干P-51B/C部队也使用套件进行了相应的改装工作。

英国皇家空军得到背鳍的改装套件后，将其加装到FX854号野马Ⅲ之上，使其与AG391号野马Ⅰ进行一系列对比测试，以此为依据修订制定了灰背隼野马的飞行手册，

其内容包括：

挂载可投掷副油箱时只允许在正常高度飞行。

倒飞时间限制在10秒之内，以防止滑油供应不足。

辅助机身油箱剩余燃油在40加仑以上时严禁进行空战机动，包括12000英尺以下高度的无动力尾旋、快滚机动和动力尾旋等。

在飞机加装背鳍之前，禁止慢滚机动。

7000英尺高度的最大俯冲速度限制为505英里/小时（表速值，大致相当于560英里/小时真实空速），这个速度限制随着高度的提升而逐步压低，在40000英尺高度，最大俯冲速度被限制为260英里/小时。

新手册为飞行员明确指出了野马战斗机的能力范围，在此范围之内，它能够安全可靠地完成被赋予的所有任务。

◆副翼结构的改善

从P-51D开始，机翼后缘和副翼前缘之间使用布料蒙皮进行联结。这个改进措施的意义在于将翼面之间的空隙封实，避免机翼表面的气流经过缝隙散失。因而，副翼的控制效率大为提高，同时飞行员施加在副翼上的操纵杆力得以减轻。与此同时，翼根部分的后掠角进一步加大。

经过反复磨炼锻造，野马家族的副翼系统终成正果。在二战末期美军进行的一次战斗机对比评测中，P-51D的副翼系统以巨大优势胜过了P-38、P-47和F-4U等其他所有高速战机，成为在350英里/小时条件下的表现最优

呼啸长空 P-51战机传奇

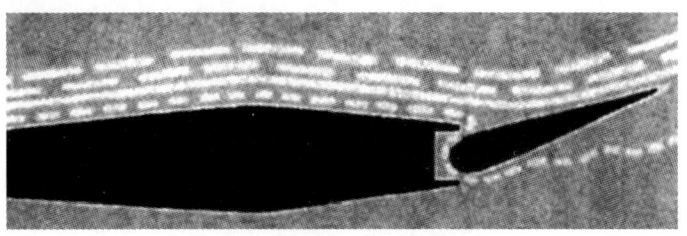

■ 旧式（上）和新式（下）副翼的区别。

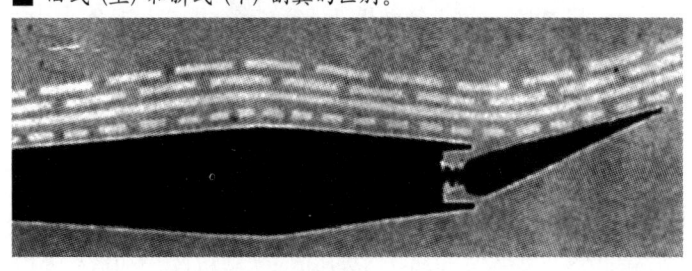

者。电光火石般的高速度与高速条件下完美表现的副翼系统双剑合璧，造就了野马战机又一项杀敌制胜的法宝。

◆ 涂装的取消

P-51D批量生产之时，盟军已经在各条战线上夺取了制空权，因而战斗机再也无需依靠空战伪装来掩护自己——相反，盟军战斗机飞行员期待的是更多的战果。为此，P-51D全部取消了出厂时的涂装，前线部队根据需求在机体上自行绘制美国陆航以及各中队徽记、呼号、个性化涂装等。这项措施减小了飞机的气动阻力，使性能得到一定的提升。

◆ 抗荷服的运用

在空战中，只要进行高速转弯、筋斗、俯冲等激烈机动，飞行员的肉体必须承受巨大的过载作用，从而出现大脑失血等不良症状。因而，战斗机的机动被飞行员的体能承受极限所界定，一旦突破这个极限便有可能产生无法挽回的后果。正如第357战斗机大队的三料王牌、拥有16.5架击落战果的克拉伦斯·约翰逊所述："野马，一般而言，能比我们这些操纵它的飞行员扛住更猛的转弯。在它飞到翅膀被扯掉之前，飞行员早就不省人事了。受到离心力作用，飞行员的血液会从头脑中被压出。以G值为衡量，5G的作用力能让飞行员产生'灰视'的状况，但四肢还能正常运作；6个G以上，你就会出现'黑视'并失去知觉。"

为给飞行员提供更好的飞行条件，P-51D先后配备上两种抗荷服。第一种抗荷服被称为"弗兰克斯抗荷服"，这也是世界上第一种抗荷服，它的发明人是加拿大多伦多大学的科学家威尔伯·弗兰克斯。弗兰克斯抗荷服由橡胶和水囊构成，这些水囊将飞行员的小腿、大腿以及腹部紧紧包裹，在飞机进行大过载机动时，水囊自动加压，在飞行员身体上施加附压作用，阻止血液涌出大脑，从而可以有效杜绝飞行员"黑视"状况的发生。弗兰克斯抗荷服的原理一直沿用至今，在航空航天领域得到广泛的应用。

1944年6月，从欧洲战场的第4和第339战斗机大队开始，各野马部队陆续装备弗兰克斯抗荷服。很快，飞行员们反映抗荷服的水囊设计过于沉重，而且飞机升空后，灌注的水很快变凉，使飞行员感觉极其不适。为此，地勤人员尝试着在水囊中灌进热水，但在距离地面接近3万英尺的巡航高度，水温依旧受到高空低温的影响迅速变冷。

经过研究，英国科学家改进了弗兰克斯的设计，使用气囊代替水囊。气囊将飞行员的小腿、大腿以及腹部紧紧包裹，由一个G值感应阀门控制，连接至发动机的真空泵。在飞机进行大过载机动时，气囊自动充气膨胀，在飞行员身体上施加附压作用。这第二种抗荷服被飞行员称为"伯杰抗荷服"，并从当年秋天开始得到了成功的应用，飞行员对此反映良好。克拉伦斯·约翰逊在回忆这段历史时说："穿上抗荷服，我们能飞得更猛一些，转得更急一些。我们现在能够多承受1个G的离心力，这让我们占到了优势。我们穿上抗荷服时没有任何抵触，因为我们明白它们的意义：穿上等于把飞机变得更强。"

◆ K-14瞄准镜的运用

在战斗机发展的早期阶段，固定的反射式瞄准镜的性能较为有限，飞行员主要依靠经验来估算射击时所需的提前量。从1939年开始，英国皇家航空研究院开始着手陀螺式瞄准镜的发展，并将成果交付费伦梯公司生产。1943年，根据实战应用对原始设计进行修正后，费伦梯公司开始生产改进型的MK.II型陀螺瞄准镜。美军从英方获得了MK.II型陀螺瞄准镜的技术并着手生产，装备美国陆航的编号为K-14瞄准镜，装备美国海航的编号为MK-18瞄准镜。

K-14瞄准镜的使用相当简单，飞行员只需预先设定敌机的翼展，再调校瞄准镜光环与翼展保持一致，连续跟踪一秒钟以上即可获得正确的提前量显示，飞行员扣动扳

■ 事实上，从1944年4月开始，北美公司运往前线的P-51B/C便已经逐步取消了涂装，这在P-51D出厂时成为标准配置。

呼啸长空　P-51战机传奇

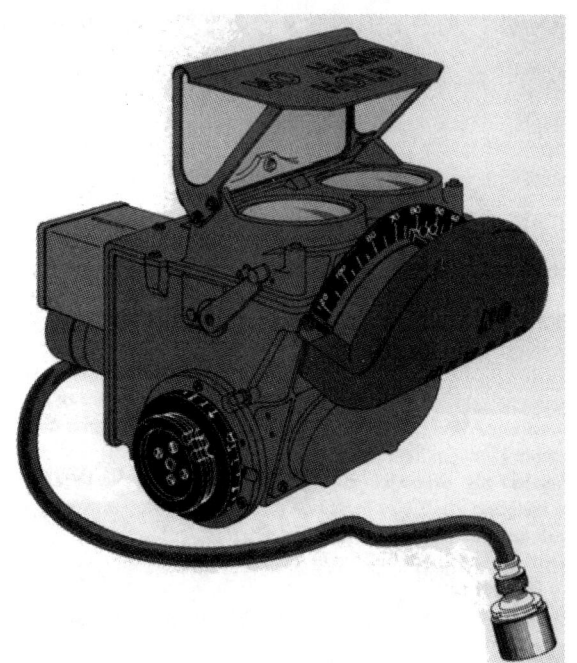

■ K-14瞄准镜。

机，机枪射出的子弹便能正确命中目标。从P-51D-20NA开始，所有后续出厂的野马战斗机均取消了老式的N-9型反射瞄准镜，改为配备K-14瞄准镜，同时这款新设备也可安装在早期型号之上。K-14瞄准镜的出现，极大简化了飞行员的瞄准动作，机枪的命中率得到了戏剧性的飞跃提高。

如需了解K-14瞄准镜的奇妙，只需听听罗伯特·彼得斯中尉的叙述即可。在1944年7月20日，这位第355战斗机大队第358战斗机中队的飞行员驾驶1架安装有K-14瞄准镜的P-51B-1NA，在莱比锡上空一举击落2架Fw 190战斗机、1架Do 217轰炸机，在地面上摧毁He 111和Ju 88轰炸机各1架。在彼得斯中尉当天任务简报的末尾，他对K-14瞄准镜毫无保留地大加褒奖："……瞄准镜的表现完美无缺，它在战斗中是如此简单易用，以致我被深深迷住。它总能显示正确的弹着点，准确性无可挑剔。如果没有它，我最多只可能击伤一架敌机。这具瞄准镜是一个奇迹，在战斗前我只花了1小时的训练来熟悉它。"

◆ 螺旋桨的变化

由于汉密尔顿标准公司的螺旋桨生产日益紧张，P-51K改用空中制品公司出品的螺旋桨，这是该亚型与P-51D之间的最大区别。空中制品公司螺旋桨的直径为11英尺，采用空心钢结构以及先进的变距系统，每秒钟可改变6度桨距。然而，先进性无法与可靠性画上等号，P-51K的螺旋桨在实际运用中屡屡出现失衡以致震动的事故。飞行中的P-51K往往由于螺旋桨震动过于激烈而无法继续任务，只得中途返航。在1944年9月，有19%的P-51K由于螺旋桨故障不得不退出任务。这个现象引起了美国陆航的注意，装备司令部对出厂的P-51K进行一番测试之后，为其订购了一批其他型号的螺旋桨。不过，战时的供应问题使螺旋桨的改装计划流产，空中制品公司只得同时努力将螺旋桨的可靠性提高到堪用的程度。达拉斯工厂出品的P-51K大部分被交付给英国或者澳大利亚的空军部队。

北美公司利用P-51D/K的机体改装了136架F-6D和163架F-6K侦察机、10架采用单套控

第三章 P-51的定型

■ TF-51D双座侦察机侧视图。

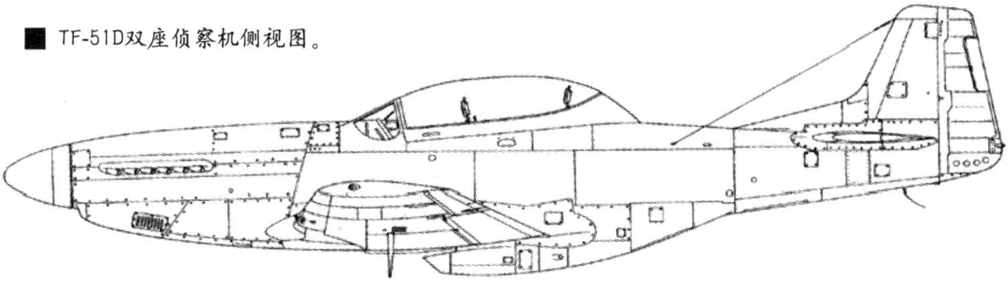

■ P-51D-10NA四视图。

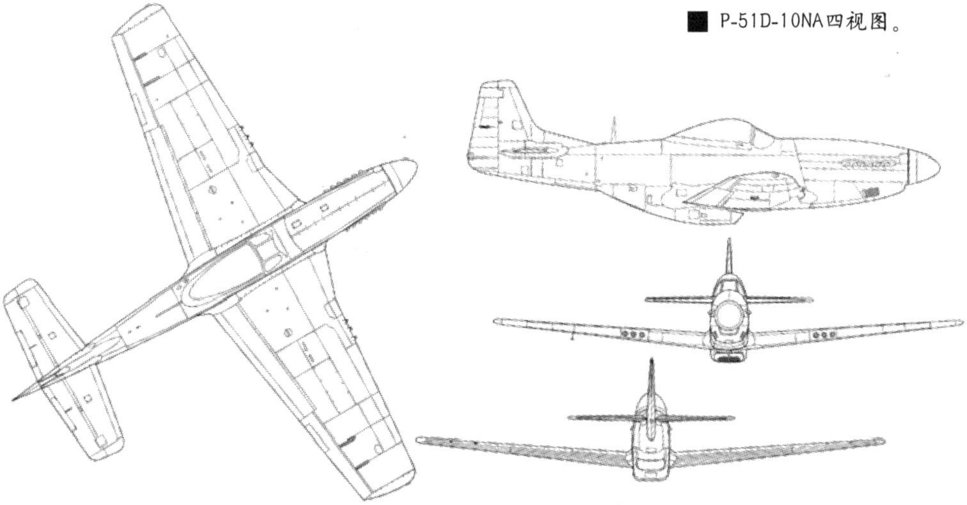

■ 为了解决螺旋桨震颤问题，陆航机械师和飞行员一起挤进P-51K驾驶舱中升空观察。

呼啸长空 | P-51战机传奇

■ P-51D驾驶舱布局。
1.起落架控制杆；2.升降舵配平调整片控制滚轮；3.化油器热空气控制杆；4.化油器冷空气控制杆；5.方向舵配平调整片控制滚轮；6.副翼配平调整片控制滚轮；7.散热器空气控制；8.滑油冷却器空气控制；9.着陆灯开关；10.左侧荧光灯开关；11.信号枪发射口盖；12.折叠靠手；13.油气混合控制杆；14.节流阀操纵面闭锁；15.节流阀控制杆；16.螺浆进气压力计；17.调灯开关；18.仪表指示灯；19.尾撬销警报指示灯；20.K-14瞄准镜防震垫；21.反光镜；22.罗盘；23.时钟；24.真空计；25.岐管进气压力计；26.空速计；27.回转转弯指示器；28.陀螺地平仪；29.冷却剂温度计；30.转速计；31.高度计；32.转弯反倾侧指示器；33.爬升率指示器；34.化油器空气温度计；35.引擎温度计；36.炸弹抛射把手；37.发动机起动面板；38.起落架警示灯；39.驻车刹车把手；40.氧气系统气流阀；41.氧气系统压力计；42.点火开关；43.炸弹/火箭弹选择开关；44.驾驶舱照明灯控制；45.火箭弹发射把手；46.燃油指示栓；47.燃油换向阀；48.起落架紧急释放把手；49.液压表；50.氧气面罩号管；51.氧气调节器；52.驾驶舱紧急弹射把手；53.座舱盖摇把；54.座舱音量调节旋钮；55.敌我识别系统面板；56.敌我识别系统触发开关；57.甚高频系统控制盒；58.尾部甚高频雷达控制盒；59.甚高频系统控制杆；60.右侧荧光灯开关；61.电气系统控制面板；62.断路开关；63.BC-438控制盒；64.驾驶舱照明灯；65.踏板；66.断路板；67.控制杆。

制系统的TP-51D教练机以及15架采用2套控制系统的TF-51D侦察机。英国皇家空军从美国陆航手中获得282架P-51D和600架P-51K，澳大利亚皇家空军则获得314架P-51K。

相对P-51B/C后期批次，P-51D/K的气泡状座舱盖略微增大了飞机的阻力，增加的2挺机枪及其弹药提高了飞机的重量，同时动力系统保持不变。以上几条综合作用，使飞机的性能有了些许下降，最大平飞速度下降了3英里/小时。不过，以此为代价，P-51D/K的火力更猛、武器系统更可靠、座舱视野堪称完美无缺，K-14瞄准镜和抗荷服的运用更是使飞行员如虎添翼……野马家族的这名新成员的综合表现攀升到一个新的高峰，足以傲视同时期任何一款螺旋桨战斗机。P-51D/K因而成为最受飞行员热爱的一款野马。事实上，在世人眼中，线条流畅优美的P-51D/K是野马家族当仁不让的最佳代言人，是二战天空的主宰者，更是胜利的象征。

了解到野马战斗机卓越的远程性能之后，美国海军开始对其发生兴趣。1943年5月17日，军需部提出要求，征调1架野马战斗机用于试验在航空母舰甲板上起飞和降落的可能性。为此，在1944年2月，44-14017号P-51D-5NA从出厂队列中抽调出来用于航母起降试验。按照海军战斗机的规范，这架野马的着舰钩安装在尾起落架舱门之后，需要对机尾部分进行加固，以承受钩住拦阻索后带来的巨大应力。为44-14017号机加装着舰钩的工序消耗了大量的时间，航母起降试验要到同年秋天方能展开。

1944年11月15日，起飞试验在"香格里拉"号航空母舰上进行。将襟翼展开20度、升降舵偏转5度之后，44-14017号机毫不费力地从航空母舰888英尺长的甲板上一跃而起，完全不依靠蒸汽弹射器的推动。在起飞之后，由于控制面的设置，飞机呈现出向左滚转的趋势，不过这在飞机爬升的过程中逐渐

■ F-6K-5NT，注意机腹侧面照相机的位置。

在"香格里拉"号上的降落同样相当成功。保持着三点式着陆的姿态，44-14017号机在主起落架轮接触到飞行甲板之前便使着舰钩挂上了拦阻索。在最短距离之内，飞机迅速停下。试验获得了成功，然而一向对气冷发动机情有独钟的美国海军最终没有装备P-51D，野马家族的传奇故事因而未能在广袤的海洋舞台上演，这不能不说是一件憾事。

从轻量化野马到P-51H

在洛克希德公司的P-80"射击星"喷气式战斗机服役之前，野马家族一直拥有着二战战斗机中最为优秀的气动外形，但它的重量限制了性能的发挥，最明显的例子便是其爬升能力远远落后于英国的喷火系列。问题根源在于野马系列机体结构设计并非如同英国战斗机那般精雕细刻，其重点在于大规模生产的便利性，因而北美公司没有在减重问题上投入太多人力物力进行研究。

1942年10月，北美公司的XP-51B原型机正在进行最后的组装工作的同时，美军使用从战争中俘获的零式战斗机完成了一系列测试，结果显示零式的轻型结构使其具备过人的机动性、爬升率以及远程性能。由此，美国陆航开始考虑将现役各型战斗机上不必要的设备拆除，将其改进为具备强大爬升能力的截击机。1942年10月12日，军方发布一份报告，建议北美公司减轻即将出厂的P-51A-1NA的结构重量。为此，野马系列的设计师艾德加·舒默德持有不同见解，他认为：在投产之前更改战斗机的内部结构只能打乱生产

■ 44-14017号野马在"香格里拉"号航空母舰上的起飞/着舰试验。

第三章 P-51的定型

■ （上）44-14017号野马在航母上准备起飞，注意座舱盖处在打开位置。
■ （下）44-14017号野马在"香格里拉"号航空母舰上的降落，着舰钩已经挂上了拦阻索。

计划，推迟交货日期；同时，在P-51A亚型上进行减重改进的潜力有限，目标应该投放在未来的高性能灰背隼动力野马之上。

1943年1月2日，北美公司决定展开专门的NA-105轻量化野马战斗机项目。为此，艾德加·舒默德从2月9日开始对英国展开了一次为期两个月的访问。在伦敦，负责接待的便是对灰背隼动力野马起到极为重要推动作用的陆航武官托马斯·希区考克少校。

艾德加·舒默德来到罗尔斯－罗伊斯公司，考察研发中的RM.14.SM发动机，该型号为灰背隼100的发展型，设计规格为实现120英寸水银柱的进气压力，输出2200马力功率。如果灰背隼能够在不改变几何尺寸和重量的前提下实现如此惊人的性能，每一个设计师都会乐意接受这款新发动机，艾德加·舒默德也不例外。

在罗尔斯－罗伊斯公司，艾德加·舒默德被请进大型会议室，安坐在中央的位置上，他面前是呈半圆形阵形就座的罗尔斯－罗伊斯公司工程师。针对新型发动机，舒默德可以毫无顾忌地提出任何问题。每次他话音刚落，无需指示，对面的英国工程师当中便会有人拿出计算尺，低头计算，并在15到20分钟时间里给出问题的解答。舒默德对英国人的交流方式大加赞赏，他很快拿到了在P-51上配备RM.14.SM所需要的全部资料，包括冷却线路和安装需求等。

英国人同样从交流中受益匪浅，罗尔斯－罗伊斯公司的工程师比尔·拉宾评论说："艾德加·舒默德的访问对我们来说具有无比的价值，在和他交流了几次之后，我们

P-51D-25NA性能表	
美国陆航编号	P-51D-25NA
皇家空军编号	野马IV
发动机	V-1650-7
几何尺寸	
机长	32英尺3.3125英寸
翼展	37英尺0.25英寸
机高	8英尺8英寸
机翼面积（平方英尺）	233
重量	
空重（磅）	7125
正常起飞重量（磅）	10100
最大起飞重量（磅）	12100
机内燃油（加仑）	269
最大燃油（加仑）	489
固定武器	
机枪（数量×口径）	6×12.7毫米
备弹(发)	1880
外挂武器	
炸弹（数量×磅）	2×1000
副油箱（数量×加仑）	2×110
5英寸火箭	10
性能	
最大平飞速度/高度（英里/小时/英尺）	395/5000
	416/10000
	424/20000
	437/25000
巡航速度（英里/小时/英尺）	325/10000
爬升率（时间/至高度）	1.2分钟/5000英尺
	3.3分钟/10000英尺
	7.3分钟/20000英尺
实用升限（英尺）	41900
机内油箱航程（英里）	1200
最大航程（英里）	2120/110加仑副油箱
作战半径（英里）	850/110加仑副油箱

明白无误地理解了野马为什么是一款好飞机。"

对于野马战斗机的轻量化改进，艾德加·舒默德认为应该研究一下英国的喷火、飓风等战斗机，了解其节省重量的奥秘。为此，抵达英国之后，舒默德找到派驻当地、配合军方行动的北美公司现场服务部员工，请他们与同在军中供职的英国厂商同行们沟通，获取英国飞机的各种资料——尤其是各部件的确切重量。英国人对此感到大为迷惑，他们告诉北美公司的访客：自己的职责只是调养维护飞机，从来不需要知道各部件的重量，而且也不会有英国飞机制造商提供各部件重量的详细数据！

因而，北美公司将英国的现场服务部员工分散到各个机场中去。只要发现机场上有喷火战斗机正在检修维护、各部件从机身上拆解下来，美国技术员便凑上前去抓住机会度量每一个零部件的几何尺寸与重量，并详细记录在案。凭借着一板一眼的认真态度，北美公司终于搜集到数目惊人的数据，喷火战斗机各部件的精确重量被一一整理归纳。艾德加·舒默德洞悉了喷火战斗机轻盈机体的奥秘：首先，美军对战斗机在高攻角飞行条件下所承受的载荷极限定义为12G，而英军标准则为11G；其次，美军规定战斗机的发动机支架在各种机动中必须能够承受2G的侧面载荷，而英军仅仅着眼于一般飞行姿态，对此没有相关的要求；最后，美军规定战斗机的起落架在着陆时必须能够承受6G的载荷，而英军标准则为4G。简而言之：英国战斗机放弃了部分安全系数，换来了更轻的机体。

轻量化野马战斗机由此获得充足的技术储备，艾德加·舒默德回到美国之后即刻开始按照英国风格进行新的规划。

XP-51F

1943年7月20日，北美公司获得美国陆航的正式合同，制造5架轻型野马战斗机的原型机。这批飞机被赋予XP-51F的军方编号，美国陆航序列号为43-43332至43-43336 XP-51F计划配备罗尔斯-罗伊斯公司的RM.14.SM发动机。在舒默德的英国之旅中，英国人答应为北美公司的轻型战斗机计划提供5台RM.14.SM以及两副正在喷火上进行试验的罗托高性能螺旋桨。作为回报，英方要求获得两架XP-51F作测试之用。不过，考虑到罗尔斯-罗伊斯公司有可能无法按照既定时间表交付RM.14.SM，北美公司决定前3架XP-51F配备与P-51B/C系列相同的V-1650-3发动机。

在项目开始时，采用气泡状座舱盖的P-51D合同业已签署，北美公司由此决定在P-51D的基础上进行XP-51F的设计：以英方资料为参考，在不影响机体结构的前提下减轻结构重量、拆除不必要的装置、改善维修舱门。北美公司的目标是将飞机的空重从P-51D的7000磅降低到5700磅。

呼啸长空　P-51战机传奇

XP-51F运用了正在试验中的气泡状座舱盖,但其尺寸比P-51D略长。流线型的座舱盖完美地与机体融合在一起,给予XP-51F一副轻巧优美的外观轮廓。机身之内,飞行员前方的仪表板布局有所改进,座椅靠背和防弹装甲合二为一,座椅后方的85加仑辅助机身油箱被拆除,由此减轻的重量超过500磅。液压系统进行过简化改进,提高了工作压力。机身内次要的金属部件均改为注塑成型的塑料制品以节约重量。

飞机的主起落架进行了重新设计,换装了新型碟刹,起落架轮的轮辐和轮胎尺寸均大幅度缩小。主起落架的重量为此大为减轻,以至飞机无法按照通常步骤依靠起落架的自身重量实现紧急放下的功能,为此XP-51的起落架专门配备了一副跳簧,在紧急条件时提供向下的弹力。随着起落架尺寸的缩减,起落架舱也一并随之改小,翼根前缘带后掠角的部分得以拆除,XP-51F因而拥有一副平直无折线的机翼前缘线条,但机翼面积有所增加。新的层流翼型在XP-51F上加以运用,其剖面的厚度略有削减。为了减轻重

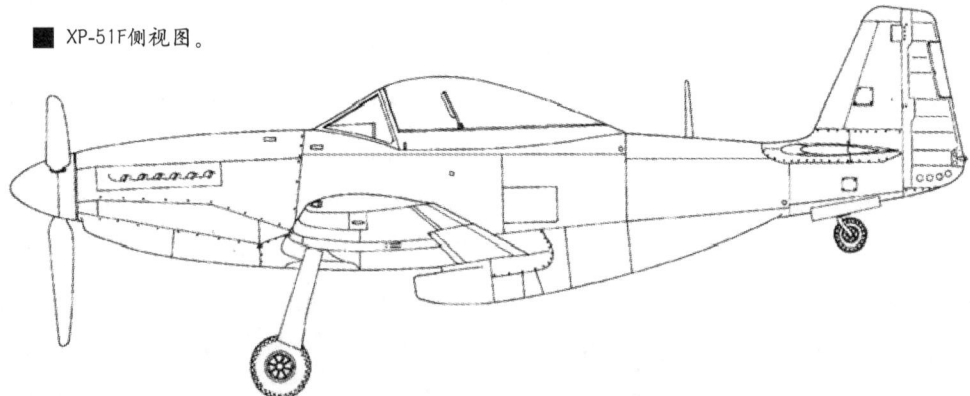

■ XP-51F侧视图。

■ 美国陆航序列号为43-43332的第一架XP-51F。

第三章 P-51的定型

■ 美国陆航序列号为43-43332的第一架XP-51F，引擎罩内和先前的野马已经有所不同。

量，P-51D的内侧机枪被拆除，XP-51F又变回每侧机翼2挺12.7毫米机枪的配置，各备弹440发。减重措施还包括缩小机翼油箱的容量，总燃油量下降到180加仑。XP-51F的垂尾面积增加了2.33平方英尺，控制面的操纵得到改进，副翼拥有更大的偏转角度以及与襟翼相同的弦长。

和P-51B一样采用V-1650-3发动机，XP-51F的发动机安装支架减轻了100磅重量，发动机的维护舱门得到改善。并配合动力系统，XP-51F原型机采用了空中制品公司的三叶空心钢制螺旋桨，其直径为11英尺，拥有比汉密尔顿标准螺旋桨更轻的重量。机腹下方的进气口被延长，其内的发动机散热器和后冷器进行了重新设计。同时，滑油冷却器和相应的冷却剂管道被拆除，取而代之的是引擎罩内滑油箱之前的一个热交换器。从引擎罩通往机腹散热器的乙二醇溶液会从热交换器中带走滑油的热量。这个改进使得容易受损的滑油冷却剂管道从机身中拆除，减轻重量的同时提高了滑油冷却的效率。

热交换器的可靠性在1架美国陆航序列号为43-12098的P-51B-1NA上得到验证，根据装备司令部的要求，该机在1943年10月29日和12月17日之间进行多次热交换器的测试。在经过65小时的连续工作之后，滑油的温度可达120摄氏度，但发动机不会因此受损。该温度已经接近滑油系统正常工作的极限，倘若温度进一步提升，滑油的密度将下降因而引发泄漏，滑油系统的压力将降低到危险边缘。

在进行了彻底的重新设计后，XP-51F原型机的空重降低到5635磅，超额完成了原定的减重目标。1944年2月，第一架美国陆航序

呼啸长空 P-51战机传奇

■ XP-51F，注意机腹进气口的造型类似早期P-51A，机翼前缘平直。此时飞机没有加装武器设备。

列号为43-43332的XP-51F制造完成，并通过了工程评估。引擎罩上以及机身后经改良的维修舱门使地勤人员更方便地对发动机及其他零部件进行检修，更换发动机只需要一小时不到的时间即可完成，这给所有习惯于传统野马战斗机的地勤人员极其深刻的印象。1944年2月14日，罗伯特·切尔顿驾驶43-43332号XP-51F成功完成首飞任务。轻量化的野马战斗机没有辜负工程师们的期望，它的表现足以令任何一个竞争对手肃然起敬。

在试飞中，XP-51F的起飞重量为7265磅，在29000英尺高度达到466英里/小时的最大平飞速度。爬升性能成为XP-51F最大的亮点，从海平面爬升到20000英尺高度只需不到5分钟时间，实用升限提升到42500英尺。在25000英尺高度，XP-51F的巡航速度为380英里/小时。由于机身内燃油量被削减，XP-51F的基本航程略有下降。不过，这完全处在可以接受的范围之内。另外，由于在采用相同动力系统的前提下提高了平飞速度，XP-51F的燃油效率随之提高。在挂载可投掷副油箱的条件下，新飞机实现了与P-51D平起平坐的2100英里最大航程。XP-51F的测试数据再次证明了野马家族机身设计的先进性：采用普通的灰背隼发动机和英国标准的机体结构，速度远远超出任何量产型喷火战斗机——甚至包括最先进的狮鹫动力喷火！

第二和第三架XP-51F采用了P-51D的垂尾以及副翼系统，分别在5月20日和22日试飞成功。根据先前的合约，第三架XP-51F（美国陆航序列号43-43334）于6月30日运抵英伦

■（上、下）第三架美国陆航序列号43-43334的XP-51F，英国皇家空军编号野马Ⅴ。

三岛送交至皇家空军,并得到野马Ⅴ的英国皇家空军编号以及FR409的序列号。英国人给FR409号机取了个"玛姬·哈特"的绰号,这是伦敦一位当红艳舞女郎的名字,她当时以努力减肥的举动著称——这点与轻量化野马战斗机刚好不谋而合。

不过,要等到10月,FR409号机的试飞才在下博斯坎比基地开始。为了彻底检验新飞机的性能,英国人照例将飞机满载设备、燃油和弹药后升空,其起飞重量达到7630磅。野马Ⅴ自身配备有翼下挂架,不过在所有测试中均没有挂载可投掷副油箱。刚刚进入机身,英国飞行员便被加大座舱盖所带来的更好视野以及更流畅的机头引擎罩轮廓深深吸引。飞机的座椅高度通过液压控制,可调至更高的位置,这进一步改善了前方视野。为此,在地面滑行阶段,飞行员获得了比驾驶早期野马更多的便利。起飞时,飞机的升降舵偏转5度,无需使用配平调整片辅助。当加速到92英里/小时速度后,飞机便顺利离地升空,在此之前只需略微调整方向舵即可保持飞机平衡。

使用160英里/小时的速度逐渐积累高度时,野马Ⅴ的爬升能力再一次震撼了英国飞行员。在10000英尺高度,他驾驶飞机进行了一系列空战机动测试。在300英里/小时条件下,飞机滚转90度的时间为1.6秒;360英里/小时条件下,这个时间上升到2秒;当飞机速度为400英里/小时,滚转90度时间则为2.6秒。野马Ⅴ在测试中飞出了475英里/小时的最大俯冲速度。到400英里/小时为止,一切操作均能得到正确的反映;速度提升至420英里/小时以上之后,飞机便出现偏航的现象,需要随着速度增加而加大施加在方向舵上的控制力。当俯冲速度提升到480英里/小时后,飞行员必须使方向舵向左全部偏转方可使飞机保持平衡,因此俯冲速度测试没有继续进行。

和所有灰背隼动力野马一样,增强的发动机功率带来了横向稳定性不足的问题。为此,英国皇家空军以最大巡航速度条件对野马Ⅴ进行了专门的稳定性测试。结果表明:如突然收回节流阀减小功率,飞机将向右偏转下沉;如推进节流阀加大功率,即便飞行员没有调整控制面,飞机也会自动向左转弯爬升。

试飞发现野马Ⅴ的座舱供热系统供热不足。座舱盖的除霜系统能在低空和俯冲时正常工作,但如果飞行员忘记在俯冲之前将其打开,凝结的霜冻将需要15分钟时间方可融解。

试飞完成后,飞行员对野马Ⅴ飞行品质提出的意见主要集中在方向舵过于沉重、大功率动力系统需要额外配平等。其他小毛病包括襟翼动作过快、起落架控制需要一个安全把手、座椅与襟翼的控制开关位置过近容易引起误操作等。但总体而言瑕不掩瑜,野马Ⅴ的表现超出了先前交付英国皇家空军的所有美制战斗机。

XP-51G

1944年2月，RM.14.SM和罗托螺旋桨从英国送到北美公司英格伍德工厂，安装到第四和第五架XP-51F机体之上。随后，这两架飞机被正式命名为XP-51G，与喷火XIV相似的五叶木质罗托螺旋桨成为它们区别于XP-51F的外观特征，不过在试飞阶段后期该型号又重新采用较为传统的四叶螺旋桨。在机体之内，RM.14.SM发动机能在起飞时输出1650马力功率，临界工作高度为25000英尺。发动机采用新型化油器，能够根据转速和进气压力等条件自动调节工作状态，为此XP-51G的进气口进行了相应改进。改装和调试工作一直持续到夏末方告一段落，1944年8月9日，第一架美国陆航序列号为43-43335的XP-51G进行首飞，由于发现RM.14.SM发动机无法在21000英尺以上输出正常功率，这次试验没有记录任何数据。

■（上）第一架美国陆航序列号为43-43335的XP-51G，安装五叶木质罗托螺旋桨。

■（下）第二架美国陆航序列号为43-43336的XP-51G，安装传统的四叶螺旋桨。

北美公司无法摸清发动机新型化油器的工作方式，于是工程师们决定将其送至航空军技术服务司令部的试验室中进行测试。8月12日，测试报告完成并发往英格伍德工厂，其内容主要集中在从进气口到化油器之间的气流特性。报告揭示了需要一套液压动作设备控制节流阀，为此飞机的改装工作重新开始，直至秋天。最终，43-43335号机的试飞数据表明XP-51G是野马家族之中性能最为突出的一个亚型。从起飞爬升至20000英尺高度只需3.4分钟，平均爬升率达5882英尺/分钟！在20750英尺高度，飞机的最大平飞速度为472英里/小时。飞机的实用升限为45700英尺——事实上，这个数据并没有反映XP-51G的真正实力，它还能飞得更高，只是没有增压座舱的保护，飞行员已经难以在气压更低、温度更为寒冷的高空坚持下去了。

11月14日，第二架美国陆航序列号为43-43336的XP-51G改造完成进行首飞，并在1945年2月送往英国的下博斯坎比基地。43-43336

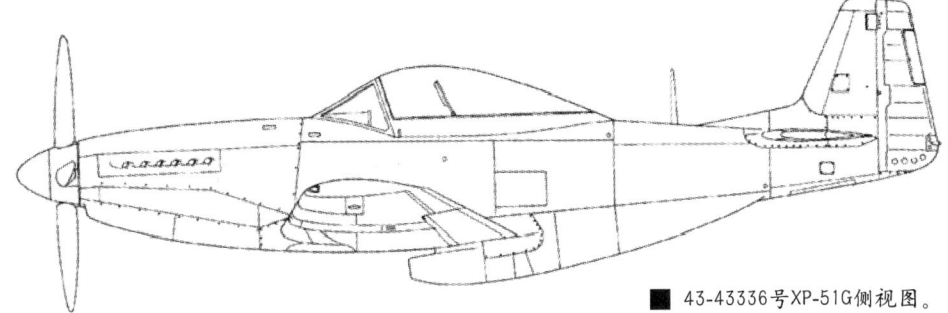

■ 43-43336号XP-51G侧视图。

号机的表现更为惊人，它在22800英尺高度达到了495英里/小时的最大平飞速度。

XP-51J

继续沿用NA-105的北美公司内部编号，下一款轻量化的野马战斗机试验型号是XP-51J，军方订购了序列号为44-76027和44-76028的两架原型机。与XP-51F/G不同，XP-51J的动力设备重新选择了艾利森公司的产品——V-1710-119发动机。不过，这款发动机已经远非当年的V-1710-119了：它采用两级两速机械增压器（低速挡传动比为7.64∶1，高速挡传动比为8.1∶1）和注水喷射加力系统，具备与灰背隼系列不相上下的性能，在20000英尺高度输出1720马力的功率。V-1710-119采用和灰背隼类似的上吸式化油器，为此引擎罩形状与早期艾利森动力野马大相径庭：所有机头部分的进气口全部被清除，空气吸入机腹进气口之后，在进入散热器之前导出一部分送往前方的化油器，XP-51J也因而成为外表最为整洁光顺的一款野马。

1945年4月23日，44-76027号机完成首飞。在工程师们的估算当中，它将可以在27400英尺高度飞出491英里/小时的最大平飞速度。但由于新型艾利森发动机工作尚不稳定，不能全功率运转，44-76027号机一直无法实现这个设计指标。同时，由于转速调节系统的润滑发生故障，注水喷射加力系统事实上没有安装至XP-51J之上。在试飞告一段落之后，44-76027号机被送往艾利森公司研究发动机故障原因。44-76028号机在制造完毕之后从未进行过飞行测试，它作为备份向44-76027号机提供零部件，以支持后者的飞行任务。随着第二次世界大战的落幕，XP-51J的项目迅速终止。

这三种轻量化野马均具备超越同时代战机的卓越性能，但美国军方始终没有与北美公司签订生产合同。个中缘由，可从罗伯特·切尔顿的回忆中略知一二："我们那时候要应付如此之多的生产合同，以至只要不具备最高的优先级别，新飞机的测试机会便要受到严格的限制。总体而言，XP-51F的试飞时间加起来不超过100小时。"

美国陆航不喜欢根据英国负荷规范设计出的XP-51F，他们习惯了之前几乎所有美制

呼啸长空　P-51战机传奇

飞机所具备的粗壮结构。在他们看来，日本人为了追求飞机性能，在结构强度上做出了太多的牺牲。陆航也同样不喜欢欧洲和英国采用的略微降低结构强度以换取更高性能的做法。"

不过，在性能和重量之间的矛盾中，北美公司的工程师最终找到一个令所有人满意的平衡点，这就是轻量化野马的生产型——P-51H。

1944年6月30日，在3架XP-51F均成功试飞1个月之后，美国陆航与北美公司正式签订了轻量化野马战斗机的1000架批量生产合同，这个型号被正式赋予P-51H的军方编号，北美公司内部编号为NA-126。在P-51H之上，将运用XP-51F/G原型机的成功技术。

美国陆航并没有要求北美公司将早先的轻量化野马原型机简单地推上生产线，而是根据实战需求进行了相关的改进，其内容包括：

◆ 动力系统

P-51H采用V-1650-9发动机作为动力系

■ 陆航序列号为44-76027的XP-51J。

统，这一型号与RM.14.SM一样发展自灰背隼100发动机，相当于罗尔斯－罗伊斯公司的RM.16.SM。与先前型号相比，V-1650-9研制的重点放在高空性能之上。为此，注水喷射系统加装至发动机的化油器，在作战紧急功率状态下，它能够帮助V-1650-9获得80英寸水银柱的进气压力，超负荷输出1900马力以上的功率。在起飞阶段，发动机以61英寸水银柱的正常进气压力以及3000转/分钟的转速工作时，V-1650-9能够持续输出1380马力的功率。

为了承受更高的工作压力，V-1650-9的结构进行了加强以提高可靠性。因而它的重量达到了1745磅，比V-1650-3重55磅。

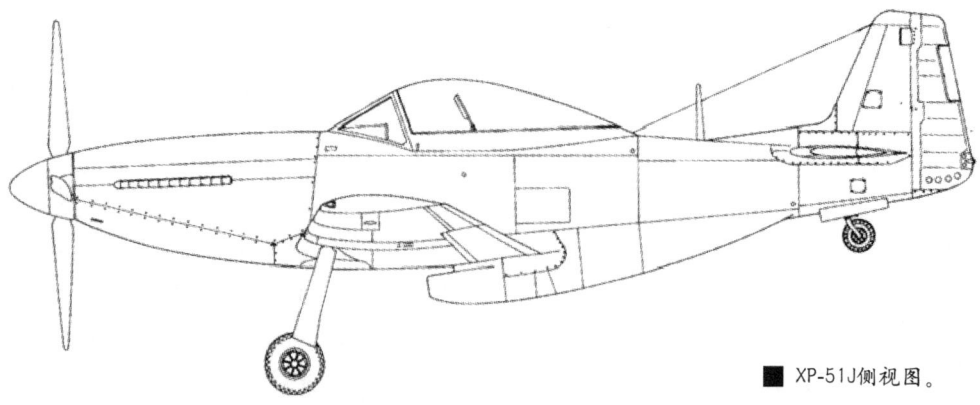
■ XP-51J侧视图。

V-1650-9的另一项改进为西蒙斯NA-9型自动增压调节器的配备，只要飞行员预先设定好一个进气压力值，NA-9便会持续地将发动机的进气压力维持在这个预设值。事实上，类似的设备在早期的V-1650-3/7发动机中也有配备，但随着进气压力值的调低，工作可靠性会受到影响。NA-9能够在25英寸水银柱的巡航功率进气压力到67英寸水银柱的作战紧急功率(不启动注水喷射系统)之间保持稳定的工作，极大降低了飞行员的工作压力。在派卡德公司生产的后续V-1650发动机中，均配备有NA-9。

◆ 机体结构

如果一位普通人站在同样采用气泡状座舱盖和灰背隼动力的P-51D和P-51H面前，他

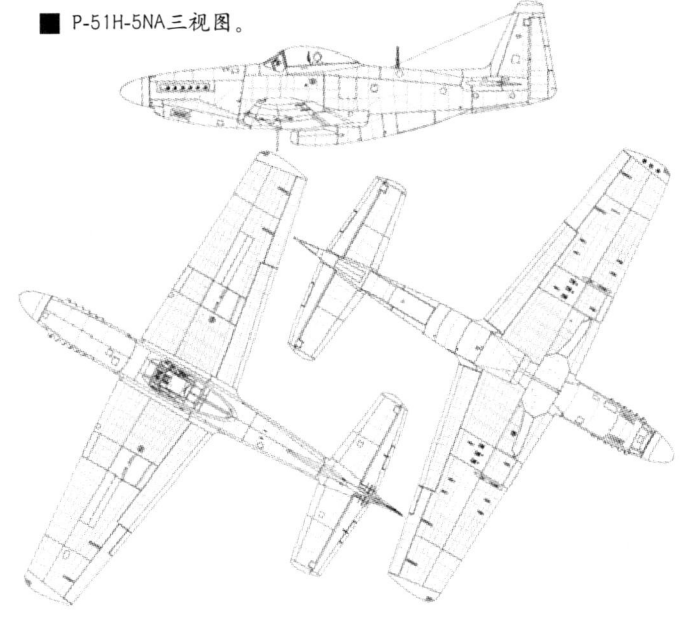

■ P-51H-5NA三视图。

将很难迅速将两者区分开。事实上，P-51H脱胎于XP-51F/G，其机身、机翼和机尾又进行过改进，已经和早先的P-51D大相径庭，基本上可以认为是两款不同的战斗机了。

引擎罩内，P-51H继承了P-51F经过减重的发动机安装支架。为了减小阻力，P-51H采用了较浅的化油器进气口以及造型重新设

V-1650-9性能表，其他数据参考V-1650-3	
长	87.141英寸
宽	30.764英寸
高	44.974英寸
重量	1745磅
最大起飞功率（无注水喷射）	1380制动马力（3000转/分钟，61英寸水银柱进气压力，耗油160加仑/小时）
最大起飞功率（有注水喷射）	1830制动马力（3000转/分钟，80英寸水银柱进气压力，耗油210加仑/小时）
巡航功率设定	1850至2350转/分钟，29至34英寸水银柱进气压力
作战紧急功率	1930制动马力（3000转/分钟，80英寸水银柱进气压力，10100英尺，有注水喷射）
作战紧急功率	1630制动马力（25000英尺）

呼啸长空　P-51战机传奇

■ P-51H-5NA在飞行中，美国陆航序列号44-64192。

计的发动机废气排放口。座舱盖的尺寸比XP-51F减小，与P-51D类似，不过座舱盖顶点的位置更为靠前，恰好位于飞行员头顶，同时后方的轮廓更为平直。为了改善视野，座舱被升高，因而飞行员获得了从瞄准镜越过引擎罩的8度下视角，改善了高偏转角射击的视野。因此，P-51H机身顶部的线条与P-51D明显不同。根据来自前线的作战经验，P-51H的飞行员座椅后方重新增加了辅助机身油箱，不过其容量减小到50加仑以避免引发重心失衡现象。机腹进气口的前缘垂直不带倾角，回到了类似早期XP-51的造型，同时散热器后方排气口到机尾之间的线条较为平滑，没有P-51D一般明显的弧形轮廓。P-51H的机身长度达到33英尺4英寸，比P-51D长接近2英尺。垂直尾翼明显比先前所有野马家族成员高出，增加的面积用以减小激烈机动时施加在尾翼上的作用力，因而P-51H被一些飞行员叫做"大尾巴野马"。

P-51H吸收了XP-51F的经验，采用较小的起落架轮和碟刹，为此同样拥有平直的前缘线条。机翼之内重新采用P-51D的6挺机枪武器配置，内侧机枪备弹390发，外侧2挺机枪各备弹260发，总备弹量1820发。如任务要求，也可将最外侧的机枪拆除，改用每挺备弹400发的配置。机翼上的机枪维护舱门和弹药箱舱门经过重新设计，弹药箱可以拆下进行装填维护，简化了地勤人员的工作——当P-51H升空作战时，他们预先在地面装填其他弹药箱，待飞机着陆维护之后直接将机翼内的空弹药箱替换即可。与P-51D相同，P-51H的机翼挂架最大可承载1000磅炸弹，也可以在翼下挂载10枚火箭弹。

在经过各种减重措施之后，P-51H的空重和最大起飞重量均比P-51D下降500磅左右。再配以更光洁的气动外形以及更大功率的发动机，P-51H在不同高度的最大平飞速度比P-51D快出50至86英里/小时不等。在25000英

第三章 P-51的定型

P-51H性能表	
公司编号	NA-126
美国陆航编号	P-51H
发动机	V-1650-9
几何尺寸	
机长	33英尺4英寸
翼展	37英尺
机高	8英尺10英寸
机翼面积（平方英尺）	235
重量	
空重（磅）	6585
正常起飞重量（磅）	9500
最大起飞重量（磅）	11500
机内燃油（加仑）	255
最大燃油（加仑）	379
固定武器	
机枪（数量×口径）	6×12.7毫米
备弹（发）	1820
外挂武器	
炸弹（数量×磅）	2×1000
副油箱（数量×加仑）	2×110
5英寸火箭	10
性能	
最大平飞速度/高度（英里/小时/英尺）	444/5000 463/15000 487/25000 420/35000
爬升率（时间/至高度）	1.5分钟/5000英尺 5分钟/15000英尺 6.8分钟/20000英尺
实用升限（英尺）	41600
机内油箱航程（英里）	1350
最大航程（英里）	2900/165加仑副油箱

尺高度，当V-1650-9发动机使用80英寸水银柱进气压力时，P-51H的平飞速度达到了487英里/小时，这使得P-51H成为野马家族之中速度最快的一个生产型。在二战中批量交付部队的所有活塞式战斗机中，只有共和公司的P-47M具备超出P-51H的高速性能。

1945年2月3日，第一架P-51H顺利完成首飞任务，此时，美国陆航的P-51H订单已经追加到2400架。在对该亚型进行全面的评测后，美国陆航认为除开速度、加速度、爬升等数据指标的显著优势，P-51H在操纵性、稳定性和维护性等方面相比P-51D更上一层楼。可以毫不夸张地说：如果有人把"螺旋桨战斗机巅峰"的皇冠授予P-51D，皇冠上最耀眼的那颗钻石必然属于P-51H。

然而，随着第二次世界大战的结束，北美公司的大量订单被中途停止，到1945年9月最后一架野马出厂为止，北美公司只来得及生产555架P-51H，其中包括：20架沿用旧式垂直尾翼的P-51H-1NA，美国陆航序列号44-64160至44-64179；280架P-51H-5NA，美国陆航序列号44-64180至44-64459；255架P-51H-10NA，美国陆航序列号44-64460至44-64714。

同样被取消的还有1628架P-51M（北美公司内部编号NA-124），这是P-51H的达拉斯工厂版本，区别在于采用了没有注水喷射系统的V-1650-9A型发动机作为动力系统。达拉斯工厂只来得及制造出一架美国陆航序列号为45-11743的P-51M便被迫将生产线关闭。此外，达拉斯工厂原先还计划生产1700架P-51L（北美公司内部编号NA-129），该型号的动力系统为V-1650-11型发动机，配备斯特罗姆伯格公司的速度/密度喷射式化油器，可在注水喷射系统的支持下输出2270马力的作战紧急功率。

呼啸长空 P-51战机传奇

■ P-51H-1NA在飞行中,美国陆航序列号44-64164。

遗憾的是,该型号和P-51M一样没有摆脱停产的命运。

美国陆航P-51H及P-51D对比测试报告（节选）

作战性能

对比在1架P-51H-1以及1架P-51D-25之间完成，包括转弯半径、副翼滚转率、水平飞行和俯冲加速、从平飞及俯冲中急跃升；以上机动均在10000及25000英尺高度进行，交换飞机后，飞行员们重复进行副翼滚转率及转弯半径测试。在整场对比测试中，P-51D限制在67英寸水银柱进气压力的作战紧急功率，P-51H则试验性地使用注水喷射系统以及80英寸水银柱进气压力。

在以上两个高度，两架飞机之间在最小转弯半径方面没有表现出真正的差异，P-51H-1使用了副翼，但没有获得优势。

以求确证，滚转率测试在以上两个高度进行，两架飞机以纵队前后交替进行小角度俯冲。在400英里/小时表速以下，两架飞机性能相当；（在速度大于400英里/小时）之后，P-51D拥有较高的滚转率。P-51H的后续型号增加了副翼的效率，但当前缺乏机会验证系统改进的效果。

在平飞加速和俯冲加速测试中，由于拥有更强的动力以及相关的速度优势，P-51H的表现比P-51D更优。在以上两个高度，以巡航功率开始平飞加速后3分钟，P-51H获得接近400码的领先优势。在以上两个高度，从巡航功率平飞开始全功率小角度俯冲后，P-51H缓慢地拉开与P-51D的距离。

从全功率平飞和全功率俯冲中转急跃升，在表速下降到130英里/小时之时，P-51H获得平均500英尺的高度优势。值得注意的是P-51H对动力系统的冲压效应非常敏感，从全功率平飞中转急跃升或转弯，进气压力均大幅减小。

航程

主要由于更大的机内燃油容量（P-51D为269加仑，P-51H为255加仑），P-51D拥有比P-51H稍大的作战半径，但由于P-51D在油箱满载时进行激烈机动缺乏足够的稳定性，这个优势被相当程度地削减。

稳定性及操控特性

在对这架P-51H-1的测试中，进行高马赫数俯冲时升降舵出现未曾料及的过于敏感以及易于振动等现象。这在随后得到制造商的修正。在机身油箱满载时进行高加速转弯，没有出现操纵杆力反转的现象（该缺陷在P-51D上最为明显）。在全外挂（炸弹或副油箱、火箭弹）状态下，P-51H-5比P-51D更为稳定，更容易为各种状态飞行配平。失速特性、降落接地前稳定性、降落及滑行时的视野均优于P-51D。总而言之，P-51H更易于飞行。

以飞行员的观点，该型号相比P-51D更适合作为武器平台以及作为俯冲轰炸机使用。进行高偏转角射击时越过机头的视野更佳（下视角接近10度，相比P-51D的5度下视角），以及进行俯冲投弹时更为稳定。

驾驶舱布局

改进型号（即P-51H-5）的驾驶舱布局令人满意。前移的座椅和后移的操纵杆有助于飞行员的舒适。测试中，供热系统的运作令人满意，驾驶舱的空气流通优于P-51D。

维护

以同时从事这两型飞机维护的地勤人士观点，P-51H比P-51D更容易维护。发动机零件的可达性以及其他配件相当优秀，使得P-51H相比P-51D更容易进行必要的维护。

结论

1.P-51H型战斗机，在不使用注水喷射系统的前提下，能够满足任务需求，但在作战标准方面不足以相对P-51D拥有足够的优势。

2.P-51H型战斗机，在使用67英寸水银柱进气压力以上功率的前提下，是P-51D理想的换代型号。

第四章
P-51在欧洲战场

皇家空军野马战史

在第一次世界大战末期，尤其是1918年三四月间的"鲁登道夫攻势"阶段，雏形中的战术空军开始展现空中支援作战的突出优点。但在两次世界大战之间，英国皇家空军参谋部对陆军协同作战的概念依然置若罔闻。在皇家空军高层官员的眼中，飞机用于侦察敌军或是在前线部队之间快速传递情报是合情合理的；如果要将飞机用于攻势作战，为地面部队提供近距离支持，则是另外一回事了。事实上，直到西班牙内战双方均使用空中部队进行了卓有成效的对地支援任务之后，英国皇家空军司令西里尔·路易斯·诺顿·内维尔方于1937年提出类似的设想。

英国皇家空军对陆军协同任务的冷淡态度是有着多方面理由的。首先，两场大战之间，空军越来越倾向于相信一点：未来的战争必须依靠强大的战略空军力量方可赢得，换句话说，陆军协同任务只是战术层面上的小配角。其次，空军高层还担心如果陆军的地面部队在协同作战中取得过多对第一线空中力量的控制权，英国皇家空军努力争取到的独立军种地位将岌岌可危。

平心而论，此时的英国陆军部的确对空地协同概念提出了不切实际的要求。1939年3月，在英国远征军为了预备欧洲大陆未来的战局而开始筹集兵力的同时，陆军部要求远征军的每个师均配备有一个陆军协同中队的战机，这意味着总共37个中队规模的空中力量。受到西班牙内战中风光无限的斯图卡俯冲轰炸机的启发，陆军部还要求建立24个"直接支援"中队，用于执行类似的近距离轰炸任务。此外，陆军部设想中的名单还包括6个远程侦察中队、4个通信联络中队以及大量的战斗机、运输机和炮火校射中队。于是乎，英国远征军的空中力量将包括超过100个战机中队，大致上相当于英国皇家空军战斗机司令部和轰炸机司令部旗下的所有兵力总和。

没等这支庞大的部队准备完毕，战火在1939年9月从欧洲大陆爆发，英国远征军只得仓猝上阵——在严重缺乏空中力量支持的条件下。在欧洲前线，远征军的战场侦察和联络任务由6个中队的威斯特兰公司莱桑德联络机承担，该型号具备一定对地攻击能力，但在防空火力和敌军战斗机的双重拦截下极其脆弱。战场制空权的争夺交付2个飓风战斗

呼啸长空　P-51战机传奇

机中队以及2个格罗斯特公司角斗士战斗机中队。此外，远征军的对地轰炸力量只有2个中队的布里斯托尔公司布伦海姆轻型轰炸机，同样无法抵挡德国空军Bf 109战斗机的屠杀。在德国地面部队入侵法国的战役中，以上这些部队作为支援力量登场，均遭受了惨重的损失。

法国前线失利的报告不断传回英伦三岛，痛定思痛的英国皇家空军决定专门成立一支强大、现代化而有效的空地协同部队。1940年12月1日，英国皇家空军的陆军协同司令部成立，其职责为"组织、试验并训练所有类型的空地协同方式"。这支新部队的司令官是亚瑟·巴雷特，作为法国战役期间英国前线空中力量的指挥官，他见证了德国空军与地面部队之间紧密配合的战术，深知陆军协同部队肩负的使命。

对于初生的陆军协同司令部，最迫切的需要是获得一款新型的战斗/侦察机，以取代不堪一击的莱桑德联络机。陆军协同司令部理想中的飞机必须速度快、火力强，能够在需要时压制地面火力或反击敌军的拦截战机，最终依靠速度优势脱离险境，将情报带回己方基地。为此，50架寇蒂斯P-40战斗机被分配到这支新部队。这批飞机是法国政府在未沦陷前，于1940年初向美国政府订购的，在英国皇家空军的编号是战斧MK.I。它们的武器只有2挺12.7毫米口径机枪，各备弹200发，缺乏防弹风挡、装甲保护以及自封闭油箱。50架飞机的数量固然是杯水车薪，此时从法国政府订单中划分给陆军协同司令部的另90架P-40战斗机仍在寇蒂斯公司生产线上进行组装。根据英国政府的需求，这批飞机加装了4挺7.62毫米口径机枪，并获得了战斧MK.IIA的军方编号。

1941年2月，驻盖特维克的第26中队开始接受战斧MK.I。5月开始，陆军协同司令部的其他中队也分配到战斧战斗机，其中包括较新型的战斧MK.IIA。

到1941年早期，陆军协同司令部对如何管理运用空中力量执行对地支援任务，已

■ 英国皇家空军在二战初期装备的莱桑德联络机。

第四章 P-51在欧洲战场

■（上）陆军协同司令部装备的P-40战斗机。
■（下）第26中队的野马I正在接受维护。

经建立起一套理论体系。这套体系被细分为三部分。第一部分即最重要的部分是在空军和陆军这两个不同兵种之间构造自上而下的紧密沟通，例如在最高司令部的层面、重要机场指挥部的层面以及前线部队的层面；第二部分，为沟通建立一套独立的通信系统，避免为通信优先权进行的无谓争夺；第三部分，陆军协同司令部旗下的特殊任务不仅仅限定给若干型号，而应该分配至所有可供调用的战机。

1941年，这套理论体系在地中海南岸得到了实战的验证，沙漠空军卓有成效的近距离空中支援任务足以编写成一本教科书。在英国本土，情况则大不相同：隔着英吉利海峡这道天然屏障，唯一能够和敌军交手的皇家空军部队只有重型轰炸机单位。在敦刻尔克大撤退一年之后，英国军队正在经历重建和力量扩充的过程，为未来反攻欧洲大陆进行准备。此时的军方将重点放在人力物力的加强之上，两支军种之间的协同理念还需要相当长时间才能付诸实施。因而，这一年的陆军协同司令部单位中，仍有不少中队同时配备战斧战斗机和莱桑德联络机，后者需要一定时间才能完全从队列中退役，或是转入其他单位。这些混编部队的日常训练任务依然是老一套的侦察和炮火校射，为此它们不得不如同游牧民族一般在英伦三岛的各个机场之间迁移，为各支陆军单位的训练提供支持——例如第268中队就在5月到12月之间一口气换了13个机场。

从1941年10月开始，若干装备有战斧战斗机的中队——尤其是对这一型号比其他单位经验更多的第26和268中队——开始派出单机或者双机分队，执行法国北部的超低空对地攻击任务。随着战斧与敌军战斗机接触次数的增多，陆军协同司令部开始认识到这一型号性能不足以应对敌机。其实，沙漠空军早已在北非战场上得到了同样的教训：只要有可能，执行对地攻击任务的战斧一定需要飓风战斗机的护航。

这些跨越海峡的主动出击虽然数量有限、成绩平平，但为第26中队积累了宝贵的对地攻击任务经验。1942年1月，该单位被选中，成为获得新型野马I战斗机配备的第一

123

呼啸长空 P-51战机传奇

个中队。到这一年6月，陆军协同司令部的6支战斧和飓风中队陆续换装野马Ⅰ，但替换掉所有老式战机仍需要一定时间，而且飞行员还需要在这批新飞机上更多的训练方可满足作战需求。

1942年，驻扎英国的地面部队的训练任务越发忙碌，每个人都看到了未来的登陆欧洲作战势在必行。陆军协同司令部的野马Ⅰ开始参与陆军的训练，不断尝试各种空地协同任务的可能性。在这一年，大规模的步兵和坦克部队仍然处在海峡的这一侧，野马Ⅰ部队还没有等到配合陆军作战的机会。不过，陆军协同司令部已经决定尽早将野马Ⅰ派往欧洲大陆，以验证其实战性能。

在当时的环境下，所有的野马部队开始准备执行观测和战术侦察任务，在英伦三岛的荒野之中练习拍摄敌军设施的航空照片。在飞行员座椅之后，无线电设备的上方倾斜安装了一架K-24照相机，通过机身上的窗口向后下方拍摄。侦察任务的训练以双机分队的规模在低空空域进行，长机集中精力寻

■ 英国皇家空军第2中队的AG623号野马Ⅰ（机身编号XV●W）正在进行超低空高速飞行，照片拍摄于1942年7月24日。

找目标并拍摄照片，僚机则负责警戒敌军拦截战机的出现。飞行员们被一再告诫：要按捺住心头的求战欲望，不主动与敌军战机交手——因为他们的首要任务是将珍贵的航拍照片情报带回己方基地。

1942年5月5日，第26中队的1架野马在法国滩头拍下航空照片，揭开了野马家族在欧洲大陆上空大规模活动的序幕。

5月10日凌晨4时50分，第26中队的G.N.道生中尉驾驶AG418号野马Ⅰ从盖特维克机场起飞，前往法国滨海贝尔克地区执行武装侦察任务。飞越英吉利海峡之后，道生中尉驾机在贝尔克机场上空掠过，希望能找到一些军用飞机来试试枪法，但他看到的只有各种车辆以及堆积如山的物资。道生中尉只得驾机从机场东南方进入，扫射了两个机库后扬长而去，身后只留下零零星星的高射炮火——敌人很显然才刚刚从酣梦中醒来。法国原野在机翼下迅速掠过，一列货运列车很快出现

■ 第2中队的野马Ⅰ。

在AG418号机的瞄准镜中,道生中尉对准列车痛痛快快地打了一个长连射,随后掉转机头返航,最后安全降落在盖特维克机场,整个任务耗时1小时40分钟。

5月10日的出击被视为野马家族对欧洲大陆袭击作战的开始,利用云层掩护对欧洲大陆海岸线进行低空照相侦察的"流行"作战成为野马部队的日常任务:飞机成对出击,飞往欧洲刺探情报,同时在穿越海峡的途中寻找一切可攻击的目标大打出手。例如驻扎在斯耐维尔的第268中队便经常派出野马战斗机,在荷兰的德克塞尔和海牙之间的海域攻击敌方船只。

由于出击的高度极低,野马部队在欧洲上空的作战任务很少受到敌军战斗机的干扰,更难被其击落——因为野马Ⅰ在15000英尺以下的速度要高于德国空军的Bf 109和Fw 190。

在敌军飞行员对这款造型优美、速度迅捷的陌生飞机获得足够的了解之前,陆军协同司令部的野马Ⅰ在作战任务中的损失全部由于机械故障或者人为原因引起。第26中队损失的第一架野马Ⅰ便是其中一例——1942年7月14日H.泰勒驾驶AG415号机在图凯水域低空扫射时撞到1艘驳船之上。直到1942年7月16日,德国空军第26战斗机联队的Fw 190才被认为有可能击落2架野马Ⅰ,它们隶属于第26中队,在阿布维尔地区执行战术侦察任务之后的返航途中下落不明。

到1942年夏末,野马Ⅰ部队没有取得任何一次击落敌机的战果。这并不能说明飞机性能落后于对手,原因为飞行员在任务中忠实地履行了自己的职责——尽可能避免与敌机交手,将更为宝贵的航拍照片情报带回基地。

在当年秋天,超过200架野马Ⅰ先后运抵英国交付皇家空军,它们的职责仍然以照相侦察任务为主。不过,"大黄"作战——即对欧洲大陆的日间侵扰任务开始付诸实施,野马Ⅰ将使用机枪火力破坏敌军的机场、军工厂、陆路和水路交通工具。为了达成出击的隐秘性,野马Ⅰ部队将以四机小队为单位在树梢高度活动。只要目标区上空1500英尺的云量在7/10以下,行动便被视为不具备安全保障——换句话说,日间空袭任务通常只在恶劣天气条件下进行,低空、高速和云层掩护是完成任务的关键要素。

1942年7月27日,陆军协同司令部旗下第2中队的行动是对鲁尔工业区内航运系统的一次成功空袭。工业区内,多特蒙德市的工厂通过沟通埃姆斯河、莱茵河以及北海的运河网络输入矿石和煤炭,每天从德国内陆以及莱茵兰地区运输超过400节火车皮的货物。

第2中队的野马Ⅰ将成为第二次世界大战爆发以来穿越英吉利海峡进入德国领空的第一批单引擎战斗机,当天一共有16架野马Ⅰ从索布里吉沃思的跑道升空,向东飞进杀机重重的欧洲大陆。

野马Ⅰ机群的第一个目标紧挨着英吉利海峡边缘,对荷兰海岸线上的敌军炮塔进行了数轮扫射之后，第2中队重新集结队形向德国领土进发。埃姆斯河很快在机翼下方一闪而过，野马Ⅰ机群随即转向南方，一路扫射大型工厂以及燃油储藏罐。沿着埃姆斯河逆流而上，第2中队杀进了多特蒙德市的工业区中心。此时，埃姆斯河与多特蒙德市之间的运河中，满载各种货物的货轮正在往来穿梭，野马Ⅰ机群从天而降，在船队上空肆无忌惮地倾泻机枪子弹，就连运河上的船闸也未能幸免。顿时，大大小小的轮船抢滩的抢滩，转舵的转舵，运河之内乱成了一锅粥。侵扰任务大功告成，第2中队的小伙子们再次集结队形，掉头返航。对于第一次出击的漂亮战果，每个人都是兴奋不已，无线电频道中欢呼声口哨声不断。不过，让年轻的飞行员稍感意犹未尽的是：这次行动没有遭遇哪怕一架敌军战斗机——只要有可能，谁不愿意驾驶手中这架崭新的战鹰和德国空军的王牌们一决高下呢？刚刚穿越荷兰边境，中队指挥官又发现了值得一试的目标——接近荷兰海岸的须德海当中，有两艘大型船只在编队航行。指挥官一声令下，16架野马Ⅰ一拥而上大开杀戒。顷刻之间，一艘船只在爆炸中化为满天飞舞的碎片，另一艘冒出冲天烈焰在水面上漂泊。最后，第2中队的16架战斗机毫发无伤地返回英国基地。向上级提交了任务简报之后，小伙子们以及野马Ⅰ战斗机的出色表现得到了来自各方的热情赞誉，当时的英国报纸是这样报道的："野马——产自美国、世界上最快的陆军协同飞机——攻击了多特蒙得－埃姆斯运河及其荷兰境内目标。它们成功完成了距离长达600至700英里的航程。"

不过，在1942年8月19日，野马飞行员们等到了与德国对手们较量的机会，他们被指派协助加拿大－英国部队联合进行的迪耶普登陆行动。在这场日后广受质疑的冒险作战当中，盟军战机的任务是对付驻扎在法国以及其他低地国家的德国空军，以掩护登陆部队。在这一天，英国皇家空军派出60个战斗机中队前往登陆地点作战，型号包括喷火、飓风、台风以及野马。轰炸机部队则由5个布伦海姆和波士顿中队组成，它们隶属于第2轰炸机大队。在这一天里，海峡两岸的空中力量进行了自两年前的不列颠之战以来最大规模的空战。

参加这天行动的野马部队为陆军协同司令部第26、239中队，以及首次投入实战的加拿大皇家空军第400、414中队，它们负责阻挡敌军地面部队从周边区域向迪耶普滩头的增援。在滩头上空巡逻的喷火和台风机群在燃油快耗尽时返航，而下一批战斗机又未能及时赶到的情况下，野马机群凭借过人的续航能力临时担当起掩护任务。

在这次登陆冒险作战之中，一共有106架战机未能返回英伦三岛的基地——其中包括9架野马，另有2架野马由于受损过重在着陆后无法修复。在这一天，野马部队取得了第一次空战胜利，这个荣誉属于第414战斗机中队的霍利斯·H.希尔斯中尉。希尔斯中尉和他的

第四章　P-51在欧洲战场

长机在这一天升空作战两次。在第二次任务中（上午10时25分至11时40分），希尔斯座机的无线电系统发生故障。在交战中，希尔斯目睹德军的一架Fw 190咬住长机，他无法将警告信息发送出去，于是果断地主动攻击敌机并取得这个珍贵的击落记录。对此，希尔斯中尉的长机——F.E.克拉克尔上尉是这样在作战报告中给予证实的：

"希尔斯中尉和我起飞前往迪耶普地区进行侦察任务。希尔斯中尉为我提供掩护。我们飞过了海岸线，我找到了任务指定的一条公路，开始沿着它从迪耶普向内陆飞去。这时候，我遭到一架Fw 190的袭击，飞机的滑油冷却器和散热器被击中。我立即驾机向左急转，转出公路四分之三圈之后，发现滑油压力下降到零。我马上直飞脱离战斗，利用剩余的速度爬升到800英尺高度，飞向迪耶普海岸线。在这一切之前，我向左侧张望，看到一架Fw 190冒着灰色的烟雾坠向一片树林，很明显它已经失去控制了。在我看来，

■ 为野马部队首开击落记录的霍利斯·H.希尔斯中尉。

敌机必然在树林当中坠毁，别无其他生路。这架飞机的战果明白无误地归属希尔斯中尉所有。"

同样在这一天，414中队的查理·施多瓦中尉驾驶着他崭新的野马Ⅰ第一次深入欧洲大陆进行侦察任务。在超低空域，野马战斗机遭受了一架Fw 190的追杀，在慌乱之中，施多瓦中尉不慎驾机撞上了一根电线杆，右侧机翼被撕掉整整3英尺的一段！尽管身负重创，野马战斗机依然凭借比英式战斗机健壮的体格以高速度甩掉了敌机。对于这一段经历，在1944年晋升为第414中队指

■ 这架AM148号野马Ⅰ参加了1942年8月19日的迪耶普登陆行动，液压系统被敌军炮火击伤，随后退出现役。在1943年6月，它被送往罗尔斯－罗伊斯公司的哈克那尔试飞基地进行狮鹫发动机的改装工作，但该项目被很快中止。

挥官的施多瓦中尉是这样评述的：

"有一点我相当肯定：如果不是飞机在制造时被赋予强硬的结构，我的第一次法国任务就会同时成为最后一次。非常幸运的是，在右侧副翼还能够进行些许操纵，在最大持续巡航速度条件下，飞机的控制相当稳定。如果表速降到200英里/小时左右，飞机会陷入无法控制的向右滚转。当我回到盖特维克机场上空时，感觉到还有足够的控制力放下起落架。以175到200英里/小时的高速下降，我在盖特维克1500码的跑道上进行了一次刺激的降落，最后把飞机刹住。我还记得，在第一次使用刹车时，机身抬了起来，靠一叶螺旋桨支撑在草地跑道上来了个漂亮的滑行，再有20英尺，我的飞机就要冲到围绕机场的防空壕沟里了。"

8月19日的损失占据野马部队在1942年全部28架作战损耗的1/3，由于各种原因，野马部队在第一年的任务和训练中损失67架野马。

在迪耶普行动之外，没有具体作战任务的单位开始配合英国本土的地面部队训练。例如，在1942年8月，第63、241和225中队便派驻苏格兰，与陆军第5军进行协同作战训练。这支部队将参加"火炬行动"——盟军在北非的登陆作战。同年10月底，同时配备了野马和飓风的225中队也随后转战北非。

到1942年冬，野马Ⅰ远航程的优势在侦察和日间侵扰任务中展露无遗。仅依靠机内燃油，野马Ⅰ便能在300英里的作战半径之内进行各种任务，这个距离为英国皇家空军喷火/飓风/台风战斗机的两倍。即便挂载上副油箱，1942年的喷火战斗机也只能勉强在半径200英里范围内活动。野马部队的任务还包括在海面上搜索甄别敌军舰船，并将其情报转交给战斗轰炸机部队进行攻击。此时，皇家空军的战斗机司令部开始对野马Ⅰ的低空性能发生浓厚的兴趣，考虑用其拦截在浪尖高

■ 查理·施多瓦中尉和他那架翅膀被切掉的野马Ⅰ。

第四章　P-51在欧洲战场

■ 一架Fw 190在低空被野马击落的全过程。

度入侵英国南部海岸、对城镇进行一击脱离骚扰的Fw 190战斗机。不仅如此，皇家空军的海岸司令部还希望发挥野马Ⅰ在单引擎战斗机中首屈一指的远程性能优势，为出击至远海的轰炸机部队提供护航支持。

从1942年底到1943年初，第268中队经历了一个忙碌的冬天。这支部队的野马Ⅰ和第181中队的台风战斗机共用斯耐维尔机场的跑道，在日常的袭击敌军船只任务之外，开始越来越多地介入到轰炸机护航职责当中。1943年1月22日，第268中队护送第98中队的B-25"米切尔"机群轰炸荷兰境内的敌军目标。德国空军出动了Fw 190部队进行拦截，并击落了英国皇家空军序列号AM178的野马Ⅰ，同时AP243号野马Ⅰ在瓦赫伦上空损失于敌军高射炮火。不过，第268中队也击落了1架敌机，这也是该部队赢得的第一次空战胜利。1月20日，第400中队的AG589号机栽在了友军的火力之下，这天该机前往海峡对岸执行武装侦察任务，在返航过程中在怀特岛以南10英里处被1架台风战斗机击落——很显然，它被粗心大意的英国飞行员误认为是1架Bf 109战斗机。

1943年2月12日，第268中队执行了一次具备相当规模的作战行动——7架野马穿越北海袭击了荷兰阿姆斯福特的党卫军营地。在归途中，小伙子们发现1架道尼尔Do-217轰炸机在索斯特堡上空准备着陆，便顺手牵羊地将敌机击落。在整个2月当中，损失的野马只有2架：第26中队的AP236号机在2月6日

129

呼啸长空　P-51战机传奇

前往法国圣瓦勒利地区执行武装侦察任务之后一去不返；第63中队的AM150号机在2月18日的任务途中被敌军高射炮火击中，它挣扎着飞过大半个海峡，在距离英国35英里处在海面上迫降。

1943年3月24日，第181中队的台风战斗机转移到其他机场，原先的驻地便移交给170中队的野马。斯耐维尔的2个中队均归属皇家空军的第12大队控制。

■ 照片摄于1943年2月，第241中队的这2架野马I流线的外形与身后的莱桑德联络机形成鲜明的对比。

在这个月末，陆军协同司令部内的野马在伦敦西南40英里的顿斯弗得机场进行了一次大的集结，原属加拿大皇家空军的第400、414和430中队组成了第39陆军协同联队。这支新部队参加了陆军的"斯巴达演习"，以验证使用远距离通信的环境下空地协同作战的效率，不过，此时的第39联队所担的依然是战术侦察任务。

同样参加过"斯巴达演习"的第26和239中队与装备了飓风IIB战斗机的第175中队组成了陆军协同司令部的第38联队，驻地位于汉普郡斯托尼·克里斯机场，这里的跑道极其泥泞湿软，不适合高性能战斗机的部署。为此第38联队的飞行员曾一度不得不借助民间机场的跑道。

同样在汉普郡活动的野马部队还包括安多弗机场的第16、19中队，其中前者的队列中还包括一些莱桑德联络机，直至1943年5月。这两支部队的日常任务是侦察敌军船只

动向。此外，位于剑桥郡的第2中队也拥有值得一提的战史，该部队在1943年4月27日之前一直承担袭击海上船只的任务。虽然该部队的职责意味着敌军武装的强烈防空炮火，但全部损失只有4月19日未能返回基地的AG464号野马。

长期执行超低空飞行是日间侵扰作战中对飞行员的最大挑战，一旦飞机被防空炮火击中，飞行员将很难获得足够的高度跳伞逃生。此外，距离地面过近也意味着发生更多意外事件的可能。第4中队指挥官G.E.麦克唐纳德中校的悲剧便能说明这一点：1943年4月28日，麦克唐纳德中校驾机出击，在比利时哈瑟尔特地区的运河上空发现1艘军需船，即紧贴水面瞄准目标猛烈开火。在麦克唐纳德中校的座机掠过军需船上方的一刹那，船上运载的弹药殉爆，猛烈的冲击波瞬间将飞机吞没。5月3日，第2中队的一支四机小队完成对法国雷恩市的日间侵扰任务，迅速掉头紧

贴英吉利海峡水面返航。当接近圣奥尔本斯角之后，浓厚的大雾迅速在四周集结，想到前方便是150英尺高的多赛特悬崖，小队指挥官当即发出将飞机紧急拉起的命令。但其他小队成员的动作晚了一拍，3架野马I战斗机径直撞在悬崖之上，飞行员当场牺牲。

各野马中队以轮番出击的形式进行日间侵扰任务，不过其中战果最为丰硕的是第268、613、400以及414中队，它们包办了野马部队总共30余次空战胜利的绝大部分。第400中队在最初六个月时间里击毁或重创了超过100个火车头，不到一年时间便拥有12次击落敌机的记录。到1943年6月，第400中队的飞行员甚至在日落之后驾机升空，单枪匹马地执行夜间空袭任务。即便从来没有一款野马战斗机专门为夜间飞行而设计制造，无畏的加拿大飞行员仍然驾驶着它们与德国空军的夜间战斗部队展开对决，并在同年8月取得多次击落记录，第400中队的弗兰克·汉顿中尉便是其中之一。

1943年8月14日入夜后，借助着皎洁的月光作为指引，汉顿中尉驾驶着野马潜入法国的领空。在维尔市附近，汉顿中尉扫射了一列在乡间铁路上运行的列车，将其击伤至瘫痪。在雷恩市上空，汉顿中尉看到底下的机场跑道灯火通明，一群德军飞机正顺序从空中滑行而下，准备降落——这正是他一直在等待的目标！野马战机悄然摸到德军机群的末尾，咬住1架Ju 88轰炸机之后喷吐出密集的12.7毫米口径机枪子弹。敌机飞行员当即关掉飞机上的导航灯，压杆俯冲规避。此时，机枪口的火焰给汉顿中尉造成了短暂的失明效果，等他恢复过来之后，目标已经丢失。毫不气馁的汉顿中尉继续搜寻目标，很快又发现1架Bf 110进入降落航线。从高空飞速冲下，加拿大飞行员向敌机打出一个短点射，

■ 第169中队的野马I。

呼啸长空 P-51战机传奇

■ 弗兰克·汉顿中尉和他的野马I在一起。

并看着它坠落至地面。随后,汉顿中尉驾机俯冲至低空,冲出高射炮火和探照灯的包围,驾机安全返回基地。

在这晚的行动中,汉顿中尉取得了野马部队第一个夜间击落记录,为此他获得了杰出飞行十字勋章的荣誉。

1943年初,除去被美国陆航扣留以及在运输途中损失的数额,皇家空军一共获得了691架野马I/IA。此时,陆军协同部队拥有一共15个野马中队,但来自美国的供应早已断绝。北美公司在4个月前已经停止生产野马I和野马IA,开始转产A-36A。英国皇家空军得到了1架A-36A用作评测,但明显对这款俯冲轰炸机不感兴趣。更新型号的P-51A生产线要到同年3月方可全速运转。到1943年夏天,美方陆续送来50余架P-51A作为扣留野马IA的补偿。不过,随着灰背隼动力野马的投产,P-51A的生产线很快停止了运转。这批为数不多的P-51A获得野马II的英国皇家空军编号后,投入了战术侦察部队使用。

随着战局的发展,陆军协同司令部在1943年6月被解散,旗下各部队被皇家空军战斗机司令部接管,并在当年晚些时候组建为第二战术航空军——与美国陆航第九航空军齐名的对地支援力量。

对比英国皇家空军的其他战斗机,野马的损失率并不显得过高。不过,一个不可忽略的事实是:野马在飞行事故造成的坠毁或者在修复前被遗弃的数量两倍于敌军火力毁伤。从1943年7月开始,野马的损失率越发升高,以至在同年9月到1944年1月之间9个野马中队被迫换装其他型号战斗机,有的野马中队则不得不改变作战任务,以求尽可能减少损失。

1943年秋天,驻扎在格雷夫森德的第二战术航空军第122联队开始接收运抵英国的第

■ 第19中队的野马III在飞行中。

第四章 P-51在欧洲战场

一批野马Ⅲ，该部队由第19、65、122中队组成，在此之前的主力战斗机为喷火。与美国陆航第354战斗机大队换装的P-51B/C相比，在该阶段英国皇家空军获得的野马Ⅲ没有配备85加仑辅助机身油箱，因而航程方面较为逊色。

英国皇家空军的重型轰炸机群主要在夜间对德国进行攻击，受到拦截的机会较少，因而战斗机部队没有远程护航的任务需求。与之相反，承担日间战略轰炸任务的美国陆航指挥官们正在为欧洲大陆上空居高不下的战损率而坐卧不安。为此，美国陆航经常向英国皇家空军借调这批野马Ⅲ部队，为轰炸机部队提供护航支持。

1944年2月15日，英国皇家空军的野马Ⅲ部队执行了第一次作战任务。在这天清晨，第19和第65中队飞越海峡，在敌占区的海岸线上空展开了空中扫荡行动。下午，这两支部队继续派出飞机，掩护轰炸机群袭击北加莱海峡地区的V-1导弹发射阵地。在随后的几个星期时间里，野马Ⅲ部队一直积极参加美国陆航的战略轰炸任务。

1944年3月初，在美国陆航开始对德国首都柏林进行持续轰炸作战之后，英国皇家空军的野马Ⅲ机群增加了出击频率，它们最远深入到距离柏林120英里的德国领土，为轰炸机群提供返航途中的护卫支持。不过，皇家空军的野马Ⅲ数量有限，在任务中最多只能同时派出30余架升空作战，与美国陆航动辄数百架的P-47和P-51机群相比作用相对有限。因而，在第八航空军得到足够多的战斗机补充之后，皇家空军的野马Ⅲ部队开始转向战术任务。

1944年4月，第二战术航空军从北美公司获得了更多的战斗机以建立第二支野马Ⅲ联队，新成立的第133联队包括第129中队以及波兰飞行员组成的第306和315中队。此时的美国陆航护航兵力已经日益壮大，再也无需借调英国皇家空军的野马Ⅲ机群。两支野马Ⅲ联队在这个阶段频频穿越英吉利海峡，以低空轰炸以及扫射的战术切断敌军后方通信。此外，这批野马Ⅲ还多次为海岸司令部的轰炸机群以及海军的舰船提供护航支持。

■ 诺曼底地区正在遭受野马袭击的德军列车。

从4月开始，又一支波兰部队——第316中队开始换装野马Ⅲ，并配合海岸司令部的行动轰炸荷兰和德国海岸的敌军目标。

在诺曼底登陆作战展开之后，两支野马Ⅲ联队调动到英国南部海岸机场，为登陆场的盟军地面部队提供直接的空中支援。此外，第2、168、268、414和430中队也出动超过100架艾利森动力野马升空作战。在登陆作战前两天，第133联队幸运地参与了滩头上空最激烈的空战，以损失4架野马为代价击落16架Bf 109。在接下来的几天时间里，野马联队的飞行员们执行了大量对敌军地面部队的空中打击任务，因此遭遇了数量颇为可观的德军战斗机，并取得了相当丰硕的战果。

6月24日，第122联队将全部60架野马Ⅲ飞过海峡，转驻诺曼底滩头的简易前线机场，以对盟军地面部队提供更为直接的支持。不过，第133联队依旧留在英伦三岛——德军从6月12日开始向英国疯狂发射V-1巡航导弹进行报复，英国皇家空军急需各种具备优秀低空性能的战斗机用以拦截这种新奇的"飞行炸弹"。从7月开始，第316中队跟随第133联队投入到V-1导弹的拦截作战中。

击落高速飞行的巡航导弹是一项极端危险的任务，V-1导弹的巡航高度往往在3000英尺以下，速度通常接近400英里/小时。在空气密度大的低空领域，普通野马战斗机的平飞速度很难跟上V-1导弹，只能凭借俯冲方可积累起足够的速度。为此，执行拦截任务的野马Ⅲ采用了辛烷值在130以上的高品质汽油。同时，灰背隼发动机的机械增压器进行了额外的调校，以影响高空性能为代价将进气压力从61英寸水银柱提升到81英寸水银柱。经过改装，野马Ⅲ能在2000英尺高度达到420英里/小时的最大平飞速度。

具备足够的速度之后，野马战斗机在低空猎杀V-1导弹依然困难重重。这种绰号"嗡嗡虫"的飞行器尺寸较小，飞行员难以瞄准。往往几百发子弹喷射而出之后，V-1导弹依旧完好无损。飞行员只能驾驶野马战斗机不偏不倚地咬住V-1导弹的正后方，在极近距离开火射击，方能将其击落。一旦导弹内携带的燃料被子弹引爆，强大冲击波和高速飞溅的弹体残片将有极大几率将后方的野马战斗机击中，这意味着飞行员取得的每一次战果都必须以生命危险为代价。

除了野马Ⅲ，英国皇家空军的喷火和暴风战斗机也参加了对V-1导弹的围追堵截。这两款战斗机同样在低空具备400英里/小时以上的高速度，不过出于航程的限制，升空之后只能在英国本土范围之内执行一个小时的巡逻飞行以搜索V-1导弹。相比之下，野马Ⅲ具备与生俱来的航程优势，在升空之后的巡逻时间能够达到2小时，巡逻范围远达海峡对岸的法国滩头。

在这场特殊的战役中，第133联队总共击落190枚V-1导弹，而第316中队在两个月的时间里创造了所有野马中队的最高战绩——74枚V-1导弹的击落纪录。在第316中队之中，塔德乌什·施曼斯基一人取得了9个击落战果,他是这样回忆当年的战斗的:"防御飞行炸弹的任务通常非常无趣,我们得在海峡上空的同一块空域里反反复复地飞上两个小时甚至更久,却往往一无所获。有时候,德国人连续发射大量'嗡嗡虫'(注:盟军飞行员给V-1导弹的绰号)进行饱和攻击,用以突破防御,如果你幸运地撞上了它们,那就热闹了。1944年7月12日就是这样的一天。在那天下午,我和僚机从西莫林机场起飞,前往邓杰内斯以南25英里的空域执行巡逻任务。到达目的地后,我按下了通话按钮联系我们的雷达操纵员,他让我们先来一个90度左转弯,接着是一个90度右转弯。'好了,逮到你们了。'这意味着他已经确认了我们的位置,飞机突变的转向能帮助他从雷达屏幕上纷乱的信号中把我们辨认出来。这些雷达站实际上位于分散在海滩上的大卡车之内,其中的一辆卡车负责控制我们中队的3个小队。操纵雷达的那帮家伙非常厉害,有许多次,他们能在你击落一只嗡嗡虫,还没有来得及报告的时候向你发出祝贺——他们看到它在雷达屏幕上消失了。

我们很快拿到了在负责的空域内的一只嗡嗡虫的方位,它正向坦布里奇威尔斯飞去。我找到目标,开火射击,把它干掉了。你必须从正后方射中它们而且不能接近到300码之内,否则你会被爆炸的碎片击落。这意味着你的目标看起来非常小,通常情况下要耗掉几百发子弹才能击落一个。另外,你还得在第一次攻击时就干掉它们,因为嗡嗡虫的速度非常快——370到400英里/小时,如果你必须爬升进行第二次攻击,那它们往往就溜掉了。我们经常得依靠俯冲来追上它们,即便野马发动机经过特别改装,能够在5000英尺高度发挥最大性能。通常情况下,机械增压器让我们在25000英尺飞出最高速度,但我们需要在低空就达到这个速度,嗡嗡虫的飞行高度经常在8000英尺至2000英尺之间。除改装机械增压器之外,发动机的进气压力还从61英寸提升到81英寸,并使用了标号为130的新型燃料。这些更动带来不少麻烦,我的一个朋友在试飞一架改装过的飞机时发动机爆缸,他不得不跳伞逃生。

在我击落第一只嗡嗡虫后不久,雷达操纵员再次呼叫我:'我们给你准备了另外一只。'他们指引着我的航线和方向,直到我

■ 塔德乌什·施曼斯基与战友在交谈中。

呼啸长空　P-51战机传奇

发现了目标。于是我开始呼叫僚机：'现在你能看到它了——就在我们正前方——轮到你来干掉它。'但我没有收到他的回复。我想他应该在背后和我一起飞行，因而我又呼叫了一次，他依旧没有回答。我向后张望了一下，没有看到他的飞机，我想也许他的无线电出了问题，不得不掉头返航。我咬上了嗡嗡虫的正后方开始射击，并在弹药耗尽之前看到有子弹击中。它的速度慢了下来，于是我呼叫雷达操纵员，请求他们从附近调集人手过来把它干掉。但他们回答说：'现在我们一个人都抽不出来。'我想：也许只能掉头离开了。在这之前，我想飞近了看一看它的样子，我们以前从来都没有近距离目睹过一只嗡嗡虫。我拉近距离，和它保持着密集队形——距离只有几码远，仔细端详了一番。它在不停地喷射气体，升降舵跟随喷气发动机的每次粗暴振动在不停摇摆。我注意到它的机翼上没有副翼，在炸弹的前端有一副傻乎乎的小螺旋桨在转个不停。这看起来滑稽透顶，那时候我们不知道这是控制导弹在飞行若干英里后俯冲攻击的导航装置。

看着它，我想起了中队驻扎在约克郡时的一件事情。我有一个非常好的朋友，波尔德克·萨科泽维斯基，他是一个有趣的家伙，我们经常在一起玩各种空战机动。那天，我们在20000英尺高度美丽的净空中驾驶喷火，心情非常愉快。为了好玩，我呼叫他说：'波尔德克，我想把机翼叠到你的机翼下面。'随后我完成了这个动作，他回话说：

'塔德乌什，我能感到气流把我的机翼抬起来了。'他也对我做了这个动作，我同样也感受到翼尖上轻微的升力。

想到这些，我决定尝试用我的翼尖把嗡嗡虫挑翻。我们被告知，它们的飞行是通过陀螺仪控制的。如果你把一个陀螺仪翻转90度以上，它的工作就开始乱套了。因此，我想如果我能够把嗡嗡虫挑起来，它的控制系统可能会失控导致坠毁。

我刚刚把左侧翼尖插入嗡嗡虫的机翼下，机翼便开始抬起。我等它改平恢复，把左侧机翼前端放在它的机翼下，确保飞机的副翼不会被碰到，随后向右来了个剧烈的横滚，用左侧翼尖挑了它一下。这个动作让我的飞机向右转弯，等我把头调回来，看到它的左侧机翼沉了下去，但逐渐改平恢复。我猜想它掉了点高度，因为它开始爬升。

我把这个动作重复了11次，每次它都能恢复到水平飞行。前面就是拦阻气球，马上就要飞到伦敦了。我对自己说，这次无论如何一定要把它干掉。我稍稍改变了策略，用翼尖狠狠地拍了一下它的机翼，这让我的飞机立刻卷入一个筋斗当中。当我重新恢复水平飞行时，失望地发现嗡嗡虫依然四平八稳地向前水平飞行。忽然间，我意识到它的发动机现在挂在了机身下方——我把它完全翻了过来！我看到它开始进入俯冲，一头栽了下去。"

1944年9月，英国皇家空军的重型轰炸机部队开始参与对德国西部地区的昼间轰炸

第四章 P-51在欧洲战场

任务。随后，第122联队从法国海岸线区域撤回英国东海岸的混凝土跑道机场，以获得更完善的补给和维护来进行野马战斗机的老本行——护航任务。随后，这支部队又吸收了包括第316中队在内的其他战斗机部队，组成了一支由7个战斗机中队组成的超级联队。

随着英国皇家空军昼间轰炸作战的增加，在1944年冬天，英国皇家空军组建起6支野马中队，从而使野马Ⅲ战斗机的总数达到250架。值得一提的是，在这个阶段，英伦三岛的美国陆航部队已经全面换装了气泡状座舱盖的P-51D，但达拉斯工厂依然保持了P-51C的生产线，这些采用鸟笼状座舱盖的战斗机被大部分送交英国皇家空军以配备各支野马Ⅲ部队。直到1944年的最后几个星期，英国皇家空军才开始接收小批量的野马Ⅳ——气泡状座舱盖的P-51D/K。

野马Ⅲ构成了英国皇家空军远程护航战斗机部队的中坚力量，它们的主要任务包括护送轰炸机部队对德国的鲁尔等西部工业区展开精确轰炸任务。由于美国陆航的昼间轰炸任务规模更为庞大，吸引了德国空军的主要注意力，皇家空军的战斗机飞行员们较少遭遇到德军战斗机。在这样的环境下，英军重型轰炸机的损失并不明显——相对于美军同类别的B-17和B-24，它们的装甲和自卫火力较弱，队形也更为松散，一旦遭受德国空军的全力拦截，后果将相当严重。

1944年12月12日，88架野马Ⅲ护送140架兰开斯特轰炸机袭击德国维藤地区的钢铁厂。在敌占区上空，英国战机编队遭受了40架以上Bf 109战斗机的突袭。虽然野马飞行员以损失两架战斗机为代价击落了5架敌机，但也有8架轰炸机被击落。

相比之下，英国飞行员遭遇喷气式战斗机的机会更是寥若晨星。直到1945年3月23日，皇家空军的轰炸机飞行员才第一次目睹15到20架Me 262组成密集编队从侧翼发动高速攻击。护航的野马战斗机从高空俯冲而下拦截敌机。德国飞行员无心恋战，四散逃离。第126中队的A.耶尔德利中尉抓住机会，将1架Me 262击落

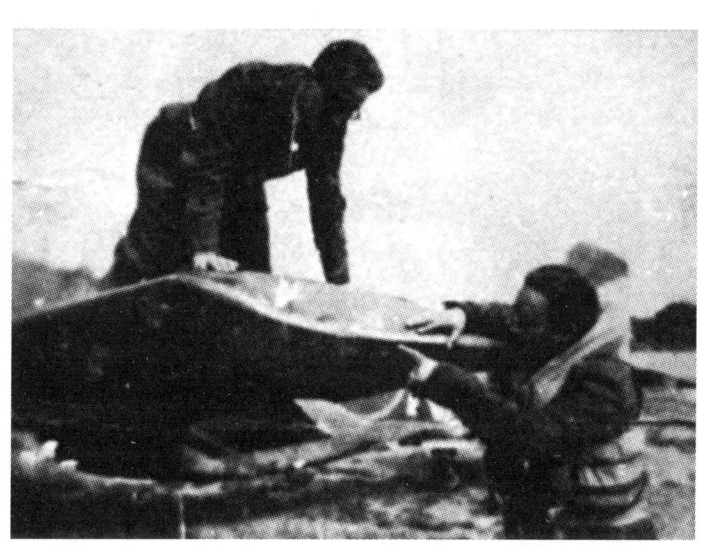

■ 成功掀翻V-1导弹之后，塔德乌什·施曼斯基正在检查座机的翼尖是否受到损坏。

呼啸长空　P-51战机传奇

■ 在野马战斗机的护航之下，这架兰开斯特轰炸机正飞过卡昂上空。

并目睹其坠毁在地面上。这是英国野马部队取得的击落喷气式战斗机的第一个战果。

4月8日，皇家空军的兰开斯特轰炸机群袭击汉堡的任务中，20余架Me 262升空拦截，结果被皇家空军的野马Ⅲ机群击落3架。两天之后，在莱比锡上空的护航任务当中，轰炸机群遭遇了Me 163火箭战斗机。在进行了一轮闪电袭击之后，德国战斗机俯冲脱离战场。不过，第165中队的史罗普斯·哈斯罗普中尉驾驶野马Ⅲ从背后高速赶上，击落了一架敌机——这也是英国皇家空军在第二次世界大战中击落的仅有1架Me 163。根据165中队的战友弗雷德·赫尔姆斯的回忆，当天的战斗过程如下：

"1945年4月10日，我们在莱比锡地区遭遇了一群Me 163在头顶上盘旋。这是一个晴朗的天气，我们可以远眺白雪皑皑的阿尔卑斯山。一架敌机向轰炸机群冲刺，很快被一支野马四机小队死死咬住，它当即滚转呈倒飞姿态，向下垂直俯冲，希望能够借助高速度脱离危险。哈斯罗普中尉是追击的四机小队的其中一员，他的眼睛一直牢牢盯住敌机，甚至无暇理会空速表，因为这会分散他的注意力。他将陀螺瞄准仪的菱形光标套上了火箭飞机，打了一个点射。Me 163急剧拉起，哈斯罗普中尉跟随它一起爬升，但陷入完全的黑视当中，在短时间内失去了知觉。

他竭力蠕动喉管，以减轻高压对耳朵造成的刺痛，努力分辨高度计上的'8000'字

■ P-51D/野马Ⅳ在二战末期装备了英国皇家空军。

英国陆军协同司令部之野马Ⅰ(P-51) 战术运用
——西北非战略空军司令部　1943年8月26日

■ AG348号野马Ⅰ，英国皇家空军得到的第4架NA-73（并非出厂的第4架）。

以下有关野马Ⅰ（P-51）战术运用之报告由西北非战略空军的军械官C.W.班奇(C.W.Bunch)所提交。

介绍

1．1943年5月31日，陆军协同单位的前中队指挥官彼得·杜得杰安中校受邀对其使用北美公司野马Ⅰ／ⅠA型飞机进行日间侵扰任务的详情进行讲解。尽管在当天陆军协同单位被英国皇家空军所接管，所有人员都忙于迁移至新的办公地点。杜得杰安中校仍然给予了最大程度的帮助以及协作。当他迁入新司令部之后，采访时间又得以追加。

概要

陆军协同单位的此类任务是从使用加装两台照相机的野马Ⅰ作为照相侦察机开始的：一台垂直照相机安装在可快速拆卸的舱段中，一台倾斜照相机安装在驾驶

■ 按照英国皇家空军标准加装照相机的AM148号野马Ⅰ在飞行中。

员头部后方，从座舱盖左侧树脂玻璃上的一个小孔中伸出驾驶舱外。这两台照相机为全自动运转，可由飞行员进行控制。

1.这些飞机安装有4挺12.7毫米口径以及4挺7.62毫米口径机枪。12.7毫米口径机枪配备有总共1000发子弹，7.62毫米口径机枪配备有总共3492发子弹。

2.该型号的远航程（燃油容量为180美加仑）使其成为一款卓越的战术侦察机，同时，该型号的武器使其能够有效地应对地面目标。随着任务的发展，它们越来越多地转向进攻性侦察任务，开始寻找机会对目标进行试探。在最后，任务进化成为一种针对各种地面目标——火车头、运河驳船、重型机动车辆、地面上的飞机——的战术行动。

3.这些日间空袭任务相当成功，很大程度上要归功于制定以及执行任务的严谨态度以及努力。任务的主题是以最小的伤亡代价摧毁指定的目标，这在（杜得杰安中校所在的）中队18个月的作战记录中得到验证：200架火车头、超过200艘驳船和数量未经确认的地面敌机被摧毁或者重创。这些战果的代价仅仅为一架飞机被敌军战斗机击落、5架被高射炮火击落以及2架由于不明原因失去联络。在这些任务当中，它们不止一次地在敌占区上空遭到拦截，这包括荷兰、法国沦陷区、比利时和德国境内，最远任务的往返航程超过1000英里。它们距离最远的一个战果是威廉港郊外的一个火车头，距离中队基地接近350英里远。

4.日间空袭任务的典型战果如下：2架飞机离开基地（深入德国境内90英里），

■ 云雾在山丘上方密布，第63中队的野马I在超低空以300英里/小时的速度飞行。这不是一件简单的任务，飞行员要识别地图、使用无线电向指挥部通报敌情、在膝盖上的拍纸簿记录收到的各种信息、提防敌机的出现。

同时还要随时注意迎面而来的各种障碍物，中间没有一刻停歇。

每架飞机消耗了近118美加仑燃油。2架野马摧毁或者击伤了5个火车头，5艘装载货物的驳船以及一艘快速扫雷艇。这些野马没有受伤。

5.可能由于缺乏制造锅炉管道所需要的高质量钢材以及当前维修车间面临巨大的工作压力，1架火车头被12.7毫米口径机枪火力击穿后，往往会在3个星期到6个月的时间内无法工作，这取决于维修设备距离的远近。有时候，火车头会被射击至爆炸；如果它没有爆炸，喷射出的蒸汽往往将火焰从炉膛中卷至车厢。此类攻击的一再重复，使得欧洲大陆之上"野马"作战半径之内的火车司机数量明显减少。

6.通常情况下，它们的战术包括在预定的作战区域内投放足够多的架次，沿着目标的平行方向（运河、铁路等）以多个点、以规划的Z字短航线（每段6分钟航程）给予敌军防空警戒哨足够的迷惑信息，使其产生最大程度的困扰。虽然任务中经常采用四机横队，有时候会有2到3个小队采用四机横队，但最有效的队形还是双机横队。在大多数情况下，规模最小的双机横队被发现更适合任务。飞抵敌占区海岸线之外的一个指定集合点之后，出击编队分散为多个更小的作战单位，按照各自的预制航线飞行，以掩护进行攻击的主要单位。所有作战单位都尽可能在同一时间穿越敌占区海岸线。

7.从基地飞行至敌占区海岸线之外40英里的集合点，该阶段的表速为200英里/小时，发动机进气压力为30英寸水银柱，转速为1100转/分钟，飞行高度为25到50英尺。抵达集合点之后，增加功率至最大巡航速度（250至275英里/小时，34.5英寸水银柱进气压力，2600转/分钟）并在敌占区上空一直保持，直到返航途中飞离敌占区海岸线40英里之外。如果穿越敌占区海岸线时，距离预先选择的地段相差5英里以上，编队应当立即返航，因为整个任务将因此受到极大影响，同时，由于计划中穿越海岸线的地段根据敌军高射炮火分布预先详细制定，偏离航线将给编队带来极大麻烦。

8.一旦穿越海岸线，应当尽可能快地采取措施进行"闪击"将飞机轻微拉起后朝向可能有地面炮火的方位俯冲并打出一个点射。进入欧洲大陆之后，回到树梢高度，并借助所有的自然环境掩护自身。对火车头的攻击绝对不要在火车站或者其他可能具备密集防空火力的地域进行，而是应该在车站之间往往只出现一列火车的乡间原野上展开；这样，被破坏的火车头能将铁路的交通堵塞停滞，直到1辆工程车或者另外1个火车头赶来将其拖入旁轨待命。爆炸的火车头经常殃及铁轨和路基，对铁路交通造成更大的影响。攻击任务应当由双机横队的2架飞机交替进行，1架负责攻击的同时另1架提供掩护。编队中的2名飞行员都应注意搜寻敌机踪迹，避免对方进行突然攻击。攻击应当从铁路、运河或者公路的一侧发起，直至另一侧，决不可沿其走向进行。即便目标没有击中，也不要尝试进行第二次攻击，因为用以掩护偷袭的突然性已经不复存在。以零高度以及270英里/小时速度飞行时，对地面的搜索受到了限制，目标的出现和消失将相当迅速，需要飞行员具备相当的经验和警觉以发现这些目标，及时对其发动攻击。实战中发现，经验不足的飞行员有必要将飞行速度保持在250英里/小时以下，直到他们获得足够的战斗经验为止。实战中还发现，将襟翼放下5度后飞行速度受到的影响很小，但这会改变飞机的高度，能更方便地越过机头发现目标。

9. 敌占区内的航线通常有90英里，包括根据最新的防空火力地图以及最大程度囊括目标的原则而预先制定的Z字航线。Z字航线的每个6分钟分段为保证：敌军能够根据飞机速度和方向进行计算，做出错误的估算之后开始拦截。每个分段完成之后，航向将改变，以使敌军的拦截落后6分钟或者丢失目标。预先制订的作战计划必须严格执行，原因之一即为：如果无法在飞离敌占区海岸线后在集合点会合，便被剥夺了得到队友支持的能力，因而在返航途中更容易遭到拦截。

10. 飞出海岸线之后，要尽可能快地分散队形，在飞行中不断改变航向和编队位置。如有可能，使用云层作为掩护。在离开海岸线40英里之后，将节流阀收回至200英里/小时（1100转/分钟，30英寸水银柱）返回基地。

11. 作战经验显示：速度并非对地面火力的掩护，起码不能起到足够的掩护作用。必须采用迂回航线来保证最大的掩护效果。

12. 云层掩护的使用是这些任务的一个重要环节。500英尺高度的10/10云量

■ 两架野马I起飞升空，准备穿越阴云密布的英吉利海峡执行日间空袭任务，恶劣天气是它们最好的掩护。

(密云或阴天)将是一个几乎完美的任务条件。执行深入德国境内的任务,需要不超过1500英尺的10/10云量;执行荷兰、比利时和法国的任务,需要不超过1500英尺的6/10至7/10云量。由于被拦截的唯一可能只有位于海面上的情况下,应采取一切措施在返航途中的越海飞行时寻求云层的掩护。前往目标区的途中,低空飞行以及航线的变化可以使飞机有效地应对雷达的追踪,直至进入敌方海岸线之内。在此阶段之内,应保持绝对的无线电静默。无论出于何种原因,无线电静默一旦被打破,编队应立即掉头返回基地,因为敌军已经开始提高警惕。穿越海峡之后,由于隐秘性以及行动的安全不再得到保障,无线电静默的限定无需继续执行。即便如此,飞行员仍需要极度清晰的判断力来选择使用无线电系统,尽可能地保持无线电静默以备紧急情况下的通信畅通。

训练

13. 对于此类任务,特殊的飞行训练是一个相当重要的前提。新飞行员分配到该部队之后,在若干月之内不允许执行作战任务。在他们能够独立执行作战任务之前,必须熟悉任务的每一个环节,能够按照规范和无线电指令进行操作。他们必须完全熟悉自己的飞机,并肩负带动地勤人员积极性的职责。新飞行员可根据自身舒适的需要改造座舱,并鼓励保持机翼光滑、不沾染污迹。事实上,在没有衬垫帮助的条件下,任何人都不允许攀爬至机翼之上。通过两个指定的落脚点,飞行员从前方爬至机翼上登机。他们必须通过低油耗飞行测试,以确认能够以200英里/小时速度飞行时保持1100转/分钟的转速,使耗油量降低至20加仑/小时。他们必须掌控罗盘的摆动和读数,以培养对仪表飞行的信心。仪表飞行的训练会一直持续,每个飞行员将得到充分的训练直至对一次完整的任务细节完全掌控。

■ 野马 I 编队飞过苏格兰高地。

■ 这架第4中队的野马Ⅰ将襟翼放下40度，以获取更小的转弯角度。依靠飞机上的液压系统，野马Ⅰ可以在4到6秒的时间里将襟翼完全放下到50度。

14. 每天都会进行航程估算以及枪械射击的训练。飞行员被鼓励成对升空，训练射击技巧。在所有环节中都会进行比赛，以小队领导人的职位作为最终奖励。

15. 双机和四机编队的训练飞行将持续进行，直到每个飞行员均具备自动适应两种编队环境的能力。当被分散为双机分队时，他们通常不会把队形打散，而是与同一个分队队友共同飞行，并形成了自己的目标识别信号系统。四机横队的机动性很强，但相当难保持，需要飞行员进行长时间的不间断训练。一般情况下采用双机横队，因其变化更为丰富。

16. 飞行员会持续地获得敌机战术的信息，以及双方飞机性能对比的资料，并一直进行战斗、脱离空战、规避高射炮火和低空飞行的训练。

17. 任务中发现野马的速度快于Bf 109和Fw 190，4000至8000英尺高度是猎杀敌机的理想空域。到目前为止，野马能够在海平面高度甩掉任何遭遇过的敌机。在双方交手时，飞行员被教导尽可能脱离战斗，因为他们的任务是摧毁地面目标而不是击落敌机。如进入战斗，他们被教导使用襟翼以将转弯半径减至小于Bf 109和Fw 190。在低空进行的转弯对决中，最少有一架Fw 190被野马拖入尾旋：在野马飞行员放下襟翼之后，敌机试图收紧转弯半径以咬住目标，结果鲁莽地进入尾旋状态。

■ 1架第168中队的野马Ⅰ在欧洲上空大角度转弯，下方的公路上是行军中的大规模机械化部队。

18. 飞行员被教导飞行用具的重要性。一旦进入敌占区空域，护目镜必须戴上以防止风挡和引擎罩破裂时可能产生的碎片。他们必须穿着安全靴、飞行服（由两到三层布料构成）、头盔和手套，用以预防在空中可能引发的火灾。简而言之，飞行员必须对自己的飞机和用具了如指掌，以最大程度地加以运用。

19. 训练中，相当部分时间被用于极端条件任务。新飞行员们要训练在所有条件下着陆的技巧——尤其在陆地上超低空飞行时发动机失灵的情况。在这种条件下，如果飞机迫降，将会像子弹一样落下地面，因而此类迫降应当避免。如果在25英尺高度、200英里/小时速度时发动机失灵，飞行员可以将无动力的飞机拉起到500英尺高度，从而获得跳伞的安全保障，这应该经过反复训练，以使飞行员确信在一切动作顺利完成的前提下安全跳伞是可以做到的。在水面上迫降时，敌我识别系统应当立即拨动至3号位置，以向任何邻近友机发出紧急呼救信号，所有地面塔台会引导最近的海空搜救单位飞机前往救援。如果飞机需要在水面上迫降，飞行员应当把螺距调大、收回襟翼、关闭散热器排气口，尽可能低地顺着风向降低速度直至失速。迫降前，飞行员还应当打开座舱盖、松开降落伞包、收紧肩带以及安全带、单手放置在仪表板之上，头部稍微向前靠稳。如受损的发动机仍可支持飞机，飞行员应当竭力将飞机带回基地。他们被教导在此种条件下如何控制发动机：如果滑油温度升高，则降低发动机转速、提高增压；如果乙二醇冷却剂温度升高，则增加发动机转速，降低增压。在该部队的作战历史上，从未发生过完全的发动机停转事故，也没有出现冷却剂泄漏事故。

20. 情报官会向他们讲授执行任务需要经过的国家或地区的通常状况，重点放在逃生的问题之上。此外还要研究相关居民的习惯和装束，讨论各种逃生案例，如有可能，从敌占区成功逃生的袍泽将与飞行员们一起讨论自己的经验。他们被鼓励在机舱内携带个人武器，熟悉在制服内藏匿指南针、小型锯条的练习。他们预备有多种指南针，有的造型较为显眼，有的则不引人注意，以期被捕时前者被搜走、后者得以遗漏以备后用。执行任务时如飞行员有可能在某区域上被击落，服装则应该包括使飞行员在此区域内不引人注目的衣物。

21. 如果在敌占区上空被击落，他们被教导不得作任何无计划的行动。逃生的每一个步骤均需经过周密的安排。首先需要破坏他们的飞机，其次调整服装以避免引起注意。他们必须清楚地了解自己的救生包，知晓每一件物品的用处。他们应当避免做任何会招致不必要关注的行为，例如不了解当地物价水平而花钱大手大脚。在过去任务中，发现一个国家的贫穷百姓会更比其他阶层更乐意帮助飞行员逃生。

22. 在任务简报室，每个飞行员均会领到写有自己名字的帆布包。在包内放置有他的救生包、伪造的敌国身份证明（包括照片、姓名、阶层和身份序列号）、两张用以改造身份证明的照片以及敌国货币，以此在被击落后混入敌占区内部。帆布包内的物品还包括个人武器、匕首、闪光灯、哨子、小剃刀、镜子、护目镜和手套等。飞行员在帆布包内放置任务文件、笔记本等物件，救生鞋在离开任务简报室之前应当一直保存在帆布包之内，避免在需要使用时遭受过度磨损。飞行员的衣领解开，领带被除下，以防在落水后收缩、无法脱下衣服。

23. 在飞行员离开任务简报室之后，他们的飞行用具将被检查。在所有物品之外，飞行员最后装备的是一把可以随时触及的匕首，以便"梅·韦斯"救生衣在空中不慎充气膨胀时，飞行员可以将其刺穿。

24. 在训练阶段，飞行员将首先被送去执行侦察任务，以熟悉这架飞机的操纵性能、燃油消耗、以及导航技巧等。随后，他们会在我方领土上进行三次模拟侵扰飞行任务。他们会飞出海岸线直至陆地在视野之外，随即完成预先设定的三段航线折返，飞回海岸线之内并攻击一个地面目标。当对模拟任务驾轻就熟之后，飞行员便被批准得以执行第一次侵扰飞行任务。

任务计划

25. 一个有经验以及充分准备的单位能够在一个半小时之内向飞行员充分讲解任务细节。飞行员的目标通过各种情报进行甄别，包括航空照片、上次任务的细节、当地情报系统提供的信息等。

26. 当一个行动目标被选中——例如数条铁路汇集的地区、一段运河等——所有最新的相关情报将被提供，包括高射炮火地图、雷达位置、机场坐标、敌机兵力大小以及部署等等。执行任务的飞机被最终确定，它们的飞行员处在待命状态，不得离开任务简报室，也不允许饮用酒类。

27. 对照高射炮火地图、空中告警系统、敌军战机情报以及目标方位，不同飞行小队进入敌占区的位置被仔细选出。以275英里/小时飞行的6分钟Z字航线被各自定义，以便在目标区之内的作战能够覆盖最大范围的面积，同时又不会使各个小队之间相互干扰，或者航线出现交叉的情况。在这种任务中，一支小队——即两支双机横队为最小的作战单位。在敌占区之内，邻近小队之间的距离通常为90英里。

28. 对任何一个小队，任务的全程由多段不同距离和方向的航线构成。在早晨的任务简报中，飞行员们被允许为自己的小队整理数据。1名飞行员衡量所有航线的长度，另外一名飞行员同时进行检查。所有的数据均填写至表格中，根据最后1分钟的气象报告和每架飞机的罗经卡，飞行员算出每段航线的磁罗盘航向、真实空速以及飞行时间。在任何时候，从基地直达集合点（海岸线以外40至60英里）所有飞机的速度和方向均保持一致，进入敌占区上空后将分散行动，随后在返航时通常重新集合队形。安装在左侧着陆灯位置的照相枪用以拍摄目标照片，以核实战果。

■ 野马 I 在与陆军的协同演习中喷洒烟雾。

野马 I／I A性能

29. 野马 I 的作战记录极其优秀，所有飞行员均喜欢驾驶野马。它的成就归功于可靠、简易以及中低空域超出任何敌国战机的速度。

30. 该机装备艾利森V-1710-39发动机，在12000英尺高度以44英寸水银柱和3000转／分钟工作时候输出1150马力功率。该发动机原本配备有自动增压控制系统，可在低空自动保持44英寸水银柱以下的进气压力。英国空军将此系统拆除，在低空适当地使发动机超压运转，从而将飞机性能大为提升。由于艾利森发动机在低转速环境下工作极其稳定，英方能够做到物尽其用，使之保持极低的燃油消耗，飞机从而达到任何单引擎战斗机无法企及的作战航程。事实上，灰背隼引擎在1600转／分钟的环境下工作不稳定，无法保持类似的耗油率，因此限制了飞机执行类似远程任务的能力。

31. 实战记录证明，该机能够甩开任何德国战机。它仅有的缺点是爬升率不如Bf 109和Fw 190优秀、空战中低速飞行时副翼控制效率不足以及滚转率相对差劲。不过，展开一部分襟翼之后，它的转弯半径要小于以上两种德国战斗机。

32. 以英方的经验来看，我们认为拥有了一款极好地满足远距离日间低空侵扰任务以及为我方中型轰炸机提供的中空护航任务需求的飞机。必须指出的是，通常1架符合中型轰炸机护航任务需求的战斗机往往有可能不完全适合执行远程侵扰任务，因为发动机无法适应超低转速运转的工作环境。同时，远程侵扰任务被建议将相当航程安排在海面上，例如从北非或地中海岛屿之上向欧洲大陆发起，以此使得敌军拦截难以奏效。

33. 我们在实战中证明了V-1710-39发动机能够工作在56英寸水银柱进气压力之

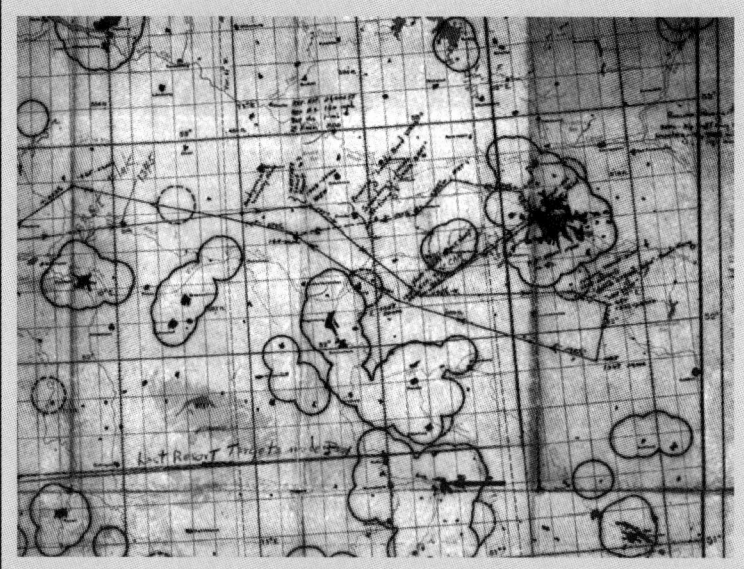

■ 为盟军飞行员提供的目标区高射炮火地图。

下输出作战紧急功率（额定最大进气压力为46英寸水银柱）。建议从我们装备的P-51飞机上立即拆卸自动增压控制系统，并在仪表板上改用正确的增压器指示灯。英国飞行员曾经在海平面高度将发动机进气压力加大至72英寸水银柱，时间长达20分钟却没有对发动机造成损害。根据英国飞行员的经验，艾利森发动机工作1500小时后才会出现轴承损坏的征兆，而灰背隼发动机的这个时间则为500到600小时。他们还发现：即便轴承损坏，艾利森发动机仍然可以把飞机带回基地。

34. 我们认为：艾利森动力的P-51A比P-51B更适合低空侵扰任务和中型轰炸机的护航任务，因为后者的灰背隼发动机缺乏超低转速工作环境的可靠性以及低油耗。部队有必要立即知晓关于这两型飞机发动机和飞行品质的差异。

查尔斯·伯恩准将，皇家空军参谋长助理。

样代表8000英尺或是28000英尺——他开始俯冲时的高度。野马战斗机开始显露出疲态，他也一样。因而哈斯罗普中尉驾驶飞机返回基地，一路上保持着不高于要求的速度。

在哈斯罗普冲到下面的时候，我们看到的是那架Me 163拉起后翻了4个筋斗，接着在下一个筋斗的顶端进入尾旋，一直向下坠落直到砸在地面上。我们失去了和野马战斗机的接触，被催着赶回基地，都以为哈斯罗普中尉的飞机坠落了。在着陆之后半个小时，听到寂静的天空中传来1架返航野马的声音。它小心翼翼地下降着陆，我们都在猜想里面的飞行员应该在闹头痛——实际上的确是这样。哈斯罗普中尉爬出驾驶舱后，看到座机的翼尖比旁边的野马翘起更高（承载过高负荷），他这才意识到超过野马的速度限制是多么危险的事情。"

3个星期之后，纳粹德国宣布无条件投降，此时的英国皇家空军一共装备有320架野马战斗机，相当于欧洲战场美国陆航P-51数量的五分之一。虽然规模相对有限，野马战斗机的装备依然给英国皇家空军的二战征程写下鲜亮的一笔。

在第二次世界大战中，再也没有哪个阵营的战士比英国皇家空军的战斗机飞行员们更忠诚于自己手中的武器——喷火式战斗机。在他们看来，喷火是无可比拟的完美战机，正因为以喷火为主力的皇家空军在不列颠之战中击败了德国对手，挽救了整个英国——丘吉尔首相才会说出那句名言："战争

史上，还从来不曾有如此多的人(英国人民)从如此少的人(飞行员)那里得到如此大的好处。"

心高气傲的英国人是如何看待野马战斗机的呢？一名驾驶过喷火的飞行员是这样描述的："如果有人硬要对野马战斗机吹毛求疵，那只能是他们。在对野马的机身结构进行了几个月的短暂抨击之后，他们再也找不出毛病来了。如果野马有无法战胜的对手，那只能是喷火。但野马拥有许多喷火飞行员们无法体验的优点——速度、航程、舒适、地面操纵性、仪表飞行的稳定性等等。他们并没有对此大惊小怪，他们喜欢它。"

西欧风云1943－1944

1943年，美英联合参谋长会议做出决定：开始"鹄心行动"，对德国的军用目标进行不分昼夜的连续轰炸。在这场持之以恒的空中打击中，驻扎在英国的美国陆航第八航空军担任昼间轰炸任务。到1943年7月，第八航空军的规模加强到15支轰炸机大队，拥有超过300架B-17轰炸机。在深入敌境的轰炸任务开始后，半年时间里摆在第八航空军面前的最大困难是缺乏为轰炸机群提供保护的远程护航战斗机。从这年夏天开始，第八航空军的P-47部队开始配备可投掷副油箱，使护航范围达到了德国西部边境，但仍无法为轰炸机进行全程护航；P-38的航程较远，但主要分配到太平洋战场以及地中海战场，要到1943年

呼啸长空　P-51战机传奇

秋天才逐渐进入第八航空军服役。

在这样的环境下，1943年7月的最后一个星期，第八航空军发动了"闪电周"攻势，对挪威和德国境内的16个主要目标施加了5次轰炸行动，总共损失88架轰炸机。在接下来的三天行动中，有44架B-17在轰炸德国飞机制造厂的行动中损失。然而对于第八航空军来说，他们的苦难才刚刚开始。8月17日，376架重型轰炸机起飞升空，它们的目标是雷根斯堡的梅赛施米特工厂以及斯魏因富特的滚珠轴承厂。在这天任务结束之后，一共有60架轰炸机未能返回基地，损失率高达16%。此外，相当数量的轰炸机受损过重，在降落后已经无法修复，只能从部队序列中撤除。

居高不下的损失率使第八航空军轰炸机司令部深感吃力，因而在接下来的几个星期里，重型轰炸机群的作战目标均被限定在护航战斗机的作战半径之内。不过，轰炸司令部指挥官艾拉·埃克决定继续尝试远程轰炸作战。于是，从10月初开始，第八航空军再次派出大批轰炸机群深入德国境内进行昼间轰炸。八月的悲剧重新上演——而且更为惨痛、更为触目惊心：10月8日到14日的一个星期之内，为了轰炸不来梅、雷根斯堡、但泽、玛丽恩堡和明斯特的德国军工企业，第八航空军损失了148架重型轰炸机以及几乎1500名飞行员。10月14日星期二对雷根斯堡的轰炸任务尤为惨烈，291架轰炸机群陷入超过500架次的德国空军战机的包围当中，60架轰炸机被击落，损失率超过20%！这一天被第八航空军称为"黑色星期二"。

窘境之中，驻欧洲的美国陆航在1943年10月迎来了北美公司新出厂的P-51B——有史以来最适合远程护航任务的战斗机。

然而，第一批P-51B战斗机进入欧洲战场之后，却没有马上加入第八航空军担任远程护航职责，原因为当时的艾拉·埃克更偏爱

■ 在灰背隼动力野马服役之前，北美公司于1943年10月向英伦三岛的陆航部队交付了少量F-6B侦察机。它们由洛克希德公司的机械师根据英国皇家空军标准开始照相机的加装工作。机翼上机械师的制服后背标注有"洛克希德"（Lockheed）的字样。

第四章　P-51在欧洲战场

■ 正在给飞行员颁发勋章的艾拉·埃克将军。

P-38的重型火力，同时美国陆航的官僚们习惯性地把P-51B看作与A-36A及早期P-51A相当的战术飞机。因此，最早的P-51B被分配到第九航空军——尚且处在雏形阶段、预定在盟军未来登陆欧洲之后配合地面部队作战的空中打击力量。第八航空军的轰炸机部队中，指挥官们眼巴巴地看着新型野马战斗机花落他家，同时自己的作战损失率却居高不下，一个个心急如焚。为此，在前3个大队P-51B投放欧洲战场的时候，第八和第九航空军之间为了这批战斗机的归属进行了长时间的讨价还价。

在第九航空军中，第354战斗机大队在1943年10月被批准接收第一批P-51B，该部队包括第353、355和356战斗机中队。指挥官肯尼思·马丁中校手下有50名飞行员，除了几位来自太平洋战场的老兵之外，他们基本上是一年之前在P-39上开始训练的新手飞行员，从来没有接触过野马家族的任何一个型号。在通过海上航线移师英国之前，第354战斗机中队将他们的P-39留在国内。作为第一个装备P-51B的陆航单位，第354战斗机大队获得了"先锋野马"的称号。

1943年10月20日，第354战斗机大队的人员全部抵达英国伯克郡的格林汉姆公地机

■ 第354战斗机大队第356战斗机中队的AJ★U号P-51B在一望无垠的云海顶端飞行。此时，与基地的无线电通讯便是保障飞行员安全返航的生命线。

呼啸长空　P-51战机传奇

场,这里从9月开始便转交美方,并被更名为美国陆航486机场。11月11日,第354战斗机大队开始接收P-51B。但此时的第八航空军指挥官表现出对这批P-51B的强烈要求——因为只有它们才是最适合于远程护航任务的型号。于是,第354战斗机大队在两天之后离开伯克郡,转移到埃塞克斯郡的博克斯特德机场支援第八战斗机司令部,但该部队仍然隶属于第九航空军。

在1943年11月剩下的两个星期时间里,第354战斗机大队的飞行员们不断地在P-51B上进行飞行训练。同时,为数一打的老手飞行员被派驻到这支部队,他们来自美国陆航和加拿大皇家空军早先的喷火战斗机部队,对驾驭高性能轻型战斗机有着充足的经验,能够帮助第354战斗机大队的小伙子们尽早熟悉这款与P-39截然不同的新飞机。

11月最后一天,第九航空军的司令官刘易斯·布里列顿来到博克斯特德机场视察这群被借调走的飞行员,他相当高兴地得知第354战斗机大队已经做好战斗的准备,随时可以升空作战。事实上第二天——即1943年12月1日,第354战斗机大队便派出24架P-51B执行第一次作战任务:在比利时沿海以至法国北加莱海峡地区的适应性战斗飞行。由于第354战斗机大队缺乏欧洲大陆上空的作战经验,第4战斗机大队的大队长唐纳德·布莱克斯利少校驾驶一架P-47战斗机带领P-51机群执行这次任务,马丁中校则担任布莱克斯利的僚机。第4战斗机大队的"雷电"机群投入战斗的时间比P-51早大半年,布莱克斯利则是一名经验老道的战士和指挥官,深受手下飞行员的尊敬和爱戴。

在当天早晨布置任务时,布莱克斯利

■ 第354战斗机大队的野马正在准备起飞,大雾天气和阴冷潮湿的环境是英伦三岛前线最突出的特征。

少校向野马飞行员们强调：如果与德军战斗机正面对决，一定要坚持到底，不能转头避让。一位飞行员怯生生地发问："如果德国人也不避让的话，那怎么办呢？" 布莱克斯利少校耸耸肩："那你就赚到人身保险赔偿金啦，小鬼。"在他的带领下，第354战斗机大队的所有P-51B顺利完成了当天的任务，只有一架飞机被高射炮火击伤。

5天之后，第354战斗机大队执行了第二次作战任务，护送B-17轰炸机群袭击法国亚眠地区，整段航程风平浪静，德国战斗机没有出现，所有P-51B均安全返回基地。

不过，在12月11日护送轰炸机袭击德国滨海小镇埃姆登的第三次任务则遭遇到德国战斗机的拦截。也许由于第354战斗机大队的飞行员缺乏经验，德国空军也是第一次和P-51B这种新型野马战斗机交手，当天的空战双方均没有取得战果。在任务的尾声，有一架P-51B因机械故障未能返回博克斯特德机场。

其实，欧洲上空的远程护航任务远非美国战斗机对德国战斗机、美国飞行员对德国飞行员那么简单。对美国陆航的战斗机飞行员来说，护航任务的战区远在千里之外的敌占区上空。在与敌人交手之前，他们必须身处战斗机狭小的座舱内、随时留意各种仪表的不同读数、分析判断飞机的运行状态、及时进行操控以保持在编队中的位置……在数万英尺高空的低温环境下反复进行这一系列操作，时间长达数个小时，飞行员的体力和精神均要经受巨大的损耗。

为了体验前线飞行员的艰辛，北美公司的罗伯特·切尔顿曾经驾驶野马进行过一次模拟远程飞行任务。他事后说："在飞机没油之前，我就已经完全累趴下了。我在那里(座舱内)坐了7个半小时。这真是可怕。我从凤凰城飞到棕榈泉市的滑雪场，模拟一场前往柏林的任务。在圣贾辛托上空3万英尺，我和自己来了一次缠斗，无聊地上下翻飞了5分钟，再爬升回3万英尺……在1架飞机里呆7个半小时是一件残忍的事情。"

有老牌试飞员罗伯特·切尔顿的经历作为对比，我们便能知晓野马战斗机在欧洲上空获得的胜利是何等来之不易。

12月13日，第354战斗机大队执行了接收P-51B之后航程最远的一次任务——和第55战斗机大队的P-38一起护送B-17机群轰炸基尔运河地区。这天任务的目标区远离基地480英里，几乎达到挂载75加仑副油箱条件下作战半径的极限，这对于一个接收新飞机仅仅1个月的部队来说意味着巨大的挑战。在任务当中，格伦·伊格尔斯通中尉和华莱士·艾默中尉的双机分队发现下方3000英尺高度有一架落单的Bf 110战斗机。伊格尔斯通中尉飞离分队向下俯冲，进入敌机背后的攻击位置。野马战斗机的第一个点射没有击中Bf 110，反而招致对方后座机枪手的疯狂反击，但第二个点射之后，敌机的后座机枪便从此悄无声息。伊格尔斯通在作战报告中写道：

"当我再次进入攻击位置时，在敌机后

呼啸长空 P-51战机传奇

方偏上的300码距离打了一个短点射。我把Bf 110的右侧发动机干掉了，它被火焰包围，大块碎片飞出。我在极近的距离转弯飞开，在第四次开火时机枪却全部卡弹了。我只能转弯脱离战场。"

有飞行员看到这架Bf 110的右侧发动机拖曳着火焰，用单台发动机支撑着向一片云层下方小角度俯冲。由于Bf 110无法确认坠毁，伊格尔斯通中尉只能将这架敌机列为可能击落的成绩。不过，这天的战斗代表着灰背隼动力野马在欧洲战场上传奇故事的开始，德国飞行员开始了时间长达18个月的噩梦。

12月16日，第354战斗机大队再次深入德国本土，掩护轰炸机袭击不来梅。在这场任务中，P-51B取得了欧洲上空的第一次空战胜

■ 欧文·西曼中校（右），从珍珠港事件开始便投入反法西斯战争第一线的老战士。

利——一架Bf 110战斗机被第355战斗机中队的查尔斯·戈姆中尉击落。戈姆中尉在任务记录中是这样叙述的：

"我和塔尔博特中尉正向第一组轰炸机的护航位置爬升，这时看到了4架Bf 109从第二组轰炸机的后方接近，于是就转向跟在敌机背后爬升。在400码距离上，两架敌机发现了我们，向左脱离编队冲下来。我们接近了另外两架敌机，我把飞机位置稍稍向后拉，以便掩护塔尔博特中尉的后方，但他惊动了自己的目标，对方向左转弯俯冲脱离。

我快接近自己咬住的那架敌机了，它还在向轰炸机群径直飞去。塔尔博特中尉把他的座机向上拉起朝右机动，以保护我的尾

■ 查尔斯·戈姆中尉，他也是第一位野马王牌飞行员。

第四章　P-51在欧洲战场

■ 第354战斗机大队的P-51B，飞机已经加装了气泡状座舱盖。

部。接近到100码距离后，我打了一个2秒钟的点射，但没有看到一颗子弹打中。我拉近到60码距离，打出3秒钟的点射，看到一股细细的烟迹从引擎罩右边冒了出来。我把距离逼得更近，猛烈开火后拉起脱离，野马被敌机喷出的大团烟雾、油迹和碎片洗刷了一遍。我转头瞥了一眼，看到敌机向左边掉了下去，引擎罩右边冒出大团大团的烟雾。我搜寻塔尔博特中尉的座机，看到他在追赶一架Bf 109，背后跟上了另1架敌机。我冲向塔尔博特中尉背后的那架Bf 109，2架敌机马上垂直俯冲逃跑，于是我们重新回到轰炸机编队的周围。"

但是，第354战斗机大队也付出了自己的代价，第353战斗机中队的指挥官欧文·西曼中校在北海上空失踪，没有留下任何信息。4天

之后，第354战斗机中队重返不来梅地区，德国空军派出挂载空对空火箭弹的Bf 110战斗机升空拦截，结果被击落4架。这天有3架P-51B未能返回基地，但实际上无人目击在空战过程中有任何1架野马被击落——Bf 110战斗机和灰背隼动力野马之间的性能差距实在太远，因而这3架损失被认定为因机械故障所引发。

到1943年12月31日，第354战斗机大队一共执行了10次作战任务，耗时四到五小时的远程护航任务对于飞行员们来说已经是家常便饭，这对于其他单座战斗机部队来说实在难以想象。

在6个星期时间内，第354战斗机大队逐渐熟悉了P-51B的战斗性能，击落8架敌机，但灰背隼动力野马逐渐暴露出种种设计上的不成熟之处——该部队在这段时间内损失的8架P-51B大部分由于机械故障引起。

面对野马战斗机在欧洲战场不甚理想的开局，博克斯特德机场的地勤人员开始了忙碌的工作。氧气消耗过高和润滑系统凝结的问题很快得到了处理。高空环境下乙二醇冷却剂的泄漏问题对飞机来说是一个致命隐患，一旦灰背隼发动机失去冷却系统的调理，将很快过热以致停转，飞行员面对这样的条件只有跳伞逃生一途，经过努力，地勤

人员将泄漏故障的几率降低到最低限度。对于灰背隼发动机的火花塞沉积问题，经过多方试验后地勤人员发现可以通过在地面使发动机以最大功率反复运转15分钟的方式得到解决。由于机枪安装方式特殊，P-51B在高G机动后往往出现卡弹事故，飞行员对此极为不满；由于P-51B的固定武器只有4挺机枪，一旦卡弹便意味着威力下降25%；为了避免卡弹，飞机只好尽可能在平飞状态下射击，极大阻碍了空战性能发挥。在北美公司对飞机设计做出整改之前，欧洲战场的地勤人员只得加大维护力度以减小机枪卡弹故障的可能性。

时间进入1944年，第354战斗机大队对P-51B的运用开始得心应手。1月5日，该部队迎来了对德国空军的第一场大战。在第八轰炸机司令部的B-17机群袭击基尔港的途中，德国空军的Bf 110和Fw 190战斗机升空拦截。第354战斗机大队一举击落18架敌机，而自身无一损失！

第八战斗机司令部指挥官威廉·凯普纳少将看到了灰背隼野马战斗机蕴藏着的巨大潜力，他声称P-51B"绝对是我们能得到的最好的战斗机，它们即将成为唯一令人满意的答案"。

同时，野马部队的护航策略也在发生变化。在先前的护航任务中，所有野马飞行员被要求在轰炸机编队附近保持贴身护卫，这极大妨碍了护航战斗机战术的发挥。事实上，在3年前的不列颠之战当中，德国空军轰炸机群就吃了类似战术的亏。1月6日，轰炸东京任务的传奇人物詹姆斯·杜立特将军执掌第八航空军，他迅速清除了施加在护航战斗机之上的条条框框。野马飞行员不再随时保持近距离护航，只要有机会，他们可以随时出击，在轰炸机群的前方清剿一切有可能对轰炸任务带来威胁的德军战机。从此，欧洲大陆的空战局势变得焕然一新，野马战斗机的潜力完全释放出来。

1月11日，第354战斗机大队出动44架P-51B掩护B-17机群轰炸阿舍斯莱本的飞机制造工厂，并连续遭遇数批德国空军战斗机的拦截。这次，美国陆航飞行员们证明了他们的胜利不仅仅是一两次好运气这么简单：第354战斗机大队干净漂亮地取得了15∶0的空战胜利，另有击伤16架敌机和8架可能击落的记录。

这天的战斗还涌现出一位野马战斗英雄——第356战斗机中队的指挥官詹姆斯·霍华德少校。这位未来的空军准将出生在广东的一个传教士家庭之中，在中国度过了14年的童年时光。当陈纳德将军组织起抗击日本侵略军的飞虎队之时，詹姆斯·霍华德义无反顾地投身其中，并在56次战斗任务中击落6架日军战机——对于这段历史，詹姆斯·霍华德在战后出版的自传《虎之怒吼》中做了生动的记述。

在飞虎队解散之后，詹姆斯·霍华德加入美国陆航，转战英伦三岛。在获得美国陆航序列号为43-6315的P-51B-5NA作为座机后，

第四章　P-51在欧洲战场

■ 战斗结束后，第354战斗机大队的地勤人员和飞行员一起研究GQ★E号P-51B的机械故障。

詹姆斯·霍华德自豪地在引擎罩上喷涂上中国老百姓对飞虎队的赞誉——"Ding Hao"（顶好！）以及记录空战胜利次数的6面日军太阳旗。对于1月11日的空战，霍华德少校是这样回忆的：

"轰炸机编队通过目标区之后我们遇到了第一次拦截，分成各个野马小队来对付敌军战斗机。我开始和自己的小队在一起，在第一次交手过后陷入了混战，我们被分开了。当我重新拉起到轰炸机的飞行高度时，发现自己孤身一人，处在轰炸机群的前方编队附近。我看到一个B-17编队情况不对劲，正在被6架单引擎和双引擎战斗机围攻。这个编队大约有20架轰炸机，组成了紧密的阵形，因而敌军战机采用分散攻击的方式。

我干掉的第一架敌机是双发的夜间战斗机。我从后方向它冲过去，给了它几个点射，看着它坠毁。在地面积雪的映衬下，这架飞机的轮廓很突出地显现出来。我想我们当时应该位于马格德堡的上空，我看着这家伙拖着浓烟和火焰往下坠落，一直栽到地面上。

我再次拉起高度后不久，看到一架福克－沃尔夫战斗机在我下面转圈子。它发现我之后拉起到太阳方向。我给了它一梭子，差点撞上它抛开的座舱盖。我看到飞行员爬出座舱跳伞。

然后我开始转弯，想试着加入到其他的野马战斗机队列中。这时候，我看到1架Bf 109在我前下方几百码开外的位置。几乎与此同时，它觉察到了我的动作并收紧了油门，

■ 战斗归来，地勤人员正在检查"顶好！"上的弹痕。

呼啸长空　P-51战机传奇

想让我收不住脚冲到它前面去。这是个老把戏了，它在我下方高度飞起了剪式机动，不过我把油门收紧，和它一起同时飞剪式。我们因此开始了转圈缠斗，机动性最好的一方将取得胜利。

我把襟翼放下20度，开始切入它的转弯半径里头。敌机马上退出缠斗往下俯冲，我跟着它追了下去。我咬住了它的尾巴，在300到400码的距离打了几个长点射。我打中了几发子弹，但没有看到它坠落到地面。

我再次爬升，看到1架Bf 109和1架野马在并排飞行。那架P-51看到我从后方接近后掉头飞走，Bf 109开始转弯。我记不起来是否击中了敌机，一切都发生得太快了，以至于事后无法理清楚先后顺序。我从未像轰炸机组那样同时面对30或40架敌机。我咬上1架，就给它一梭子，然后拉起再来一次。这里有太多的敌机在周围活动，我所要做的只是持续射击。我从来没有停下手来，我只是看到了自己的职责所在，并履行它而已。

我又爬升到轰炸机的高度，盯上了1架Bf 110。我向它开火射击，看到弹着点遍布机身。它翻滚转成肚皮朝天，我能看到白色的蒸汽和黑色浓烟喷涌而出。B-17的机组成员

■ 画家笔下詹姆斯·霍华德少校驾驶"顶好！"孤身奋战的艺术图。

说他们肯定看到这架飞机坠毁了，不过我想这可能是敌机装备的某种发烟装置，用以伪装成受损冒烟的假象。

我再次爬升，飞近一个看起来急切需要帮助的轰炸机编队。几乎就在同时，我看到又一架梅赛施米特战斗机准备对轰炸机群动手，它们通常从侧面发动进攻，这1架也不例外。当我抓住它的时候，我们两架飞机距离轰炸机群都非常近了。我打出一个点射，看到它冒出黑烟，朝向地面垂直冲下。

这时候，我看到每一个轰炸机编队都被拦截机缠上了，但它们大部分距离我太远。

我只能选择最有可能的目标，在它接近轰炸机编队之前冲下去拦截。每一次俯冲过后，我都会重新爬升到轰炸机群的高度寻找下一个准备攻击的敌军目标。我就这样不断地上上下下，对着拦截机俯冲再拉起。有时候我没有开枪，但能够给敌机造成足够的威慑把它们驱赶开。

在我的第一个回合交手中，飞机的全部4挺机枪同时开火；在第三回合，飞机有2挺机枪失灵；从第四个回合开始，我的飞机只剩下1挺能用的机枪了。靠着这挺机枪，我继续进行了两到三次这种俯冲－攻击－爬升的战术。我附近没有友军战斗机的原因是它们已经被调配到其他轰炸机编队周围，很难估计这场战斗中投入的敌军兵力，但是我看到的所有轰炸机编队周围都有战斗在打响。

我们原计划在轰炸机编队周围给予1个小时左右时间的护卫，现在已经超过了这个时间。不过，我还在节俭地使用最后1挺机枪剩余的弹药，爬升到轰炸机编队的左侧位置。这时我看到1架梅赛施米特战斗机就要从编队右方下手，就从现在的位置向它俯冲过去。靠这1挺机枪，我把子弹射进它的机身全体。它翻了个身，侧滑规避。德国飞行员以为靠这个侧滑机动就能把我甩掉，转进了一个45度的俯冲当中，我跟着它冲了下去，一直开火。

在我重新获取高度的同时，我看到了1架道尼尔Do-217。我想它可能是要跟在我们的'大朋友'后面发射空对空火箭弹。我不得不尽早动手，但在我能够俯冲到射程之内时，它已经转弯飞走，我没能打出一发子弹。没过多久，我们就不得不返回基地了。降落之后，我发现飞机几乎完好无损，除了左侧机翼上的一个弹孔，我实在想不起来是在什么时候挨上这一枪的。

如果我们派出更多的飞机，这天的战果会更加丰硕。我们只是严重缺乏保护轰炸机编队的战斗机。不过，只要将手头的兵力运用得当，我相信我们能够打出漂亮的一仗。德国人是优秀的战士，你得把他们的飞机打成蜂窝才能击落，不像日本飞机那样一中枪就完蛋。日本飞行员的枪法也不够好，不过他们比德国人要警觉得多。日本人在空战中混编不同的战斗机，采用多种队形，因而很难将这里的空战与太平洋上空进行比较。这里进行着世界上最大规模的空中攻势作战，与之相比，陈纳德带我们打的仗只能算小打小闹。"

在这天的战斗中，霍华德少校孤身一人面对30余架敌机，在机枪只剩1挺的险恶处境之下仍能无所畏惧地护卫轰炸机编队的安全。为此，轰炸机部队的指挥官在安全返航之后，向第八航空军司令部发去电报，盛赞这位孤胆英雄的壮举。霍华德少校因而赢得了美国军人的最高荣誉——国会荣誉勋章。战后，霍华德少校在接受采访时坦然地说道："这只是轮到我去做这件事而已……每架轰炸机之中有10名机组成员，除了我以外没有其他人能够保护他们。"

呼啸长空 P-51战机传奇

进入1月下旬,第354战斗机大队似乎沾染上了霉运:先是在1月24日的战斗中损失了包括353战斗机中队指挥官罗伯特·普里斯尔在内的2架野马,随后又在2月8日的出击中损失3架飞机。这两次战斗的成绩惨不忍睹:仅仅击伤1架敌机,另有1架可能击落的记录。克莱顿·格罗斯中尉是这样回忆起当年德军高超的战术的:

"1944年2月8日,我们保护1个轰炸机大队袭击法兰克福,一路上没有发现德国空军的活动,极其不情愿地掉头返航,这时候我们一发子弹都没有打。在飞行过程中,我们的这些'大朋友'散落成双机分队。我和托尼·拉多吉特斯中尉便顺势加入了吉姆·达格里奇中尉率领的分队。

飞了30分钟之后,我们看到了下方2000

■ 霍华德少校在"顶好!"的座舱中。

■ 卡尔·斯帕兹将军(左)为詹姆斯·霍华德少校授予国会荣誉勋章。

英尺的云层上方映衬出1架孤零零的Bf 109的轮廓。达格里奇和我抢着冲了下去想抓住它,但敌机钻到了云层里头。我们很失望,重新把飞机拉起来,盯着那块云层等着敌机飞出来。我们爬升了几千英尺之后,它出现了;我们再次冲下去,它又躲进去了。我们再次爬升,虽然不想再冲一次,但还是把目光聚焦在云层顶端。我不经意地看了一眼位于左边的达格里奇分队,顿时大吃一惊:4架Fw 190正从他的后方扑了上来。我呼叫他们向左避让,这样我们可以咬住追击敌机的尾巴。当他们开始机动的时候,达格里奇的僚机被狠狠地打中,慢慢掉队(他最后被击落)。我呼叫托尼跟上我,向左急转弯咬住尾追达格里奇的Fw 190。但是托尼没有回答,我向身后迅速瞥了一眼,看到托尼不见了,又有4架Fw 190追着我的后背猛烈开火。我记得当时内心给达格里奇默默地祝福,把飞机从左转弯拉到向右急转,拉杆飞向2000英尺那片能够躲藏的云层。

我在云层当中向下飞,不知道下面有什么在等着我。我记得冲出云层而没有撞上任何东西时,机翼下的地面看起来是这样的美好。当我改平之后,把节流阀打满到作战紧急功率,因为我感觉整个德国空军正在我屁股后面紧追不放。我把飞机高度降低,足以能够用螺旋桨割草,然后踏上回家的路途。

在飞往英国途中,我看到正前方有一列火车开过。不需要任何机动,我在接近火车之前开火打了一通。我记得飞过火车前的心情。我知道自己有可能被打下来,心想:"嘿,他们一定会气得发疯的!"

继续飞了几分钟,我看到底下的马路上有1辆卡车,上面涂有德军标志,所以我就把它干掉了。这时候我再次有点担心如果自己被抓到会有什么后果。

在飞到英吉利海峡之前,我又发现了几个目标,每次都忍不住打上几枪,每次同样的念头又多多少少浮现在脑海里。忽然间,从座舱的高度,我看到正前方横亘着密密麻麻的高压电线。我本来可以拉杆飞过电线上面的,但想了想还是算了。我硬从电线中间闯了过去,只听见一声巨大的爆炸,不过飞机还是好端端地在空中飞。降落之后,我才发现电线把我的座舱盖打裂了,机腹进气口被刮掉,裸露在外面的散热器插着一根两英尺半长的铜缆,此外飞机的翼尖也被刮掉一块。

此外,我在基地上空盘旋等待降落时才想起节流阀还放在打满的位置——发动机以作战紧急功率运转了45分钟,而不是额定的5分钟!加上这起挂电线的事故,今天的任务

■ 克莱顿·格罗斯中尉。

只能用奇迹来形容。"

格罗斯中尉切身体会到了野马战斗机的体格并非传说中的那般脆弱，但两个分队的僚机均在任务中损失。

经历了挫折之后，第354战斗机大队很快恢复了昂扬的斗志。在2月10日前往布伦瑞克地区的护航任务中，该部队击落8架敌机。然而，友军的1架P-47战斗机把格伦·伊格尔斯通中尉的座机看成了Bf 109。虽然P-51B机身和机翼上均绘制有明显的识别条纹，求战心切的雷电飞行员仍然莽撞地扣动了扳机。8挺12.7毫米机枪同时开火，雨点一般的子弹贯穿了野马的机身。伊格尔斯通中尉身负重伤，坚持将滑油开始泄漏的座机飞过英吉利海峡并跳伞逃生。如果那位雷电飞行员没有及早意识到错误而继续开火，第九航空军将失去他们这位总成绩达到18.5架击落纪录的头号王牌。事后，第354战斗机大队向第八航空军司令部发去多封信件，使其召集了旗下的战斗机部队，突击进行各型战机识别的训练课程。

2月11日，第354战斗机大队护送B-17机群轰炸戒备森严的法兰克福，并一举击落14架敌机。此时，第354战斗机大队已经拥有4名王牌飞行员。不过，这天的任务中有两架P-51B未能返回基地，包括大队长肯尼思·马丁上校的座机——它和一架Bf 109对头相撞后坠毁，马丁上校生死不明。

很显然，仅仅一支第354战斗机大队无法大幅减少第八航空军的轰炸机损失率。从1944年的第一个星期开始，第八轰炸机司令部加大了出击力度，同时也导致重型轰炸机的损失居高不下。例如，在1月11日那次对阿舍斯莱本的作战任务中，虽然护航战斗机大队战果丰硕，但起飞升空的238架轰炸机却有60架没有返回基地，损失率超过四分之一！但战局并没有因此得到一刻暂缓，为了使得未来的欧洲登陆计划更加万无一失，美国陆航在1944年初的首要任务是打垮德国空军。"在空中、在地面、在工厂，无论何时何地，一旦发现敌人空中力量，即将其摧毁"——这是美国陆航司令官阿诺德将军发往前线各部队的新年动员令。

第二支灰背隼动力野马部队——第357战斗机大队终于在欧洲战场露面。和第354战斗机大队一样，该部队同样被分配到第九航空军。这个机会第八航空军自然不会放过，不过这次他们用装备了P-47战斗机、更适合对地攻击任务的第358战斗机大队与第九航空军进行了交换。1月31日，两支部队交换了驻地，由此在新的岗位获得了最合适的战斗部署，双方相得益彰、皆大欢喜。第357战斗机大队的飞行员有相当比例参与了先前第354战斗机大队的作战，具备一定的经验。2月11日，在老前辈詹姆斯·霍华德少校的带领下，第357战斗机大队的野马机群从新驻地雷斯顿起飞，在海峡对岸进行了第一次空中扫荡任务。

1月11日的护航任务证明德国空军仍然是致命的敌人，而第八航空军的"争论行动"将从根本上摧毁德国空军的力量源泉——飞

第四章 P-51在欧洲战场

■ 1944年1月29日,地勤人员端坐在75加仑副油箱之上观看第354战斗机大队指挥官乔治·比科尔降落。注意地面上放置副油箱的木架形状。

机制造厂。对于这场持续一个星期规模空前的空中打击,后人更多地将其称之为"大轰炸周"。

1944年2月20日,"大轰炸周"拉开帷幕。第八航空军的矛头对准了莱比锡、图托、哈尔伯施塔特、布伦瑞克和哥达地区的德军工业设施。941架重型轰炸机和835架护航战斗机的庞大编队遮天蔽日,浩浩荡荡地越过英吉利海峡。第354战斗机大队由升迁至中校的詹姆斯·霍华德带领,伴随轰炸机群飞向莱比锡地区。在往返1100英里的护航过程中,野马机群击落16架敌机,自身无一损失。其他兄弟部队的战果同样出色,在当天护航战斗机群的严密护卫之下,只有21架B-17和B-24轰炸机没有返回基地,战损率不到3%。

第354大队加入欧洲战区之后,便开始和其他兄弟部队展开暗暗的较量。它们最强劲的对手是休伯特·泽姆克上校领导的第56战斗机大队。这支老牌部队从P-47出厂的那一刻起便伴随着这款凶猛而又强悍的战斗机共同磨炼成长,在投入战场86天之后,第56战斗机大队的击落纪录在1943年夏天突破了100架。半年之后,第354战斗机大队以更为迅猛的速度追赶上来。2月21日是"大轰炸周"的第二天,也是第354战斗机大队投入战场的第83天。在清晨从博克斯特德机场升空之时,该部队拥有92次空战胜利的成绩;到这天傍晚,最后一架P-51B降落在机场跑道上之时,这个数字上升到103——小伙子们胜过了第56战斗机大队的破百击落速度!第二天,第354战斗机大队再接再厉,在阿舍斯莱本上空的护航任务中取得13次空战胜利。

2月22日,第八航空军的打击目标集中在德国中部的飞机制造厂,驻扎在意大利的第十五航空军将在同一时间段内出击,轰炸德国南部的梅赛施米特工厂。深入敌国境内的作战任务无异于虎口拔牙,任何一个细小的差错都有可能引发不可收拾的惨重后果,而对于第八航空军来说,这一天的战斗的确

163

不够走运。当天清晨,英伦三岛上空密布着厚重的云层,恶劣的能见度使若干重型轰炸机在爬升阶段发生相互碰撞、机毁人亡的事故。由于天气原因,轰炸机部队无法如任务安排在英国东部空域集结队伍,各个大队的轰炸机群散落在广袤的空域中。第二和第三轰炸师的轰炸机部队被迫放弃任务,掉头返回基地。只有第一轰炸师的轰炸机群集结起队伍,飞往海峡对岸。对于它们的行动,德国的海岸警戒雷达系统在第一时间向战斗机部队发出了警报。

轰炸机群越过德国边境之后,超过100架的德国战斗机便蜂拥而至。在往日的战斗中,德军战斗机部队通常将它们的防御力量集中在重点轰炸目标附近,然而它们在2月22日改变了策略,将战火在西部边境早早点燃。德国人的冒险取得了成功,当升空拦截的战斗机逼近轰炸机群之时,它们发现附近只有零星的P-47战斗机在伴随飞行——按照原定计划,野马战斗机部队要到轰炸机群抵达目标区上空后方可与之会合!无所顾忌的德国飞行员展开了一次又一次的血腥屠杀,从莱茵兰地区到哈尔茨山的德国原野上散落着45架重型轰炸机的残骸。在这天出击的430架B-17和B-24轰炸机之中,只有99架在目标区上空投下了炸弹,战果为两个目标受到损害。相比之下,第十五航空军的运气要稍好一些,它们成功轰炸了雷根斯堡地区的梅赛施米特工厂,在德国空军的猛烈反击之下只损失了14架轰炸机。

1944年2月的最后一个星期,第三支野马

■(上)第357战斗机大队的P-51B-5NA,注意只有最近的1架野马装备有马科姆座舱盖。

■(下)第354战斗机大队的地勤人员正在给摄影师展示穿过P-51B座舱盖的弹孔。1944年2月22日,在汉诺威上空的交战中,德国战斗机射出的子弹从这里打穿了罗伯特·韦尔登中尉的飞行服,但飞行员安然无恙。

第四章 P-51在欧洲战场

■ 树梢高度的疯狂追逐。两架第354战斗机大队的P-51B正在围剿1架Bf 110，右侧发动机被击中后冒出火焰，德国战斗机很快坠落在雪地之上。

部队——驻扎在里文霍尔机场的第363战斗机大队达到可以作战的状态，它参加了最后一天的"大轰炸周"行动。2月25日，德国上空天气晴好，第八航空军派出超过800架重型轰炸机，兵分两路直取德国西部和南部的飞机制造厂。此时的德国空军已经疲态尽显，无法同时应对两波攻击。经过权衡，德军决定集中力量进攻南线的轰炸机群——这又是一个正确的选择，第八航空军在南线投入了176架轰炸机，护航兵力严重不足，被德国空军击落了其中的33架。第八航空军的西线兵力则获得了三支P-51大队的掩护，但仍在零星敌机和高射炮火的双重夹击下被击落31架。以损失64架轰炸机的代价，第八航空军在"大轰炸周"的最后一天重创了梅赛施米特工厂。

不过，德国的航空工业没有受到决定性的打击，相反，在1944年夏季，德国的飞机制造厂迎来了第二次世界大战的生产最高峰——每个月交付2000架战机。"大轰炸周"行动的真正战果是消耗了德国空军的有生力量。从1944年1月到4月，德国空军在防空作战中损失了超过1000名飞行员。只要第八航空军每一次发动大规模空袭作战，就有平均50名德国飞行员从各部队的名单上消失，而德国空军是完全无力承受这种损失速度的。

不可否认的是，在"大轰炸周"的作战当中，美国陆航的P-47战斗机是护航兵力的主力。不过，如果对比一下各型战机的数量以

165

呼啸长空　P-51战机传奇

日期	型号	数量	战果
2月20日	P-38	94	7
	P-47	668	38
	P-51	73	16
	P-51所占比例	9%	26%
2月21日	P-38	69	0
	P-47	542	19
	P-51	68	14
	P-51所占比例	10%	42%
2月22日	P-38	67	1
	P-47	535	39
	P-51	57	19
	P-51所占比例	9%	32%
2月23日			
2月24日	P-38	70	1
	P-47	609	31
	P-51	88	6
	P-51所占比例	11%	16%
2月25日	P-38	73	1
	P-47	687	13
	P-51	139	12
	P-51所占比例	15%	46%

及战果，我们会发现P-51作为护航战斗机具备更高的效率。

在德国空军无可奈何地忍受人员伤亡的同时，欧洲战场上的野马部队的力量在日益壮大。1944年2月14日，3架P-51B降落在戴伯登机场，这意味着唐纳德·布莱克斯利的第4战斗机大队开始用野马战斗机换装原先使用的P-47D。到3月，第4战斗机大队旗下的第334、335和336中队宣布换装完毕，随时可以投入实战。事实上，大部分飞行员只在野马上完成了一个小时的体验飞行，但这足以使他们对这架新飞机充满信心。

1944年3月3日，这对于第八航空军来说将是一个历史性的时刻——重型轰炸机部队将在护航战斗机的掩护下直捣纳粹德国的大本营，在柏林上空投下炸弹。

在空中勇士的眼中，能够在袍泽之前突破重重防线、率先袭击敌国首都，是一种可遇而不可求的荣耀。因而，所有飞行员均争先恐后地参加第一次轰炸柏林的任务，即便第八航空军的最高指挥官——詹姆斯·杜立特将军也无法免俗。这位传奇人物曾经带队完成史诗般的"东京上空三十秒"奇袭，随后在地中海战区掌管第十二航空军时，杜立特又于1943年7月19日亲自率领500架战机展开对意大利首都罗马的第一次轰炸任务。当袭击德国首都的时机成熟之后，杜立特再次燃烧起战斗的激情——这位48岁的老战士决定参与第一次轰炸柏林的任务，并亲自驾驶1架P-51战斗机，率领1架僚机以及身后的轰炸机

■ 驾驶P-51D飞行的詹姆斯·杜立特将军。赋予护航战斗机部队主动出击权利的命令被他视为个人在二战中最重要的一个决断。

群,一马当先飞入柏林上空!杜立特将军渴望能为第一名率领轰炸机部队在三个轴心国首都上空投下炸弹的指挥官。遗憾的是,以掌握过多最高机密——尤其是盟军在西欧登陆计划的细节为由,美国陆航高层在最后时刻下令杜立特不得参与轰炸柏林的任务。

在3月3日这天,布莱克斯利率领第4战斗机大队升空集结,伴随着轰炸机群飞往德国。748架重型轰炸机的庞大编队飞至德国北部的石勒苏益格-荷尔斯泰因地区时,接到了发自后方的命令:"目标区上空气候不理想,放弃任务。" 不过,第55战斗机大队的P-38没有接收到返航的无线电信号,飞行员径直驾机闯入德国首都上空,因而带队的杰克·詹金斯中校成为第一位驾驶美国战斗机飞临柏林上空的美国陆航飞行员。

同样没有收到返航信号的还包括第4战斗机大队的9架野马,飞行员驾机在柏林和汉堡之间的集合点盘旋良久,发现等来的不是自己要保护的"大朋友",而是多达80架的德国战斗机!在唐·简提尔上尉的带领下,小伙子们投下飞机副油箱冲入敌机群,以损失1架野马的代价击落8架敌机后,杀开一条血路撤离战场。然而,归家的路途并非一帆风顺。欧洲大陆的高空天气恶劣,将野马机群逼至高射炮火密集的低空飞行。在高速穿过一个法国小镇上空时,1发高射炮弹击中了佛蒙特·加里森中尉的野马,这位来自肯塔基州的王牌飞行员明白自己的飞机马上就要坠毁了,随即沉着地打开无线电话筒,向战友

互道珍重,然后抛开座舱盖跳伞逃生。加里森中尉在战俘营中度过了第二次世界大战的剩余时光,并将在以后成为喷气机王牌飞行员。

3月4日,美国陆航不挠不屈地继续柏林轰炸任务,第九航空军为此拨出了5个战斗机大队进行支援,总共770架护航战斗机掩护500架重型轰炸机卷土重来。坏天气再一次捉弄了美国陆航飞行员,只有29架轰炸机抵达柏林上空投下炸弹,伴随着它们的是第354、第357以及唐纳德·布莱克斯利率领的第4战斗机大队。透过云层之间的缝隙,野马飞行员们第一次看到了柏林街道上的残垣断壁,随后德军战机呼啸而来,空战在第三帝国首都上空打响了。布莱克斯利很快咬上1架Bf 109,在它的正后方稳稳当当地扣动扳机,4挺12.7毫米机枪却哑口无言——和所有P-51B面临一样的问题,机枪不合时宜地卡弹了!怒火中烧的布莱克斯利把节流阀一推,加速飞到Bf 109的旁侧,向德国飞行员恶狠狠地比了个手势——"机枪哑火了,今天算你走运!"大难不死的德国人朝着布莱克斯利咧嘴一笑,挥挥手后随即掉转机头心花怒放地逃之夭夭。在这一天,布莱克斯利得到的唯一安慰便是成为驾驶野马飞临柏林上空的第一名陆航飞行员。

与此同时,其他护航部队在荷兰地区附近陷入苦战,共有23架战斗机损失。第九航空军的第363战斗机大队无疑是这天任务中运气最糟糕的一支部队,它们派出的48架野马

呼啸长空　P-51战机传奇

■ 唐·简提尔上尉和"香格里拉"号P-51B在一起，驾驶舱周围的铁十字符号将在未来增加到30枚（23架空中击落战果，7架地面击毁战果）。但在1944年4月13日，唐·简提尔上尉完成任务，胜利归来之时，在机场上空的胜利滚转动作失误，"香格里拉"迫降后损坏。

己方损失60架轰炸机和11架护航战斗机，它们也打下了德国空军的80架战斗机，占总数的百分之四十之多。其中野马部队的表现依然光彩夺目：第354战斗大队以损失1架的代价击落9架敌机；参战仅有1个月的第357战斗大队击落20架敌机，自身无一损失！第4战斗机大队也打出了17比0的完胜成绩。霍华德·海夫莱上校的野马如影随形地咬住

在汉堡附近遭遇厚重的云层，编队被驱散。有两个中队遭受了德国空军第1战斗机联队大批Bf 109的伏击，有11架野马未能返回基地，战果仅为击落1架敌机。这是野马部队在欧洲空战中吃到的最大一场败仗，陆航飞行员们明白他们的对手依然不可轻视。

3月6日，美国陆航发动了第三次柏林轰炸任务。德国空军在这天的任务中采用了新的战术：以3支战斗机大队组成、总数达60至80架的联队规模发起拦截，其中2个大队负责对付护航战斗机，其余的1个大队直取轰炸机群。与此同时，德国空军的Bf 109G战斗机已经逐步换装大马力的DB-605AS引擎，相比以前型号提升了高空性能。不过，这一天的美国陆航还是没有让对手占到多少便宜，虽然

1架Bf 109的背后，并跟随其俯冲至低空，一路上连连开火，直至敌机坠地。为此，海夫莱上校在当天的作战报告中评价野马战斗机"转弯、爬升、俯冲、速度均胜过梅赛施米特Bf 109"。

海夫莱上校的观点不一定能够真实反映两型飞机之间的对比，这通常会根据作战环境的变化有所区别：在远道而来消耗掉机身内大量燃料之后，野马战斗机的重量大为减轻，爬升性能的确有可能胜过欧洲上空该指标的王者——Bf 109，因为这些德国战斗机往往刚从本土机场起飞，正处在满负荷的最大重量状态。

不过，灰背隼动力野马的速度和俯冲性能的确毫无争议地胜出同时代的Bf 109。这天

第四章　P-51在欧洲战场

的战斗中，约翰·戈弗雷中尉驾驶野马追杀1架Bf 109，并一路俯冲至低空。面对地面上扑面而来的茂密树丛，两名飞行员均在最后关头竭力向后拉动驾驶杆，要使飞机改平拉起。最后，戈弗雷中尉的座机在树梢之上掠过，而德国战斗机则被树枝削掉了一侧机翼，翻着斤斗坠毁在树丛中。

第二天，第354战斗机大队的飞行员收到了一份意外的礼物——德方广播的一条信息：

"我刚刚完成一个医院的访问，去见我的老朋友，一位战斗机飞行员。我看到我的朋友坐在床上，满面笑容。他告诉我，他收到命令拦截侵入这个国家上空的美国轰炸机。在他接近目标时，忽然发现1架敌机从1英里之外对头飞来。他驾驶的是Bf 109战斗机，对方是一架野马。他没有转头避让，2架飞机枪炮齐发越打越近，最后径直相撞。我们的德国飞行员解开安全带，跳出驾驶舱，拉动降落伞开降绳回到地面上，只断了一条胳膊。

我于是去拜访了(美方的)马丁上校，他正卧床不起。他在这个早上刚刚把左手的石膏绷带取下，开始恢复训练僵硬的手指。他现在的伤势只剩下骨折的左腿，依旧包裹着石膏绷带。"

原来，肯尼思·马丁上校在2月11日的相撞事故中四肢受到重伤，仍设法打开降落伞跳伞逃生。落入敌军手中后，马丁上校被送到附近的德军医院治疗，正如广播所叙述，他的病友包括相撞事故中的那位德国飞行员。知道老领导脱离生命危险之后，第354战斗机大队的小伙子们无不长出一口气。最后，马丁上校在战俘营中等到了第二次世界大战结束。

在1944年3月中，无论是B-17上的机枪手

■ 野马部队中最令人敬畏的一个双机分队，照片拍摄于1944年春天，约翰·戈弗雷中尉（左）担任唐·简提尔上尉（右）的僚机。他们都在空中和地面消灭了30架以上敌机。

呼啸长空　P-51战机传奇

■ 休息室中，第352战斗机大队的飞行员正在等待升空作战的命令。有人在写信，有人在闲逛，注意黑板上的雷电战斗机。

还是护航的野马飞行员均清楚地看到德国空军的实力已经今不如昔。在3月8日的柏林轰炸任务中，590架轰炸机和801架护航战斗机并肩作战，摧毁了数个重要的军用工厂，而损失下降到37架轰炸机和17架护航战斗机。这天的行动参与者包括刚刚替换掉雷电的第352战斗机大队，该部队的野马战斗机在引擎罩前方和顶端涂上了漂亮的蓝色，因而得名"蓝鼻子坏蛋"。在布伦瑞克上空，第352战斗机大队遭遇了超过100架德军战斗机。它们排成15到20架规模的编队，齐齐扑向美国陆航的轰炸机编队，野马机群立即分散成多个双机分队迎击敌军，卡尔·鲁希克中尉挑中了一队敌机，带领僚机奥纳安中尉追杀到3000英尺高度，随后目标丢失。鲁希克中尉将飞机改平后，奥纳安中尉报告说："头顶有1架Bf 109。"鲁希克中尉看不到僚机的身影，他于是告诉奥纳安中尉要多加小心，他会尽力掩护。对接下来的战斗，鲁希克中尉是这样回忆的：

"在追逐中，我看到6架Fw 190从头左侧飞过，直冲轰炸机群，因此我马上掉头加入

■ 任务简报室中，野马飞行员正在听取情报官对当天任务的讲解。

它们的六重奏。

在300码距离，我向距离最近的，也是敌机编队末尾的1架Fw 190打出多个短点射。我看到许多子弹打在驾驶舱和机身上，敌机脱离了编队，翻转成肚皮朝天后飞行员跳伞。过了一会儿，我看到被奥纳安中尉追杀的那架敌机的飞行员也跳伞了。

这群Fw 190的指挥官很明显看到了我，他的编队掉转头来，其中一架开始向我射击。这很快变成一场猫捉老鼠的游戏，所有的飞机都在转圈子。转着转着，我想办法咬上了其中1架Fw 190的尾巴，打了两个点射。我肯定没有1颗子弹打中，但德国飞行员很明显被吓到了，因为接下来我马上看到他的飞机被拉进了尾旋，栽到地上爆炸。

我飞离了圈子，琢磨着能不能找点其他的飞机来打一打。这时候远处出现1架飞机，我不能确定它是敌是友，于是就飞过去看个究竟。在飞到它背后25码距离时，我认出这是1架敌机，就打了一梭子弹。接着我的飞机因为速度快，就冲到了敌机的旁边肩并肩地飞行。德国飞行员看了看我，我瞪了回去。他一定是被打怕了，因为我看到座舱盖被抛开，飞行员跳了出去。

这几回合交手都是在3000英尺以下高度展开的，事实上，我击落的第三架敌机是在200英尺高度。我开始爬升，戴维斯上尉和奥纳安中尉的飞机靠过来。我们3架飞机一起向轰炸机群爬升，它们刚刚在布伦瑞克上空投下了炸弹。当我们爬升不到2000英尺时，看到左侧有25架左右的敌机穿越云层，以紧密队形降低高度。我们立刻转弯追杀，跟着它们穿过云层。我发现自己的飞机刚好来到1架Fw 190背后，它的侧后方有1架Bf 109在跟着。很明显，2架飞机都没有看到我，于是我先向Bf 109打了一个非常成功的连射，子弹打中了飞机的机翼、机身和垂尾。Bf 109燃起大火，直直冲下地面。

Fw 190继续飞行，根本没有意识到它的僚机发生了什么事情。对我来说，这真是一个完美的靶子。我连续击中了敌机的左侧机翼、发动机和驾驶舱，它立刻急转坠毁。"

短短几分钟之内，卡尔·鲁希克中尉一举击落5架敌机，成为第352战斗机大队第一名"一日王牌"。同时，在这场换装野马战斗机后的第一场大仗中，"蓝鼻子坏蛋"们一举击落了27架德国战斗机，因而第352战斗机大队获得了总统单位嘉奖的荣誉。

两个星期之后，美国陆航飞行员们惊奇地发现德国上空几乎波澜不兴，669架重型轰炸机如入无人之境直闯柏林。只有12架轰炸机在行动中损失，其中大部分为高射炮火击落。在3月，唐纳德·布莱克斯利的第4战斗机大队一共击落156架德国空军战斗机。

在德国南线，防空力量同样遭受持续的重创。3月16日，美国陆航对奥格斯堡发动空袭，德国空军拼凑出43架Bf 110升空拦截。它们发射的火箭弹击落了5架轰炸机，但自身却被护航战斗机击落26架。事实证明Bf 110在新型美国战斗机面前毫无还手之力，它们不得不从昼间防空部队中撤出，由更先进的Me 410战斗机取而代之。

1944年春天过后，第八航空军内有5支战斗机大队换装了P-51B/C，大部分在4月投入实战。随着自身实力的增强以及德国空军的进一步崩溃，野马部队在保证完成护航职责的同时开始尝试新的任务——对地攻击。这个尝试起源于第九航空军，第354战斗机大队的野马战斗机在3月26日挂载两枚500磅炸弹升空作战，袭击了法国克里尔的铁路货运编组站以及临近的机场跑道。4月5日，第4和第355战斗机大队扫荡了柏林和慕尼黑地区的德军机场，摧毁了43架停放在地面的战机，并在空中击落10架敌机。三天之后，唐纳德·布莱克斯利带领第4战斗机大队刷新了欧洲战场的单天战果——以损失4架野马为代价击落31架德军战斗机。

1944年晚春时节，更先进的喷气式战斗机即将成规模投入战斗，德国空军依然不可避免地走向溃败：多年以来的东西两线战争耗尽了德国飞行员的大部分精华。在最后的防空作战当中，德国空军只能依靠硕果仅存的少量老手飞行员带领缺乏实战经验的新兵机群向万米高空的轰炸机群发起冲锋。在装备、数量、经验、士气均占据优势的盟军护航战斗机飞行员眼中，这些年轻的德国人和猎人枪口前的野鸭没什么两样——他们只能等待着一个一个地被击落，心中充斥着无尽的恐惧和绝望。同时，第三帝国的领空已经不再安全，后备飞行员在学习训练课程中随时都有可能招致盟军护航战斗机的大肆屠杀。对于本来已经人丁匮乏的德国空军来说，这更是釜底抽薪的残酷打击。

不过，偶尔也有莽撞的德国新手飞行员尝试依靠俯冲和爬升机动来击败野马战斗机，其后果可以参照第4战斗机大队的约瑟夫·兰中尉在1944年5月24日的作战报告：

"在抵达集合点后不久，我看到在上方5000至6000英尺的12点位置有20架左右的德国飞机向轰炸机群爬升。我们投下了副油箱，爬升追击它们。有些敌人发现了我们，以半滚倒转机动跑掉了。几架Fw 190想绕到

■ 第4战斗机大队的尖子飞行员詹姆斯·古德森少校，他在空中和地面各击毁了15架敌机。

第四章　P-51在欧洲战场

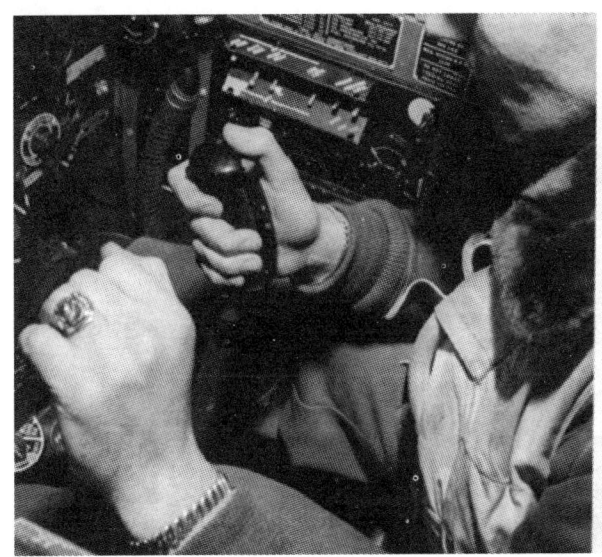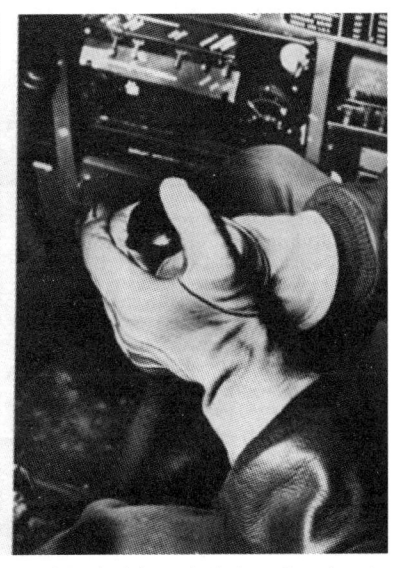

■ 第4战斗机大队的老战士们非常喜爱他们在参战初期驾驶的喷火战斗机，在装备野马之后，他们特意将飞机的操纵杆按照英国皇家空军的式样进行改装。机枪射击扳机位于操纵杆顶端、投掷炸弹/副油箱的按钮位于操纵杆前端。这点与野马战斗机的规格完全相反。在这里，唐·简提尔上尉（左）展示了他的操纵风格：左手控制节流阀，右手控制操纵杆。该部队的另外一名高偏转角射击大师杜安·比森的习惯则完全不同，他用双手稳稳控制住操纵杆，左手大拇指放置在机枪扳机之上。

我们背后包抄，不过很快又放弃了。我带着编队飞到4架Bf 109的正后方，看到有架野马在其中1架敌机面前拉起，它被痛揍了一顿，冒着烟雾和火焰，开始掉高度。我向1架Bf 109开火射击，它立即俯冲逃跑。在35000英尺高度，敌机垂直向下俯冲。我追上开火，击中了敌机的右侧翼根和机身，并连续打了两次。在大部分时间里，敌机在不停地滚转。到18000英尺高度时，我注意到飞机表速达到650至675英里/小时。敌机开始燃烧，随后右翼被扯掉。

我在2500英尺高度把飞机改平，透过破碎的云层，看到1架Fw 190正紧贴地表飞行，就冲下去追它。当我距离敌机300码距离时，我查看后方敌情，结果发现有6架Fw 190咬住了我的6点位置。我转弯对付它们，结果又撞上了一群Fw190，数量有25架之多。

这时出现了第三批20多架Fw 190，把我搞得手忙脚乱。当我意识到不能再和它们纠缠下去时，我把飞机马力全开，爬升脱离。它们跟了上来，轮流向我射击。有几架飞机在我周围爬升，想给我一个对头攻击。我终于爬上了18000英尺的云层，甩掉了它们。大概有15到20架Fw 190跟着我爬升到云层高度。我相信野马能够在爬升对决中胜过任何德国飞机。"

在1944年夏天之前，野马战斗机使反击的战火烧到了第三帝国全境，同时重型轰炸机部队的损失在逐次减小。此时，散落在英伦三岛原野中的各个营地中，成千上万的陆军官兵展开紧张的训练,他们即将展开规模空前的欧洲登陆作战,在其前方,是一马当先的陆航空中力量,他们已从德国空军手中夺得了西欧大陆的制空权。

地中海以及巴尔干战区

1943年5月,北美公司出厂的A-36A被运往法属摩洛哥,装备隶属西北非航空军第十二空中支援司令部的第27和第86战斗轰炸机大队。在这一时期,同属地中海战区的第111战术侦察中队装备有若干P-51,英国皇家空军的第1437战略侦察小队也使用野马Ⅱ执行航拍照片任务。

1943年6月6日,盟军对西西里岛与突尼斯之间的军事要冲——潘泰莱利亚岛的进攻开始,第27战斗轰炸机大队在大队长约翰·史迪文森的带领下参与其中。盟军空中力量在这个32平方英里的小岛上投下数以千吨计的炸弹,意大利守军的斗志被完全摧毁,随即投降。6月20日,A-36A机群和其他盟军战机一起降落到岛上已经被炸得千疮百孔的跑道之上。这里将成为登陆西西里岛的前线基地。进入7月,第86战斗轰炸机大队投入战斗。35天之内,这两个野马大队起飞超过1000个架次执行战斗任务。在此期间,A-36A出色的对地支援任务——尤其是对敌军炮火阵地以及防御工事的精确打击赢得了盟军地面部队由衷的赞誉。

为保证盟军登陆行动的安全,第27和第86战斗轰炸机大队对西西里岛戈比尼机场及其卫星机场进行了重点打击,以遏制德国空军升空作战的可能。1943年7月9日,西西里岛登陆当天,一共有7个机场被野马部队炸至瘫痪。随后,A-36A的空袭目标转至敌军防御阵地以及后勤补给线路之上。7月16日,当利卡塔机场被盟军占领并得到迅速的修复后,2个大队的A-36A降落其上,以此为基地为美国第七军提供空中支援。

地中海战区的A-36A部队承担着比各战斗机大队更高的风险——进入俯冲动作后,地面高射炮兵往往能够正确估算出其轰炸航线,从而及早安排炮火打击。同时,为了使炸弹落点尽可能地密集,A-36A部队经常以四架飞机的纵队形式对同一个目标依次开始俯冲,这意味着如果地面炮火与第一架飞机失之交臂,它往往能击中纵队后方的飞机!此外,敌军的战斗机也是俯冲轰炸机部队的可怕杀手。7月1日至18日期间,第27和第86战斗轰炸机大队一共损失了20架A-36A,这足以说明俯冲轰炸任务的残酷。

野马部队在西西里岛登陆战役之中,还负责切断敌军的后勤供应。A-36A编队经常沿着岛上铁路线飞行,寻找行进中的货运列车并加以打击,这时列车之上的意大利人往往非常配合陆航的行动。一次,一队A-36A在截获1列货运列车之后,沿着铁路线与列车平行低空飞行。飞行员们看到列车立即将速度减慢直至停下,列车长从车内探出身,朝空中疯狂地挥舞手臂,随后跳离列车,迅速躲藏

第四章 P-51在欧洲战场

■ 第111战术侦察中队装备的P-51。

■ 1943年，突尼斯，第27战斗轰炸机大队的A-36A。

在安全区域之内。随后，野马飞行员便从容不迫地将停止不动的列车完全摧毁。随着轴心国集团的节节败退，西西里岛上的老百姓开始张开双臂迎接盟军的到来——野马飞行员贴近地表超低空飞行时，经常看到原野上的农民向他们挥手致意，并用手势指示出隐藏在树丛中的德军火力点方位！

到7月底，西西里岛上的敌军抵抗越发猛烈。7月31日，盟军地面部队被4门重炮构成的阵地阻挡所压制，第27战斗轰炸机大队的12架A-36A为此升空支援。地面部队向第27战斗轰炸机大队的指挥官提供了一份标注有重炮阵地方位的地图，飞行员倚靠地图的指引飞临目标区上空。在反复盘旋三次之后，指挥官无法发现重炮阵地的任何蛛丝马迹——敌军已经将其紧密地隐藏起来。最后，指挥官只得根据地图标注直接进行俯冲，带队把炸弹全部倾泻而下。在A-36A返航的途中，无线电接收机中传来了来自陆军的感谢——4门重炮已经被干净利落地摧毁！

8月4日，为协助在特洛伊那遭到猛烈抵抗的地面部队，第27和第86战斗轰炸机部队出动72架A-36A，对敌军阵地投下大量500磅炸弹。一天之后，盟军随即顺利占领特洛伊那。

随后，2个A-36A大队受命支援美国第7军对圣佛雷泰洛山的军事行动。敌军在悬崖之上构建了坚固的火力点，给美国地面部队造成极大的损失。为此，第27和第86战斗轰炸机部队对圣佛雷泰洛山高地的敌军阵地进行了长达13个半小时的反复轰炸，并为地面目标的移动和部署释放烟雾进行掩护。8月8日，美国第七军终于占领了圣佛雷泰洛山。

9月上旬，美军对意大利本土的登陆行动开始，第27和第86战斗轰炸机部队参与了对萨来诺的渡海攻击。在登陆部队的头顶上

呼啸长空　P-51战机传奇

方,每架A-36A均能保持30分钟以上的留空时间以提供最及时和精确的空中支援,这是盟军任何一种其他轻型战斗机所无法实现的。

随着盟军阵线的开拓,2个A-36A部队陆续转移至意大利本土刚刚被夺取的机场,这意味着战线往往便在咫尺之遥。9月17日,第86战斗轰炸机大队进驻塞勒河地区的机场之后立即接到通知:机场前方一个烟草工厂的厂房之中有150名以上的德国炮兵在活动,重炮火力阻挡了英国第10军的前进,野马部队应立即将其摧毁。下午13时,第一个野马中队起飞升空,沿着塞勒河折返飞行以获取高度,随后回转至机场上空,再转向南方沿着河边公路飞至烟草工厂上空。A-36A机群依次进入俯冲航线,500磅炸弹如暴风骤雨一般倾泻而下。与此同时,在不远的机场跑道之上,第86战斗轰炸机大队的地勤人员正在饶有兴味地观看轰炸全过程,他们有幸目睹了自己在15分钟前为飞机挂载上的炸弹是如何落在敌人头顶上的。当天下午和第二天

■ 1943年12月20日,第27战斗轰炸机大队的A-36A正在给意大利战场的前线地面部队空投食物。

凌晨,第86战斗轰炸机大队发动了两次后续俯冲轰炸行动。随后,英国第10军平安无事地开进了烟草工厂,发现厂房已经被炸为齑粉,在废墟之中发现了12门88毫米大炮的残

■ 地中海前线的A-36A。

第四章　P-51在欧洲战场

■ 意大利战场，1架第86战斗轰炸机大队的A-36A。注意引擎罩前端的两个击落标志，说明该部队的主要任务虽然是对地攻击，但飞行员们依然没有放过任何与敌军战机一决雌雄的机会。

骸以及100多具德军士兵的尸体。

在登陆作战展开之后，有一支盟军伞兵部队在敌军占领区内陷入困境，弹药和食品的消耗接近枯竭。为此，1个A-36A的四机小队奉命为这支部队空投补给品。与一般运输机部队的空投方式不同，这批补给品没有配备降落伞，而是被严密包裹，像炸弹一样挂载飞机的两翼之下。从机场起飞之后，由于气流的冲击，挂架上的补给品一直不停摇晃，严重影响了飞机的重心以及飞行员的操纵。抵达空投地点之前，野马飞行员压下操纵杆，将飞机控制在紧贴地表的高度飞行，随后按下投弹按钮。补给品从挂架上掉落后成功地承受了地面的冲击，食物和弹药完好无损地送到伞兵部队的手中，这次行动获得了完满的成功。

第86战斗轰炸机大队的温德尔·胡克少尉自从当上A-36A飞行员以来，一直对飞机的自封闭油箱性能非常怀疑。在一次任务中，胡克少尉驾机低空扫射敌军车队时，1枚20毫米口径炮弹自下而上贯穿飞机左侧机翼油箱。仪表板上的油量表当即飞速转动，数秒钟之后，燃油停止了泄漏。胡克少尉驾驶A-36A完成了100多英里的返航飞行，最后安全降落在基地跑道之上。从这一天开始，他对野马的自封闭油箱充满了信心。

A-36A在任务中很少与德军战斗机交手，飞行员被告知他们驾驶的飞机在高空很难和Bf 109级别的敌机相抗衡。一旦在空中被敌机拦截，A-36A应当将挂载的炸弹投下，俯冲至8000甚至5000英尺以下高度以获取最佳的作战环境。在罗马以南的一场遭遇战中，该战术使A-36A飞行员尝到了空战胜利的甜头。当时，8架野马正在以300英里/小时的速度紧贴地表飞行，一路对各种军用目标大开杀戒。当A-36A编队略微拉起以避开前方

呼啸长空 P-51战机传奇

的树丛之时——当时的飞行高度由此可见一斑——上方的3架Bf 109战斗机映入飞行员的眼帘。意识到在这个高度已方座机的性能将凌驾于德军战机之上，野马飞行员开始了猎杀行动，尤金·桑塔拉中尉战后是这样回忆这场遭遇的：

"那些梅赛施米特战斗机飞得也不算很高，但足以让我们在四分之一英里之外看到它们而不被察觉到。我们开始转弯，追着它们飞了5分钟，一直保持着低空飞行。当它们转弯准备降落在自己的机场上的时候，终于发现了我们。不过这已经太晚了，我们已经赶了上来。

由于在最前位置带领小队飞行，我凭借这个优势抢到了第一个猎物，那架梅赛施米特战斗机被打得凌空爆炸，碎片飞落到下面的跑道上。我的僚机詹姆斯·罗伯兹向他的目标打出一个短点射，随后向机场跑道上的一架He 111轰炸机开火，它马上就爆炸开来。"

罗伯特·艾伦中尉切入第二架Bf 109的转弯半径，将其干净利落地击毁。最后一架敌机此时陷入极度恐慌之中，它加大马力转弯脱离，朝向机场附近的山区飞去，身后是紧追不舍的野马机群。德国飞行员成功地躲过了最初几次射击，但最后依然不可避免地被A-36A追上，它的轮廓将野马驾驶舱内的瞄准镜满满占据。此时已经无需浪费子弹，一个简单的短点射便将Bf 109轻松击落。

低空战斗准则最为成功的运用发生在第27战斗轰炸机大队的迈克尔·鲁索身上。1943年12月30日，鲁索中尉带领12架A-36A的编队轰炸罗马的铁路货运编组站时遭到16架Bf 109的拦截。当时，野马编队位于14000英尺的中空飞行，鲁索中尉当即带领战友俯冲到8000英尺以下的高度，与德军战斗机展开针锋相对的近距离缠斗。在这个高度，A-36A是Bf 109飞行员极其不情愿看到的对手。德国战斗机编队被完全打散，鲁索中尉本人在这场厮杀中击落1架敌机，并最终成为第二次世界大战中唯一的艾利森动力野马王牌飞行员——从1943年9月13日至这天的战斗，鲁索中尉总共击落了1架菲施勒公司制造的"白鹳"联络机、1架Ju 52运输机、1架Bf 109战斗机以及2架Fw 190战斗机。

进入1944年，野马飞行员们开始感觉

■ 迈克尔·鲁索中尉，唯一的A-36A王牌飞行员。

第四章　P-51在欧洲战场

到德军的地面防空炮火愈加强烈,他们在战斗中的损失与日俱增,但飞机的补充却悲哀地成为不可能的任务——早在11个月以前北美公司便已完成A-36A的交货任务,转而生产P-51A及其后续的灰背隼动力野马。第27和第86战斗轰炸机部队全部堪用的飞机仅够组成3到4个战斗机中队的规模,指挥官们不得不逐步限制俯冲轰炸任务的次数,开始为部队安排扫射和滑翔轰炸任务——其精度无法与俯冲轰炸相比,但却更为安全——以降低飞机损耗的速度。雪上加霜的是,为了弥补第111战术侦察中队的P-51损失,第27战斗轰炸机大队被迫向其转交部分A-36A。到1944年1月,该部队事实上已经没有1架A-36A,只得转而装备性能较为逊色的寇蒂斯P-40战斗机。

其余的A-36A集中至第86战斗轰炸机大队继续战斗,并最终在1944年7月被P-47D战斗机替换,转入野马部队作为训练机使用。A-36A从此彻底退出了地中海战区的第一线作战,但其卓越的性能在前线将士的心中铭刻下深深的印记,第十二航空军司令官约翰·肯尼思·坎农中将便是其最忠实的拥戴者——在大部分时间里,这位年过五旬的老将军使用1架A-36A作为自己的专用座机!

与英伦三岛的第八航空军类似,在1943年11月1日成军的第十五航空军的主要使命为从南线对轴心国占领区进行战略轰炸。1944年初,与英伦三岛的第八航空军相呼应,第十五航空军也为削减德国空军实力安排了多次大规模出击。同时,该部队的任务还包

■ 这架A-36A执行了63次作战任务后,在意大利战场低空扫射目标时掠过1辆爆炸的弹药车上空,被四溅的弹片严重炸伤。幸运的是,它安然无恙地把飞行员带回了基地。

括切断从巴尔干地区向亚平宁半岛的交通线路，阻止轴心国向意大利战场投放增援力量。在这条线路的东侧尽头，保加利亚首都索非亚是整个东南欧地区轴心国后勤系统的中心枢纽，为此它在两个月中遭受六次大规模空袭。

1月16日，第十五航空军的B-17轰炸机向奥地利境内克拉根福特市的梅赛施米特制造厂进行了空中打击。1月30日，轰炸机群摧毁了意大利东北部的多个重要机场，杜绝了来自巴尔干地区的轴心国轰炸机群以此为落脚点对安齐奥滩头的盟军发动进攻的可能。

在这段时间内，第十五航空军的重型轰炸机群聚集在意大利南部福贾市区周围的机场群之中。从这里出发，B-17轰炸机群可以将南欧的大部分军事目标纳入自己的作战半径之内。在1944年以前，第十五航空军的护航兵力主要为P-38和P-47战斗机。不过，航程更远，更适合护航任务的P-51D开始在这个战场崭露头角。

第31和第52战斗机大队属于较早派驻到意大利战场的野马部队，其后改为使用英国的喷火Ⅴ战斗机。1944年4月，这两支部队均开始换装最先进的P-51D战斗机；到同年6月，第325战斗机大队和全部由黑人组成的第332战斗机大队进行了类似的换装。这四个大队构成第十五航空军编制内主要的野马部队。

1944年4月17日，第31战斗机大队执行该单位第一次作战任务，掩护轰炸机群袭击罗马尼亚的图尔努－塞韦林地区，但没有遭遇敌军的抵抗。4月21日，第31战斗机大队上演了新型野马战机在地中海战区的揭幕战，P-51D机群将掩护B-24轰炸机袭击罗马尼亚普罗耶什蒂地区具有重要战略意义的炼油厂。按照作战计划，巡航速度较慢的轰炸机群首发升空，飞向目标区；护航战斗机群随后在集合点与轰炸机群会合，将其护送至目标区并完成返航过程。第31战斗机大队的P-51D飞近布加勒斯特地区的集合点之后，发现B-24轰炸机群正在遭受多达60架敌军战斗机围攻。借助太阳光的掩护，第31战斗机大队向敌机发动迅雷不及掩耳的突袭，并一口气击落17架敌机，击伤10架，并有7架可能击落的记录。在轴心国战斗机群落败逃窜之时，第31战斗机大队只损失了两架P-51D。鉴于在这天的任务中表现突出，第31战斗机大队被赋予了卓越单位表彰的荣誉。

6月，第325战斗机大队获得了第一批参与"狂人行动"的荣誉——护送轰炸机群执行从意大利到苏联之间的穿梭轰炸任务。"狂人行动"是到目前为止第十五航空军的最高机密，它将使轰炸机群能够打击以往作战半径之外的目标。按照盟军高层的构想：执行穿梭轰炸任务的陆航部队从意大利起飞，对选定的轴心国目标进行第一轮空袭后，飞往苏联境内的机场降落；补充弹药和燃料之后，再折返目标区轰炸，最后返回意大利基地。穿梭轰炸的另一个目标是使本来已经捉襟见肘的轴心国防空力量进一步分

第四章　P-51在欧洲战场

■ P-51战斗机的黑人飞行员。

散，以至无法集中力量应对欧洲战区的战略轰炸攻势。穿梭轰炸任务的协商从上一年11月便已经开始，但苏联方面要到1944年4月才同意美军战机使用自己的机场。而且，美方没有得到预想中的6个机场支持，苏联只同意提供3个机场，全部位于乌克兰加盟共和国首都基辅周边的废墟当中——其中只有波尔塔瓦机场具备支持重型轰炸机部队的完整运作能力，米尔哥罗德机场能容纳部分轰炸机，而皮里亚京机场的大小仅够起降战斗机。四五月间，美国工程师和地勤人员辗转来到苏联，开始为穿梭轰炸任务准备各种辅助设施。到这年夏天，"狂人行动"终于可以打响了。

根据第325战斗机大队任务指挥官查特·施鲁德上校的描述，第一次穿梭轰炸任务的过程是这样的：

"那是1944年6月2日的早晨，我们起飞了64架P-51与轰炸机会合，要把它们一直掩护到俄国境内。我没有拿到过哪怕一张正式的地图，只能用三张地图拼起来凑合着用，它们的比例尺不同，色彩标识也大不一样。当我认出第聂伯河的轮廓后，带队离开轰炸机群飞往乌克兰的皮里亚京机场，轰炸机则降落在波尔塔瓦机场和米尔哥罗德机场。

乌克兰上空2000英尺，厚厚的云层笼罩了地面，这给我们的导航工作带来了麻烦，不过通过云层看到的地面景物非常清晰。俄国的这一地区平坦而且空旷，因此我决定严格根据罗盘指示飞行。皮里亚京应该有一个超短波定向电台来帮助我们找到机场跑道，但是我呼叫了几次，从来没有接收到一句回话。在维持了一段时间航向之后，我意识到已经飞过了机场，因此我们来了个180度转弯。几分钟后，我正在想会不会一直飞回第聂伯河边的基辅市时，我发现了地面上的一辆两吨半美制卡车，以及俄国人驾驶的一队P-39战斗机，马上毫不犹豫地跟着它们降落在皮里亚京机场。

我们受到了美国先遣队和俄国人的热烈欢迎。在他们的作战简报室里，我看到了一整套最新的空中导航地图，真可惜我们在意大利拿不到这些地图。"

呼啸长空　P-51战机传奇

6月6日，正当盟军地面部队猛烈冲击法国诺曼底滩头的同时，第325战斗机大队掩护B-17机群轰炸罗马尼亚东部港口城市加拉茨。有16架敌军战斗机升空拦截，被P-51D机群击落6架，第325战斗机大队自身有2架飞机损失。

也许由于拥有驾驶喷火战斗机的经验，第52战斗机大队很快熟悉了飞行性能类似的P-51D战斗机。在6月9日前往慕尼黑地区的战斗中，该部队的黄尾巴P-51D拯救了被德军战斗机冲散、处在崩溃边缘的轰炸机编队，击退了敌军进攻并一举取得了14次空战胜利。到6月23日，该部队只消耗了35天的时间就将击落总成绩上升到102架，一举打破了第十五航空军的记录，这个速度几乎三倍于英伦三岛的王牌——第56和第354战斗机大队！与之相比，该部队的损失率只有德军对手的5%。

第52战斗机大队的头号王牌是詹姆斯·瓦尼尔上尉，他在7月9日打了一场漂亮仗。当

■ 第325战斗机大队的P-51D在飞行中，尾翼上的棋盘格涂装为该部队的一大特色。

时，瓦尼尔上尉正和队友一起掩护轰炸机群前往普罗耶什蒂炼油厂，他的中队负责最上层的顶部防御。当看到超过50架Bf 109战斗机开始向轰炸机编队俯冲之时，瓦尼尔上尉推动操纵杆向下杀去，并干净利落地击落了德军编队末尾的战斗机。瓦尼尔将飞机转弯拉起以重新获得高度优势，并观察周围情况，很快在右侧发现了一个猎物。数个点射之后，瓦尼尔上尉在目标区上空获得了当天第二次空战胜利。在高射炮火的密集弹道之中，敌机冒着浓烟和轰炸机群的重磅炸弹一起落在普罗耶什蒂的地面上。

为避开地面防空炮火，瓦尼尔上尉以一个快速的180度转弯机动脱离了目标区，同时又幸运地发现了第三架Bf 109。在第一个

■ 第325战斗机大队的战士们与苏联军人的联欢。

第四章 P-51在欧洲战场

回合攻击过后，敌机开始冒出浓烟，冷却剂从引擎罩内喷溅而出，但还在垂死挣扎。瓦尼尔上尉通过急转机动重新回到攻击位置之上，一个短点射打出之后，子弹全部准确地射入敌机尾部将其击落。"我百分之一百地确认击落成绩"，瓦尼尔上尉在当天的任务报告中声称，"我目睹了3架敌机坠毁"。

在8月4日击落1架Ju 52运输机之后，瓦尼尔上尉被送回国内训练新手飞行员，从此和地中海的前线战场告别。瓦尼尔上尉一共取得了17次空战胜利，在第二次世界大战的野马王牌榜单中位列第十。这个成绩看似不甚突出，但只要检视一下全部击落记录的日期，人们便会惊奇地发现瓦尼尔上尉击落17架敌机只花费了10个星期不到的时间！很难想象如果瓦尼尔上尉在地中海战场继续奋战至第二年的胜利之日，他的P-51D机身上还会添加多少击落标记。

■第325战斗机大队的野马机群正在掩护B-17轰炸德国南部。

1944年7月，正当P-51D在第十五航空军受到越来越多的褒奖之时，一个不起眼的缺陷开始引起了飞行员的注意：在高空飞行时，机腹散热器的排气口控制系统有时会出现失灵的状况；这会使排气口被强制闭合至最小，造成发动机过热甚至停车的事故。经过反复试验，第325战斗机大队的机械师给飞机安装上一套弹簧机关，帮助飞行员在控制系统失灵的条件下手动打开散热器排气口。发动机过热的问题从此不复存在，飞行员对P-51D的运用更为纯熟，这在7月17日的战斗中表现得淋漓尽致。当时，在前往维也纳的护航任务途中，三架Bf 109中队企图插入轰炸机编队之内进行偷袭，斯坦利·德吉尔、霍雷斯·舍尔夫和埃德温·威廉斯中尉当即驾机俯冲而下拦截。"我们每个人的瞄准镜里都咬住了一架德国飞机"，威廉斯中尉回忆道，"中间那架梅赛施米特战斗机看到我们从后方杀过去，马上惊慌

■第52战斗机大队的P-51D在飞行中。

呼啸长空 P-51战机传奇

■ 第31战斗机大队的地勤人员正在给P-51B更换轮胎。飞机的襟翼处在完全放下的位置，右侧起落架用支架撑起。

地采取机动规避攻击。它将机腹翻滚朝上，在左右两架飞机之间俯冲而下，它的机翼碰到了自己的两个同伴。当即三架飞机撞到一起碰撞坠毁，满天都是发动机、机翼和机尾的碎片"。短短几秒钟之内，第325战斗机大队便在成绩单上增添了3架敌机，而自己的3名中尉飞行员甚至还没有来得及开枪射击！

7月22日，第31战斗机大队重返普罗耶什蒂，这次P-51D机群掩护的对象是第82战斗机大队挂载重磅炸弹轰炸炼油设备的P-38战斗机。在普罗耶什蒂炼油厂受到重创的同时，P-51D机群四散到周边地区，扫射轴心国的军用机场。炸弹全部投下之后，P-38战斗机已经无需护航支持——这种负荷能力超强的双引擎战斗机本身就具备优秀的空战能力。根据任务安排，两支战斗机群继续向东飞行，在乌克兰的皮里亚京机场降落，通过穿梭轰炸的战术干扰德军的防空兵力部署。

经过两天的修整，7月25日，第31战斗机大队的35架P-51D掩护P-38机群向西飞去，这天的目标是波兰米莱兹地区的德军机场。P-38机群在2000至3000英尺的低空飞行，而P-51D巡航的高度要高出5000英尺，以提供顶部掩护。对P-38飞行员来说，这次任务可谓波澜不惊，他们发射的20毫米机关炮弹将米莱兹机场打得千疮百孔。在扫射任务完成后，两队飞机脱离接触各自飞回皮里亚京机场。下午13时45分，P-51机群与一队德军战机不期而遇，包括36架挂载炸弹飞往苏联前线的Ju 87俯冲轰炸机、4架运输机和1架侦察机。在最新锐的P-51D型战斗机面前，速度慢、机动性差、自卫火力弱的Ju 87完全就是一群待宰的羔羊。短短几分钟之内，第31战斗机大队完成了一场随心所欲的大屠杀，27架德国飞机的残骸散布在东欧辽阔的原野之上。这天的战斗导致了德国空军一支俯冲轰炸机联队的解体，第31战斗机大队将为此第二次获得卓越单位表彰的荣誉。7月26日，野马机群护送

P-38踏上返回意大利基地的航程。路过布加勒斯特地区时，第31战斗机大队再次得到一次绝佳的作战机会，一举击落10架敌机。在为期四天的穿梭护航任务结束后，第31战斗机大队一共取得了37次空战胜利的成绩，同时自身无一损失！

1944年8月，对轴心国燃料生产系统的战略轰炸进入高潮阶段。8月18日，第31战斗机大队的罗伯特·格贝尔中尉参加了掩护轰炸机群袭击普罗耶什蒂炼油厂的战斗，敌军拦截机和P-51D机群在目标区上空进行了一场昏天黑地的混战。忽然间，格贝尔中尉发现自己周围空无一人，身处炼油厂东南50英里处的低空，他在事后回忆起这段经历时说：

"巨大的烟柱标出了目标区的方位，我觉得到了该回家的时候了。我极其不愿意单机低空穿越目标区，因而决定保持烟柱位于我的右侧位置。我的发动机在运转时震动得很厉害，而且燃油看起来就要烧光了。虽然我不喜欢爬升时飞机必须保持的低速状态，但我还是觉得有一点高度总比在低空飞行来得要强。于是我慢慢爬升到5000英尺高度，来了个S形转弯以确保身后和下方没有敌人在追踪。我正要掉头返航的时候，听到砰的一声响，感觉机身颤抖了一下。

我立即使出最大力气操纵飞机急转弯，同时转头搜寻袭击者。啊，没错，有两架Bf 109杀过来了。我们缠在一起拼了两到三圈的转弯机动，正当我逐渐咬上它们的尾巴准备可以开火的时候，敌机立即滚转向下俯冲，一左一右保持500码距离。我盯上了左边的1架敌机，慢慢拉近距离，它们马上同时向左转弯。我不能跟着它们一起转，因为我的飞机会夹在2架敌机中间，被身后的德国人当移动靶子来打。我只能滚转脱离，敌机又恢复了先前的队形。我开始琢磨要怎样下手才能不被另一架敌机咬上。我开始侧滑，再次接近左侧敌机的背后，不过这一回右侧的敌机转弯动作过快，以致从我正前方飞过，几乎给我一个90度偏转射击的机会。这时候我们都打满了节流阀，我知道这一次它如果掉转头对付我，会被甩下很远距离。我于是把攻击动作进行到底。

按下扳机之后，只有两挺机枪射击，这就是说我快要把子弹消耗光了。我们前方出现了一座小山坡，这时候前面的德国飞行员一定在回头看我，因为他的飞机径直撞到了山坡上面。幸运的是，这时候我正在开火射击，照相枪把敌机坠毁的整个过程记录了下来。

接下来的飞行就平安无事了，我再也没有看到第二架德国战斗机。不过，这场仗还是打得蛮有意思的。降落以后，我把飞机检查了个遍，看看到底在哪里挨了子弹，结果只在引擎罩顶端找到一个小凹痕，看起来一点都不像是子弹打的。我现在一直在想，当时是不是发动机过热后产生了爆震，恰好让我提高了警觉……"

1944年8月底，普罗耶什蒂炼油厂被苏联红军攻克。第十五航空军的野马部队得以从护航任务中解放出来，帮助苏联地面部队夺取巴尔干地区的制空权。8月31日，第52战斗机大队的48架P-51D起飞升空，前往罗马尼亚雷京地区扫射敌军机场。3个中队的野马战斗机越过高山，以15000英尺高度飞越多瑙河。到达目标区上空后，2个中队俯冲而下，第三个中队保持在14000英尺高度巡逻以提供警戒。

10时05分，第一串12.7毫米口径机枪子弹从天而降，射入雷京机场的混凝土地面之中。敌军士兵完全没有料到机场会遭到野马战斗机的突袭，一个个尖叫着在跑道上四散奔跑，随即被机枪子弹无情地撂倒。P-51D在机场上空随心所欲地自由穿行，有的飞行员甚至驾机进行了12次反复扫射攻击！当第52战斗机大队重新整理队形踏上归途之时，只有4架P-51D损失，地面上留下了60架德军战机的残骸。

1944年秋天，巴尔干地区的战争局势发生逆转，在苏联红军的推进步伐中，轴心国集团内的罗马尼亚和保加利亚先后调转枪口，向德国宣战。此外，盘踞在希腊和爱琴海地区的轴心国力量也岌岌可危，东南欧的黎明曙光即将来临。

此时，第十五航空军的作战半径已经延伸到整个欧洲南部，在4个P-51D大队的支持下，重型轰炸机群能从意大利南部起飞，在意大利北部、法国、波兰、捷克斯洛伐克、奥地利境内投下炸弹。第十五航空军排名最高的王牌飞行员是第31战斗机大队的约翰·沃尔中尉，在战争结束时他总共取得21次空战的胜利。在沃尔中尉眼中，站在法西斯一边作战的意大利空军的马基MC 202是最为难缠的对手，这可以从他在1944年8月31日的作战简报中体现出来。在当天的护航任务之后，沃尔中尉在返航途中击落了两架Ju 52运输机，使自己的击落成绩上升到12架，随后心情舒畅地朝向基地飞行。忽然间，透过云层的空隙，沃尔中尉发现1架MC 202在独自飞行，便决定对其进行偷袭。驾驶着P-51D在

■ 第52战斗机大队的P-51D。

第四章　P-51在欧洲战场

■ 约翰·沃尔中尉的座机。

云层之间穿行,沃尔中尉没有将敌机时刻保持在自己视野之内,而是巧妙地依靠MC 202散布的蒸汽尾凝进行跟踪。在距离一点点拉近,即将进入12.7毫米口径机枪的射程之前,沃尔中尉朝自己的后方瞥了一眼,发现另一架MC 202正如幽灵一般跟在自己身后——意大利人早就发现了他!在转弯迎战之前,沃尔中尉迅速扣动扳机射击前方敌机。P-51D的每挺机枪只打了20发子弹的齐射,但那架敌机仿佛承受了数百发子弹一般碎片横飞,意大利飞行员打开座舱盖跳伞逃生。沃尔中尉正要与尾随的MC 202战斗机展开肉搏,第三架意大利战斗机加入了战斗。沃尔中尉发现P-51D的转弯性能要逊色于敌机,在一比二的劣势之下被打得几乎毫无还手之力。在危急关头,沃尔中尉驾机转入一块厚重的云层当中躲避,随后安全返回了基地。

同在第31战斗机大队并拥有13架击落纪录的吉姆·布鲁克斯上尉也领教过该型意大利战斗机的敏捷性能。在一场任务中,布鲁克斯上尉看到野马编队的右上方有10架敌机正在快速接近,随即呼叫编队指挥官下令转向

■ 第31战斗机大队的P-51D在飞行中,照片上的签名为驾驶员约翰·尼尔森。

呼啸长空　P-51战机传奇

■ 第31战斗机大队换装的P-51D，这架飞机取得了11次空战胜利。

迎击。不幸的是，布鲁克斯的无线电通信设备失灵，指挥官没有收到他的信息。布鲁克斯上尉很快发现自己单枪匹马地处在敌军的包围当中。他在事后说：

"它们当中有Bf 109、Fw 190、MC 202以及另外1架看起来很像Bf 109的意大利飞机。它们处在如此巨大的数量优势之下，以至于1架Fw 190放下起落架冲我飞来。我不知道它为什么要这么做。Fw 190对头直冲过来，不停开火射击。但对我来说，另外1架MC 202才更值得注意，它咬上了我的尾巴，和我玩起了转圈圈的游戏。马基战斗机的转弯半径比野马小，我们转了3圈之后，我知道转到第四或者第五圈它就会绕到我背后的射击位置。于是我来了个半滚倒转脱离战场，幸运的是敌机没有跟上来。"

虽然意大利法西斯空军的飞行员在P-38、P-47和喷火战斗机身上取得了不少战果，对盟军飞行员来说，它们仍然是一个较弱的对手。意大利飞行员经常和德国空军的盟友共同编队出击，他们对野马战斗机均抱有极高的警惕性，以至于德国空军第77战斗机联队的Bf 109G在1944年4月25日把一队友军的MC 202战斗机误认为野马，并一举击落其中2架。

进入1944年秋天，地中海地区和往年一样迎来了连绵的阴雨天气，将第十五航空军困扰在地面之上。当重型轰炸机群勉强争取到升空作战的机会时，它们发现德军的拦截机群同样也受到恶劣天气的影响，以致很少有机会交火。不过，德军战机依然拥有大规模升空拦截的实力，第31战斗机大队在1944年10月16日的战斗就是很好的例证。在这一天，乔治·巴克少校受命带领1个P-51D中队掩护轰炸机群当中的第三个B-17大队。在目标区上空，野马机群没有发现轰炸机部队的踪影，因此巴克少校带队进行180度的掉头飞行。在几分钟过后，巴克少校的视野中出现了轰炸机群，在B-17背后拖曳出的带状蒸汽尾凝之中，有一群黑压压的德军战斗机正在

迅速接近。巴克少校当即带队出击,他说:

"我们打了德国人一个措手不及,战斗只维持了8到10分钟,我们中队击落了10到12架战斗机,击伤的大概有一打之多。我一共击落了3架敌机,在收获最后一个战果时,我的飞机正处在敌机螺旋桨激起的气流当中,被掀了个肚皮朝天。我把飞机稳住,盯上另外1架Bf 109。扣动扳机之后,只有一挺机枪打响。我以为子弹耗光了,后来才发现是卡弹事故。战后我们检视了空战中拍摄的胶片,一共数出112架Bf 109,它们连B-17的边都没摸着。"

1944年12月22日下午,第31战斗机大队的尤金·迈克格劳夫林上尉和罗伊·斯格尔斯中尉在参与照相侦察任务时击落1架Me 262,取得了整个地中海战区第一个对喷气式飞机的空战胜利。

当时,P-51D机群在德国－奥地利边境小城帕绍西北15英里的空域飞行,迈克格劳夫林第一个发现喷气战斗机,他在回忆中说:

"忽然之间,我抬起头来看到左前方出现了1架陌生的飞机,于是发出了呼叫:'乔治,那是你吗?''见鬼,不是我',我马上听到叫声,'那是1架喷气机'。

我安排小队的其他成员保护侦察机,然后和僚机斯格尔斯中尉对付那架喷气机。我们两个人谁都不知道要怎样才能把它打下来。

德国人向下俯冲了三次,每回都拉起向左进行大半径爬升转弯。让我感到大吃一惊的是,我的野马在跟着喷气机俯冲时竟然能够争取到一定的速度优势。在第一个回合过后,我开始猜想它每次都会向拉起后左转弯,并开始利用这一点来对付它。

每一次它开始爬升后,我会切入它的转弯半径,因为野马在这一点上占优势。我能用一样的速度跟着它爬升,因而拉近了距离到800码之内。每次它出现在我的瞄准镜当中,我都会开火射击。我看不到有子弹打中的样子,也许是我们之间距离太远的原因。"

"我也跟着开枪了",斯格尔斯中尉说,"在它完成第三次爬升时,开始在28000英尺高度水平转弯,几乎冲着我对头飞来。在250码到300码距离,我以20度偏转角向它射击,看到了一侧机翼和发动机吊舱有红色的火光冒出。

它径直飞行了一会儿,开始俯冲。在5000英尺高度,飞机改平并开始冒烟,那是棕色的烟雾。飞行员打开座舱盖跳伞时,我们正俯冲到飞机的后方。有那么几次我看到速度超过了600英里/小时。当飞机降落之后,我的地勤人员指出机翼上的涂装变皱了,这就是说在俯冲时机翼受力稍微变形。那次俯冲把我的氧气系统甩坏了,如果敌机第四次拉起来,我就没办法跟上它了。

那真是1架非常漂亮的飞机,银色的蒙皮,流线的造型,机头、机尾和发动机短舱涂成黄色。"

尽管意识到Me 262的巨大性能优势,第

呼啸长空 P-51战机传奇

■ 意大利的冬天,地勤人员在冰雪中维护野马战斗机。

十五航空军的野马飞行员们依然渴望能够再次与其交手。到来年春天,这个愿望将成为现实。

进入到1945年,地中海沿岸的恶劣天气再一次遏制了第十五航空军的出击。同时,苏联的地面部队有如潮水一般横扫巴尔干半岛,中南欧地区值得打击的战略目标已经寥寥无几了。

1945年3月22日,第31战斗机大队在执行护航任务时再次击落1架Me 262,这个成果被威廉·迪拉德上尉所获得。

2天之后的清晨,第十五航空军的任务简报室中爆发出一阵欢呼声,野马飞行员们被告知这天的任务是护送轰炸机群袭击柏林。这次任务的往返航程将超过1500英里,意味着冗长而又疲劳的远程飞行。不过,地中海战区的野马飞行员们从来没有想到自己能够有机会直捣第三帝国的老巢,小伙子们一个个摩拳擦掌跃跃欲试。

战争将在5个星期之内结束,曾经主宰欧洲天空的德国空军已经奄奄一息,当天的大部分护航战斗机部队均没有接触到拦截机群,但第31和第332战斗机大队却与多架Me 262战斗机展开对决。利用野马战斗机俯冲速度和机动性的优势,这2个大队一共击落了8架Me 262。

第31战斗机大队取得了最后也是最辉煌的一次空战胜利:在护送轰炸机群袭击柏林的任务中,一举击落5架Me 262,这全部为第308战斗机中队的战果。威廉·迪拉德中尉紧追着自己的猎物从高空一直呼啸着冲向地面,敌机的左侧发动机被多次击中,开始冒出烟雾和火焰,最后翻转坠地,德国飞行员跳伞逃生。威廉·丹尼尔上校的一个远距离点射击

■ 第332战斗机大队的黑人飞行员,Me 262的击落战果足以证明他们是最优秀的战士。

中了1架Me 262，敌机当即进入快滚机动随后解体。威廉·怀尔德中尉准确地将子弹射入1架Me 262的引擎罩之内，大火一旦喷涌而出，德军飞行员便忙不迭地跳伞逃生。第308战斗机中队的另外两个空战胜利分别由肯尼思·史密斯中尉和雷·伦纳德中尉获得。

第332大队的罗斯科·布朗中尉在混战中被1架Me 262咬住了尾巴。先作出向一侧转弯的假象之后，布朗中尉操纵飞机向另一侧急转，操纵不灵活的Me 262一发收不住脚，冲到了野马战斗机前方。布朗中尉获得了绝佳的攻击机会，几个点射之后，德国飞行员跳伞逃生。

中队指挥官查尔斯·布兰特利追击着Me 262进入大角度俯冲，他射出的子弹全部击中敌机。在布兰特利改平拉起后，Me 262保持俯冲姿态撞击到地面之上。采用类似的战术，厄尔·莱恩中尉取得了第332战斗机大队的第三个喷气机击落战果。这天的战斗证明，Me 262的喷气发动机相当脆弱，野马战斗机有能力给予其致命的打击。

直到战争的最后时刻，第十五航空军的野马机群仍然没有停止战斗。4月29日，第52战斗机大队向意大利北部地区的高速公路和敌军撤退进行投弹攻击；第325战斗机大队在乌迪内地区低飞盘旋，寻找一切可以攻击的地面目标。5月3日，20架P-51D掩护第310轰炸机大队在欧洲大陆之上空投传单，这是地中海战区野马部队的落幕演出。

在地中海战区，从第31战斗机大队接收第一批P-51D到战火熄灭，第十五航空军的野马大队在短短一年时间里总共击落超过1100架敌机，它们的成就丝毫不逊色于第二次世界大战中的任何一支兄弟部队。

西欧风云1944－1945

1944年开春以来，英伦三岛的盟军各部一直为未来的"霸王行动"进行着紧张而又忙碌的准备工作，这将是人类历史上规模最大的登陆作战。进入6月，登陆作战前的最后时刻，一触即发的战争气氛达到了顶峰。在陆航的各个基地，所有作战人员被限定严禁离开机场范围；地勤人员开始二十四小时连轴工作以维护飞机；其余的人手被集合起来，在各架战机的机翼和机身上绘制黑白相间的识别条纹，防止友军误伤。

6月5日深夜，诺曼底登陆作战开始。上千台发动机的轰鸣声震撼了各个机场，C-47运输机装载着空降兵或者拖曳着滑翔机依次起飞，它们将在法国瑟堡半岛的德军防线后方投下盟军的先头部队。拂晓之前，轰炸机部队全部离地升空，在云雾密布的高空集结准备对欧洲大陆的德军目标给予从天而降的打击。此时，各支护航战斗机部队也开始了发动机暖车等一系列准备工作，它们将负责轰炸机群在登陆场上空的安全。

很久以来，这场登陆作战一直是战斗机飞行员的梦想——在海面、在陆地、在空中与第三帝国进行规模空前的最终决战。6月

呼啸长空 P-51战机传奇

6日清晨,当小伙子们合上战斗机座舱盖之时,肾上腺素在他们的血液中涌动——他们渴望敌机的身影,他们渴望更多的击落纪录,他们渴望在这场宏伟的战役当中被写入历史。然而,小伙子们失望了——第八战斗机司令部在诺曼底登陆当天一共进行了73次护航任务以及34次对地攻击任务,只在法国境内遭遇了德国空军的零星抵抗。诺曼底滩头阵地上空,德国空中力量仅仅象征性地露了一面,没有给盟军地面部队任何影响。求战心切的野马飞行员只得将注意力转向地面,扫射德军的运输车辆、火力点等地面目标。

■ 诺曼底登陆行动当天的P-51B/C战斗机,黑白相间的"入侵条纹"尤为醒目。

盟军登陆部队在诺曼底地区站稳脚跟,开始逐步向法国内陆推进。此时,在保证护航任务照常完成的前提下,野马部队开始越来越多地参与到对地攻击任务之中。在最新型的P-51D源源不断地运抵欧洲前线之时,用于轰炸和扫射攻击的野马数量也在日渐增加。为了阻止德军向诺曼底地区投放兵力,野马部队在对地攻击任务中的首要目标锁定为列车、卡车以及其他交通枢纽。

在原本专事护航任务的野马飞行员面前,每一个地面目标都意味着不同的挑战。例如,第352战斗机大队指挥官乔·梅森上校是这样教育他的战士们攻击列车的技巧的:

"在列车上,经常会有一节高射炮车厢等着你,这会相当麻烦。这取决于你遭遇的目标是哪一种型号的列车,也决定了你要怎么去处理这个问题。步兵输送列车经常会配备高射炮车厢,你必须小心应对。油罐车烧起来非常好看。我们由此想出了一个新点子,把半空的副油箱投到货运列车的木质车厢一侧,然后用机枪把汽油打着火。"

6月16日,第357战斗机大队的托马斯·海

第四章 P-51在欧洲战场

斯中校便带队执行了一场如梅森上校所叙述的扫射任务,该部队被命令在法国南部的普瓦捷市与昂古莱姆市之间的铁路线上扫射两列火车。不过,上级没有详细说明扫射列车的地点和目标的类别。第357战斗机大队被告知有另外1个大队参与这次任务,经过协商决定海斯中校的部队打头阵,两个大队以10分钟的间隔从南部开始扫射该地区。

任务前,海斯中校发现能够配备野马的只有108/110加仑的副油箱,因此他决定将它们灌满,每个飞行员将轮流使用每个副油箱,时间持续30分钟。这样,抵达目标区之后,副油箱之内将剩余三分之二的燃油可作为燃烧弹使用。

第357战斗机大队比原定时间稍早抵达了目标区域,开始降低高度寻找穿越云层的空隙。海斯中校回忆道:

"只有普瓦捷市和昂古莱姆市中间的云层才有一道空隙,因此我们穿了过去寻找目标。在普瓦捷市的铁路货运编组站,我们看到有列车在活动。这时第363战斗机中队负责高空掩护,我带领第362和第364战斗机中队向下冲到

■(上)诺曼底登陆当天,第375战斗机中队的地勤人员愉快地注视着自己部队的飞机从前线归来。在照片当中出现了两种副油箱:地勤人员脚下以及箱子上的108/110加仑副油箱以及背后的75加仑副油箱,注意这两种型号的光泽度以及尺寸差异。

■(下)飞行员正在检查野马翼下的炸弹集束,它由12枚30磅重的反步兵破片弹构成,能够对敌军地面部队造成巨大的杀伤。

呼啸长空　P-51战机传奇

■ 起飞后，这两架野马正在转弯，准备集合。1个16架飞机的战斗机中队将在4分钟内起飞完毕，1个大队起飞3个中队则需要13分钟时间。

9000英尺的雾气当中，搜寻铁路和主要的公路干线。在普瓦捷市以北30英里的圣－皮埃尔市除了一个铁路货运编组站我们什么都看不到，在里面我们发现了三列货车厢，加上其他牵引车头，总共有100节左右。再往北1英里左右，我们看到一列涂装相当整洁的火车，挂载着30节货车厢停靠在一个坡道和一列被砍伐的树木之间。我们向南飞到昂古莱姆市，那里的交通状况同样也相当拥挤。于是我带队飞回圣－皮埃尔市，那里的高射炮火看来比较平和。

第363战斗机中队现在飞往普瓦捷市大开杀戒，于是我命令第362战斗机中队飞到9000英尺高度提供掩护。我开始转弯俯冲，穿过3000英尺高度的云层，最后在超低空高度改平，从正西方以90度逼近铁路货运编组站。我的四机小队排成稍稍交错的横队，以400英里/小时的速度飞行，全部向前开火。一旦接近车厢，飞行员便投下他的副油箱，将汽油泼洒在车厢周围。随后，在后方不远处的第二个小队跟上来，向破裂的副油箱开火把车厢烧起来，并在飞过时投下他们的副油箱。

我带领的8架飞机在北部1英里的铁路线上向30节车厢投下了副油箱，在把汽油点燃之后，列车开始爆炸。我们只飞了一个回合，通过时扫射地面以增强破坏力。于是，我们拉起到高空进行掩护，现在是第362战斗机中队的游戏时间了。他们挑选没有烧着的车厢和建筑下手，没必要继续扫射，因为火势蔓延得非常迅猛。现在，德国人开始明白过来发生了什么事情，两门高射炮开始射击，它们位于列车中部的车厢两侧。1个双机分队的长机给它们投了两个副油箱，然后僚

■ 地勤人员在这枚炸弹顶端安装3个降落伞，以降低其下落速度、避免穿透地表过深，以达到最大杀伤力。

第四章　P-51在欧洲战场

■ 第55战斗机大队的P-51D。

忘记那起事故。在我们派出全部中队的阵容，从基地爬升到800英尺高度时，排在我们前面的那个中队把机头拉起，爬升进1000英尺高度的云层当中。这时，云层的底部猛然掉出了1架尾旋中的P-51。奇迹发生了，它努力抛掉了副油箱，在50英尺高度改出了尾旋——机身被扭曲到永久变形。随后，飞行员在无线电频道中以微弱无力的声音通知队友，他没法参加这次任务了。我到现在还是没想明白他是怎样从尾旋中恢复过来的。不用说，中队的信心大受打击，大家深吸一口气，开始在浓密的云雾中爬升。我们爬到了25000英尺，但机身油箱里还有太多的燃油。根据任务要求，我们在这

机跟上把高射炮点燃。"

此时，经验丰富的第55战斗机大队交出了他们的P-38，换装P-51。相比单引擎的P-51，P-38的一个突出优点是对转螺旋桨的设计消除了扭矩效应。因而，第55战斗机大队的飞行员们在换装野马的开始阶段感到颇不适应。不过，让这些P-38老手们最头痛的是P-51D飞行员座椅后方的那个机身油箱。当油箱满载之时，过高的重心会使飞机变得极其不稳定。根据爱德华·吉勒少校的描述，第55战斗机大队的换装初期竟是如此的狼狈不堪：

"我们首次使用P-51执行战斗任务时满载了机身和挂架下的燃油，这带来了极大的麻烦。我决不会

■ 准备奔赴战场的飞行员端坐在野马的座舱当中，座舱盖合拢，随时等待起飞的命令。为了缩短集合时间，1个双机分队的长机和僚机同时起飞，僚机处在稍稍偏后的位置。野马的机头阻挡了飞行员的视线，因而当天没有任务的飞行员则为升空的战机充当地面引导员的职务，用手势指挥野马滑向跑道，在灰背隼发动机掀起的强大气流当中，这是一项颇为危险的工作。

195

个高度进行了一个360度的急转弯，结果最少有5到7架飞机马上陷入尾旋。幸好它们全部投下了副油箱，在稍低的高度恢复到正常飞行状态。"

随着时间的流逝和训练的深入，类似第55战斗机大队这样的前P-38部队逐渐掌握了驾驭野马战斗机的技巧。

在诺曼底登陆后一个星期，德军开始向英国发射V-1巡航导弹进行报复。6月17日，第354战斗机大队的威廉·安德森中尉成为第一名击落V-1的陆航野马飞行员。安德森中尉是在一场俯冲轰炸任务中与他的猎物遭遇的，将速度提升至400英里/小时之后，野马战斗机在V-1导弹正后方稳稳当当地射出了子弹。战斗部被12.7毫米口径子弹引爆，导弹顿时在轰鸣中化为满天飞舞的齑粉，安德森中尉幸运地操纵飞机躲过了气浪和导弹的破片。1944年夏天，美国陆航的野马飞行员用类似的方式配合皇家空军击落了大量V-1导弹。

1944年6月21日，在第十五航空军之后，第八航空军也开始了穿梭轰炸任务。当天，第三轰炸师将有163架B-17轰炸机升空袭击德国境内鲁兰地区的炼油厂，并继续向东飞行，在波尔塔瓦机场降落；同时其他部队更多的轰炸机将袭击另外的轴心国目标，随后返回英国降落。

穿梭轰炸任务的护航部队由61架P-51D组成，它们来自第4战斗机大队以及第352战斗机大队的第486战斗机中队，由升任至上校的唐纳德·布莱克斯利带领。对于野马战斗机而言，从英国出发前往乌克兰的任务已经接近飞机的航程极限。挂载上2副108/110加仑副油箱之后，计划中为护航空战预留的燃油仍相当有限。此外，在座舱内七个半小时的连续作战将消耗飞行员极大的体力，超出以往任何一次护航任务。

自从诺曼底登陆作战以来，这批野马战斗机一直在执行高强度的作战任务，发动机运转时间大部分超过250小时。为了使野马机群在乌克兰降落之后仍能得到适当维护，参加任务的各支战斗机部队将抽调一定的地勤人员搭乘轰炸机随同前往。任务途中，他们将临时担当射手职责，在机身中部操纵12.7毫米口径机枪。

任务当天清晨，英伦三岛上空密布着铅灰色的厚重云层，距离地面只有200英尺。按照往日惯例，这样的天气非常不适合升空作战。不过，想到这天的目的地将是欧洲大陆尽头的苏联，小伙子们一个个跃跃欲试。同时，第八航空军的气象官员向飞行员们保证：在这一天里，只有英国地区的天气相对较差，白色的积云将伴随着飞行员们抵达阳光灿烂的目标区上空，直至航程的终点。

7时55分，布莱克斯利上校带队从戴伯登机场起飞。在第486战斗机中队的小伙子们看来，布莱克斯利上校的领导能力无懈可击——轰炸机群在目标上空投下炸弹后，他率领4个中队的野马机群从后方跟上赶来，

第四章　P-51在欧洲战场

■ 唐纳德·布莱克斯利(站立者)正在给飞行员讲解任务。

整齐地排列在轰炸机编队的上方和左右两侧，时间准确地与任务计划相吻合，分毫不差！

随后，庞大的机群继续向东方飞行，汤姆·科尔比中尉说："华沙依然在我们的左侧机翼之下，我们在它南方50到75英里之外飞越了维斯瓦河，这时有20架Bf 109战斗机杀了出来。这次交手既短暂又愉快，我没有参与太多战斗，因为飞机的108加仑副油箱卡住了，没办法立刻投下。我来了一连串激烈的机动，等把副油箱甩掉，仗也打得差不多了。"

对于这场从中午12时40分开始的交火，埃德温·赫勒中尉是这样在他的作战报告中叙述的：

"当黄色小队指挥官追上一架Bf 109的尾巴时，我看到他被另一个德国佬咬上了。我马上冲过去解围，把德国佬赶向了低空。

我跟着他冲到8000英尺，在正后方200码距离用一个短点射结果了它。Bf 109喷出了浓烟，我最后看到这架敌机撞到了地面上。

在我击落了Bf 109之后，开始返回到轰炸机群周围。在20000英尺高度，我看到3架Bf 109追着1架P-51在飞，于是就冲下去解围。当我靠近之后，才发现那实际上是4架Bf 109，只有后面的3架有涂装。我朝其中1架打了一梭子弹，赶紧把节流阀打满然后拉起爬升，把它们甩在后面。我盘旋爬升的角度太陡，飞机都快要失速了。似乎只要追击的Bf 109向我开火，它就会失速下坠，有3架就是这样掉了下去。第四架敌机打中了我的垂直尾翼，弹得我的膝盖差点撞到下巴，它也失速掉下去了。我继续爬升，直到找到轰炸机的编队。我想当时如果不是太害怕，我会在最后1架Bf 109失速时倒飞下去反咬它。"

埃德温·赫勒中尉背后，利奥·诺斯罗普中尉在保护着他，并击中1架Bf 109，看到飞行员跳伞逃生的全过程。这时，诺斯罗普中尉被11点方向的两架Bf 109从下方攻击，他的作战报告是这样写的：

"……当我转头对付它们时，双方都火力全开。敌机试图和我对撞，我不得不把右翼拉起避开。这样一来，我顺势来了个向左

197

呼啸长空　P-51战机传奇

的急转弯，咬上了这两个坏蛋。我看到敌军的长机被我击中，整个发动机和驾驶舱被火焰包围，直直冲向地面。"

唐纳德·温耐姆中尉也有所斩获，击落了1架敌机，他说：

"我看到这架Bf 109在旁边转悠了很久，它可能是个菜鸟，到这里混经验来了。不过，它最后还是鼓起勇气向我们冲来。我当时带领着一个小队，在敌机冲到我们前面时，踩动方向舵向它打了一梭子弹。我相当肯定没有打中1发子弹，随后就冲到云里和敌机失去联系，不过有人看到飞行员马上就跳伞了。于是，我把这个战果算到了自己的头上。"

转瞬之间击落4架敌机，这就是这场交手被称之为"愉快"的原因。同时，黄色小队指挥官史蒂芬·安德鲁少校也击伤了他追击的那架敌机。

从轰炸机内看出来，这场战斗是另外一

■ 画家笔下的"蓝鼻子坏蛋"。

■ 最著名的B-17编队照片之一，欧洲上空的护航空战便是这般惊心动魄。

第四章　P-51在欧洲战场

■ 实际上，美国国内也生产了一定数量的108/110加仑副油箱，不过为全金属质地，如图所示。该型副油箱于1944年夏天少量供应了西欧战场，其余大部分运往地中海战场以及太平洋战场。

番景象，兼任机枪手的地勤主管安度·劳提奥军士是这样描述他的所见所闻的：

"我们准时飞到并'通过'了目标，开始吃上了敌人的高射炮火。然后Bf 109就向我们对头冲过来。我记得有一架飞得那么近，以至于我能够看见飞行员在风镜后面的眼睛。它的速度太快了，我没办法转动机枪对准它。'嗖'的一声，1架第486战斗机中队的P-51咬上了它的尾巴。我最后只看到它们变成两个小点，向地面冲去。编队的另外一头打得很热闹，但我这边则非常安静。高射炮火更加强烈了，于是我就缩在一小块防弹钢板后面，坐在我的防弹背心上头，直到一切都清静下来。幸运的是，我没有看到哪架B-17受了致命伤，虽然有一架的左翼外侧发动机拖着一条黑烟。"

更幸运的是，德国战斗机出现时，所有野马战斗机的108/110加仑副油箱恰好接近消耗殆尽，因而这场战斗没有浪费多少燃油。卡尔顿·福尔曼中尉还是有一点心痛的，他说：

"我们要挂着这些108加仑的副油箱飞到俄国去，不过我从来没有喜欢过它们，因为它们的汽油烧空后在气流中晃动得太厉害。我们被告知尽可能地保留它们，因为在俄国只为我们准备有普通的75加仑副油箱。当然，仗一打起来谁都管不了那么多了。"

穿越波兰边境之后，荒凉而广阔的东线战场开始展现在飞行员面前。汤姆·科尔比中尉说："我们从基辅的南部飞过，城市的一角正在燃烧，我们能够看到迫击炮在开火以及炮弹落下的轨迹。"从空中可以清楚地看到东线战场中焦土政策的战果：烧毁的村庄、弹坑、坦克履带的印记比比皆是。

轰炸机里的安度·劳提奥军士说："我们在这片深绿色的原野上飞了很长时间，看起来没有道路或者人类活动的迹象，只是无尽的荒凉。刚才的紧张完全耗尽了我的体力，结果我睡了，在降落之前才醒过来。1架俄国的DC-3带着我们的P-51在皮里亚京机场降落。"另外，B-17机群则在苏军的战斗机的护卫下飞往波尔塔瓦机场。

唐纳德·麦克吉本中尉说："离开轰炸机

呼啸长空　P-51战机传奇

群之后，我们向南飞行，很快飞过了俄国的贝尔P-39机群，它们是来和我们的轰炸机会合的。我们开始检查燃油，几个小伙子开始嚷嚷着说支撑不住了。飞过基辅之后，我们就一直搜寻着我们目的地的迹象。我们开始承受到困在驾驶舱内7个小时带来的煎熬，时间显得无比漫长，直到我们看到皮里亚京机场。你能在布莱克斯利上校的呼叫中感到他如释重负的心情：'啊，小伙子们，一场完美的任务结束了。'当然，实际上没那么完美，一名飞行员降落在这条唯一的钢板跑道上时出了点问题，把我们其他人堵在空中整整20分钟。相信我，这事非常严重，我所有的油箱都快烧空了，最后着陆时我只剩下15到20分钟的燃油。"

飞行员搭乘卡车抵达机场边缘的一顶帐篷，向一名美军情报官报告任务详情。在稍事修整之后，美国飞行员被带到为他们准备的帆布帐篷之中酣然入眠。此时，小伙子们没有意识到的：当他们的庞大机群浩浩荡荡穿越整个欧洲的同时，德国空军的1架He 177远程轰炸机正如鬼魅一般在后方跟随，并将降落机场的情报带回。入夜，鲁道夫·梅斯特将军的德国第四航空军出动了80架Ju 88轰炸机和1架He 111轰炸机开始夜袭。23时35分，苏军警报信息发送至波尔塔瓦机场的美军指挥官：德国轰炸机群越过了苏联边境，正在向基辅飞来。几分钟之内，警报声撕破夜幕，三个穿梭轰炸任务的机场上的战机群已经无法升空躲避，所有人员只能迅速躲藏在防空掩体当中。

午夜过后，He 111轰炸机在波尔塔瓦机场上空投下大量维系在降落伞上的照明弹，机场跑道瞬时亮如白昼，一架架整齐排列的B-17轰炸机显得尤为突出。机场周围的防空炮火开始疯狂射击，但面对隐藏在夜空深处的敌人却根本无计可施，没有击落任何1架敌机。在10000英尺高度，炸弹如雨点一般落下，飞舞的弹片和爆炸的气浪轻而易举地将轰炸机的铝制蒙皮撕裂。所有的炸弹投

■ Ju 88轰炸机，德国空军的中坚力量，它们是6月21日突袭苏军机场的主力轰炸机。

第四章 P-51在欧洲战场

■ 第4战斗机大队的地勤人员正在给这架野马装填子弹，飞行员的降落伞包被放置在机翼之上。在任何情况下，降落伞包严禁放置在地面之上，避免虫蚁或啮齿动物对其造成伤害。

下之后，Ju 88机群俯冲至超低空高度，用机枪将机场扫射了一遍，随后扬长而去。47架B-17的残骸横七竖八地瘫在机场跑道上熊熊燃烧，其余的轰炸机均不同程度地受到损伤。接近50万加仑的燃油被付之一炬，冲天的火焰照亮了基辅的夜空。30名苏联军人和2名美国人在空袭中牺牲，受伤者数以百计。

在皮里亚京机场上空，德国轰炸机也投下了照明弹，但P-51D战斗机没有遭到多少破坏。波尔塔瓦的悲剧使第八航空军遭受了第二次世界大战中最沉重的打击——在2个小时之内损失91架重型轰炸机，能够继续执行穿梭轰炸任务的兵力仅剩一半不到。不过，德国空军的这次夜袭仅仅是垂死前的回光返照，从此以后它的伎俩再也没有取得过成功。

第二天傍晚，野马机群飞离皮里亚京机场，分散在哈尔科夫等地的跑道上，以避免遭受更多的打击。结果，几个小时之后德军轰炸机卷土重来，不过这次扑了个空。6月24日，野马机群返回皮里亚京机场。两天之后，护航战斗机部队继续他们的穿梭飞行，这天的任务是掩护轰炸机部队袭击波兰的炼油厂，随后在意大利的盟军解放区内降落。对于大多数野马飞行员来说，这天的任务可谓顺风顺水，只有一个人例外，那便是卡尔顿·福尔曼

■ 1个轰炸机大队已经起飞升空，同时一个野马小队正准备在机场跑道上降落。

呼啸长空　P-51战机传奇

中尉，他在回忆中说道：

"在进行任务简报时，我们被告知：在起飞时跑道旁边会有地勤人员准备好额外的副油箱和汽油，防止我们的副油箱脱落。这是因为机场的钢板跑道凹凸不平，会让我们装满燃料的飞机在起飞时受到剧烈颠簸。

由于到意大利的航程相当漫长，我们装满了所有油箱。我们的起飞似乎非常顺利，野马组成编队之后，开始向第一个集合点飞去。

我旁边的飞行员发来信号，说我的1个75加仑副油箱不见了。我没有意识到这一点，是因为当时还在使用机翼油箱里面的燃油。我把PZ★D号机飞离编队，转回皮里亚京机场。我很快发现了跑道，在上空盘旋，完成了一个标准的360度着陆航线。当我就要降落在跑道上时，前面插进来1架P-38侦察型，它来了个短距离着陆，在跑道上慢慢滑行。地面塔台没有催促它动作快一点，没办法，我只能再转上一圈。这消耗了宝贵的一段时间。我着陆了，把飞机滑行到等待着的地勤人员面前，切断油气混合控制，让发动机停止运转。没等螺旋桨完全停下来，他们就给飞机挂上了一个新油箱，装满了燃料。其他人给油箱装上了防摆动的支撑杆并调整好，将油箱和机翼内的燃油管道连接上。5分钟之后，我开始重新在跑道上滑行。

我很快一个人飞离了跑道。我的手上拿着中队全部的航向罗盘，万一中队被从大队中分散开来，我们就得靠这个才能知道往哪里飞。我爬升到25000英尺，以飞快的巡航速度追上中队。在轰炸机开始投弹时，我很轻松地找到了它们，因为地面上升起了高耸的黑色烟柱。我知道我们的飞机在哪条航线上飞，就转向跟了上去。

我一向对其他飞机的动向非常警觉，特别是在敌方领土上空的时候。这个习惯救了我的命，当我往后视镜看了一眼之后，心脏几乎跳出了喉咙口！2架Bf 109正在快速地追了上来。花不了一秒钟，我就能看清楚敌机伸出螺旋桨毂盖的加农炮口。刚才我还在寻找前方的队友，他们应该在好几英里以外。几乎在一瞬间，我一口气操纵飞机向左急转、弯腰把燃油换向阀打到机翼油箱、把炸弹/火箭弹选择开关切换到投下副油箱的位置，立即把副油箱甩掉。P-51在飞行员背后装有一个85加仑的辅助机身油箱，在装满的时候，飞机显得尾巴很重。我的转弯动作实在太急，以至于我在怀疑机尾会不会甩到我的前头。我的转弯动作出乎Bf 109的意料，很快我就调过头来对付它们了。两架敌机把队形分散，1架向右紧急爬升，另1架转向左边俯冲。我很想追杀俯冲的那架敌机，不过我明白它的队友会冲下来咬住我。这架向右爬升的敌机我是追不上的。

我呼叫中队请求帮助，杰克逊问了我的方位，我回答道'25000英尺，目标区以东5英里'。几分钟之后，我的队友就俯冲而下解围。他们的出现使Bf 109迅速失去了对我的所

第四章 P-51在欧洲战场

有兴趣,消失了。因为甩掉了副油箱,我把节流阀向后收小,在轰炸机编队一旁直线稳定飞行以节省燃料。感谢这架老PZ★D,我还没有必要在维斯群岛的预备中途加油点降落,可以使用剩余的燃油跟着队友们一直抵达意大利。PZ★D是1架好飞机,速度快、耗油少。所有的其他飞行员都觉得这是一场再平常不过的任务,不过对我来说,这使我体验到所有的兴奋和刺激。"

飞越亚得里亚海之后,野马机群降落在福贾市附近的机场跑道上。在第二天转场到附近的一个机场之后,野马飞行员们享受了6天亚平宁半岛的灿烂阳光和清凉海水,直至7

■ 第4战斗机大队的P-51D,注意飞机挂载的是108/110加仑副油箱。

月1日。

7月2日,第4战斗机大队和第486战斗机中队从意大利起飞,参与第十五航空军对布达佩斯的轰炸任务。唐纳德·麦克吉本中尉是这样描述当时的战斗的:

"我们和第十五航空军一起飞到布达佩斯。我们的编队在轰炸机群之前扫荡了目标区上空,在轰炸机开始投弹的时候,一大群敌机出现了,我们就去驱赶它们。唐·希金斯中尉干掉了1架Fw 190,几分钟之后和另外一名飞行员分享了1架Bf 109的击落战果。不过,这场战斗让我们蚀了本,史蒂芬·安德鲁少校和豪厄尔中尉被击落了。我们最后听到豪厄尔中尉叫了一声'被包围了',他在呼叫后方的队友援助,但他们当时已经被德国人缠上了。"

战后,查尔斯·格里菲斯谈起了史蒂芬·安德鲁少校那架PZ★A号野马损失的原因:

"在安德鲁离开英国之前,他的P-51装上了1台新发动机,在穿梭轰炸前它没有执行过

■ Bf 109被野马的12.7毫米机枪击毁前的一瞬间。

呼啸长空 P-51战机传奇

■ 108/110加仑纸质副油箱的材料主要为塑料和高强纸张。该油箱相当轻巧，一名普通人可以将其轻易举起。

其他任务。从英国到俄国再到意大利，发动机的表现都还好，但在布达佩斯的任务里就出了问题。我当时是安德鲁的僚机，诺斯罗普中尉是另外一个分队的长机。

当一群敌人开始进攻的时候，安德鲁加大油门，抓住他选中的那架德国飞机。几秒钟之后，他的发动机熄火了，他的飞机开始大角度下降。诺斯罗普和我跟着飞下去，在他的头顶上飞S形航线，等着他重新启动发动机。我左右观察周边敌情，敌人又包围上来，但很快消失不见了。我不清楚他们跑掉的原因，即便有一个我们的小伙子跟在他们后面。这时候，安德鲁还在继续往下掉，我跟在后面飞。如果了解驾驶一架无动力的野马会是什么样的情形，你就会知道安德鲁在寻找一块可以降落的空地。安德鲁发出了呼叫：'啊，伙计们，我想我找到地方

了。'那是一块相当平坦的耕地，他询问了当时的风向，用机腹成功地迫降。在看到安德鲁冲我们挥手，并跑过耕地之后，我们冲他的飞机打了两个回合的扫射，看到它燃烧起来。接下来，安德鲁只能听天由命了。"

在匈牙利逃亡了一个星期之后，史蒂芬·安德鲁少校落入德军手中，并在战俘营中等到了德国投降的时刻。在返回美国之前，他设法回到野马部队的驻地，给了战友们一个意外的惊喜。

汤姆·科尔比中尉补充说："1架Bf109爬升到高空掩护机群头顶，在300码之上改平，开始向我和麦克吉本冲来。正当我们两个和敌机较劲的时候，4架其他单位的野马冲过来，一个接一个地把它打成碎片。我加大发动机功率把2架Bf109追到罗马尼亚境内，然后放弃了。这真是个明智的选择，发动机的工作

■ 第354战斗机大队的P-51D，注意主起落架轮前方防止飞机滑动的塞块。

第四章 P-51在欧洲战场

时间已经超过了275小时，在上一个星期里更是连续高负荷运转。我后来还是用这台发动机飞回了英国，而不是把它留在意大利修理。"

在这场战斗中，第4战斗机大队在陌生的南欧战场上损失了5架野马，其中包括前第56战斗机大队首位王牌飞行员拉尔夫·霍费尔上尉的座机。

第二天，野马飞行员和第八航空军的轰炸机一起前往罗马尼亚的阿拉德执行任务，没有遭遇敌军战斗机。

7月5日，远征欧洲的野马部队踏上穿梭轰炸的最后一段旅程——护送轰炸机空袭法国南部沿海小城贝济耶，随后返回英国基地。在任务简报室中，当在一旁聆听的第十五航空军的飞行员得知英国上空的云层高度只有200英尺时，一个个咋舌不已——在地中海战区没有哪支部队敢在这样的天气中执行任务。对此，来自英伦三岛的小伙子们只是报以淡淡的一笑，西欧的恶劣气候对于他们来说已经是家常便饭了。

起飞之后，野马战斗机在罗马上空编好队形，随后飞越科西嘉岛进入法国，并在目标区以南与轰炸机部队会合。这次任务只有1架Bf 109出现，它在轰炸机群的末尾躲躲闪闪地绕个没完。唐·希金斯少校驾机迎上前去，只见敌机立刻一个俯冲逃得不见踪影。这次任务的航程分外漫长，所有的野马战斗机都必须节约每一滴燃油，因此小伙子们在目标区上空没有抛掉副油箱，也尽可能不与敌机接触。在给予轰炸机群最大程度的保护之后，野马机群开始分散成四机小队，向北飞往英国。在小伙子们的眼中，英国海岸线从来没有显得如此优美。不过，更让他们高兴的是英伦三岛上空的天气：虽然云层密布，但还是有足够的空隙使战斗机群顺利地降落在机场之上。在酒吧之中，小伙子们纷纷举杯庆祝这场非同寻常的任务——在两个星期时间里，他们的足迹跨越了欧洲，总航程超

■ 第353战斗机大队的地勤人员为他们的P-51D进行了成功的改装在飞行员后背装甲板之上安装了K-24倾斜照相机，用以拍摄飞机扫射地面目标之后的毁伤情况。为此，第三轰炸师的指挥官厄尔利·帕特里奇少将驾驶他专用的P-51D前往该部队驻地进行改装。不过，少将的目的是驾驶着改装后的飞机在轰炸机编队上空平行，拍摄下轰炸机队形，用以分析和教育各轰炸机飞行员正确编队的方法。

呼啸长空　P-51战机传奇

■ 在执行任务之前，野马飞行员正在聆听指挥军官的讲解。

过6000英里，在空中消耗了整整二十九个半小时！穿梭轰炸任务给野马部队带来9架战斗机的损失，小伙子们的成绩是击落15架敌机。

随着地面部队在法国境内的稳步推进，工程兵部队开始在被解放的德军机场上进行修复工作，为盟军的空中力量准备踏上欧洲大陆的第一块落脚点。第354战斗机大队再次成为名副其实的"先锋野马"，该部队在6月底第一批转进法国机场。由于没有英吉利海峡的重重阻隔，从基地到前线之间的距离顿时大为缩短，一天执行6到8次对地支援任务已经是野马飞行员的家常便饭。

7月23日，第354战斗机大队的约翰·米勒中尉在前线执行空中扫荡任务时座机被1枚高射炮弹击中。他竭力驾驶飞机飞向己方阵地，但很快发现飞机已经无法支撑回大队驻地了，他只有跳伞逃生一条路。抛开飞机座舱盖，米勒中尉跳出了驾驶舱，高速气流顿时从前方扑面而来。等到米勒中尉从气流的冲击中清醒过来，他发现自己还是和座机贴在一起——腹部被顶在水平尾翼的前缘，野马推着他继续稳稳当当地向前飞！米勒中尉手脚并用，把自己拉下了水平尾翼的下方，安全跳入空中。当米勒中尉要把降落伞打开之时，不由得惊出一身冷汗：胸前的降落伞开降绳不翼而飞。他在身上前前后后摸索了几秒钟，终于在背后找到了开降绳，原来米勒中尉在与水平尾翼进行亲密接触时，开降绳被扯开了。这短短的几秒钟对米勒中尉来说简直比一个世纪还要漫长，最后，降落伞在头顶顺畅地张开，米勒中尉安全地回到了地面，没有受到伤害。

诺曼底登陆作战之后，盟军地面部队极少受到德国空军的轰炸或者扫射，这主要得益于盟军空中力量对德军机场的持续空袭——其中当然也包括野马部队的功劳。为避免德国空军死灰复燃，盟军从来没有停止过对法国境内德军机场的空中打击。不过，此时的德军机场开始加强防空火力，相比德国空军战斗机，它们是盟军飞行员更为凶险的目标。因而，第4战斗机大队的指挥官唐纳德·布莱克斯利上校便为野马部队制定了扫射机场目标的三准则：奇袭、高速、多样化战术，他说：

"我将奇袭视为一次成功扫射机场任务的首要因素。每当我的大队被指派扫射一个特定目标时，我总是要求获得所有的照片资料，在我抵达目标之前，我需要知道机场看起来会是什么样子。我要我的情报官员提供他能拿到最好的防空火力点情报，我需要知道在机场上有多少种以及多少架飞机，它们一般都停放在哪里。我还必须了解机场周围的地形分布。

一切资料准备就绪之后，我便以此为依据，计划能够达成最佳奇袭效果的任务时间表。我会尽可能对地形加以利用，依靠机场建筑来掩护作战；如果能够做到这几点，我不会径直地飞往机场目标。如果受命攻击前面的一个机场，我会在机场后方10英里之处选择一个集合点，从那里开始规划攻击的航线。在空中，我会带着战友们径直通过机场，假装我们只是碰巧路过。一旦到达集合点，我们便会掉头，降低高度之后杀回去。在我们开火时，飞机真的紧贴着地表飞，我的意思不是飞机离地面5英尺高，而是机腹进气口底部刮到了野草。"

不过，具备有效的战术并非意味着万无一失，飞行员还需要审时度势，根据战场态势选择最佳的目标。第354战斗机大队就是从该部队的双料王牌——拥有15.5次空战胜利纪录的唐纳德·比尔堡尔少校的牺牲中得到这一教训的。8月9日，当执行扫射任务的第354战斗机大队从法国兰斯以北3英里的一个跑道上空掠过时，发现下方整齐排列着30多架Ju 88轰炸机，同时敌军的高射炮火异常猛烈。当野马机群掉转方向进行攻击时，大部分飞机从北向南掠过机场，目标对准跑道上的轰炸机，但比尔堡尔少校却完全不顾自身安危，压低机头将从东向西俯冲，直取机场的高射炮火力点。他一路上击毁了1架Ju 88，打哑了2门高射炮。比尔堡尔少校的野马吸引了机场周围大部分的高射炮火力，瞬间被击成重伤。比尔堡尔少校竭力将飞机拉起，抛开座舱盖跳伞——但这一切已经太晚了，由于跳伞高度过低，少校的降落伞没有来得及打开。

1944年8月6日，第八航空军的首席野马王牌——第352战斗机大队的乔治·佩里迪上尉完成了一次高潮迭出的个人表演，他的当天

呼啸长空 P-51战机传奇

作战报告是这样写的：

"我们正在掩护B-17的先头联队，这时一群30架Bf 109从南方冲向联队中的第三个编队。我们的高度在敌机上方1000英尺，因此我带领白色小队——包括海耶尔中尉和多里亚克中尉——冲到它们后面。在300码距离，我向敌机编队后方的1架Bf 109开火。子弹击中了驾驶舱周围，飞机着火翻滚坠落。

这时，多里亚克中尉击落了一架咬住海耶尔中尉的敌机，随即不见踪影，我和海耶尔中尉继续攻击。我冲到第二架敌机背后，打中了翼根周围。加上一个短点射之后，敌机着火，飞行员在20000英尺高度跳伞。这时我看到海耶尔中尉在我的右侧方向，他也击落了1架敌机。

敌机大部保持紧密队形，没有采取规避机动，继续尝试攻击已经转向右侧的轰炸机群。我们继续从它们的后方下手，我在近距离击中了一架敌机的正后方。它冒出浓烟下坠，我看到它在我们下方开始解体。

这时候，我们的其他4架P-51赶来助阵。我向另外1架敌机开火，它被一个短点射击中后着火，被火焰包围着翻滚而下。敌机编队开始降低高度，向左转弯，但仍然保持着紧密的队形。我抓到一个好机会向1架敌机射击，把它打进了尾旋状态，着火坠落。敌机编队下降到了5000英尺高度，有1架Bf 109脱离编队向左转弯。这时，周围只有我一个人对付德国人，因此我转向对付这架敌机，避免它绕到我的背后捣乱。我勉强打出一个高偏转角射击，它冒了点黑烟。我拉杆在它的左上方进行大角度爬升，敌机跟在我身后一起爬升。我用最大力气拉动驾驶杆，以150英里/小时的速度爬升。德国佬向我开枪了，不过角度太差，一颗子弹都没打到我。凭借最初的高速度，我逐渐在爬升上把它甩下。敌机向左侧下坠脱离爬升，我马上俯冲下去咬住它的正后方。一个短点射过后，敌机挨了不少子弹，座舱盖被抛开了。当我从它旁边飞过时，敌机飞行员在7000英尺高度跳伞

■ 乔治·佩里迪上尉（左）和地勤人员在交谈。

第四章　P-51在欧洲战场

逃生。

这场战斗，本人宣布击落6架敌机。"

由于这场出色的战斗，乔治·佩里迪被授予优异服务十字勋章——仅次于国会荣誉勋章的美军个人嘉奖。1944年圣诞节，佩里迪上尉在科布伦次西南的护航任务中击落两架Bf 109战斗机，这是他本人的第25和26次空战胜利。几分钟之后，佩里迪上尉发现一架贴近地表低空飞行的Fw 190战斗机，便咬上追杀，慌不择路的德国战斗机一头扎进了美国陆军的防空炮火阵地当中。友军的12.7毫米口径机枪子弹击中了佩里迪中尉和他的座机，他竭力控制飞机迫降成功，但由于伤势过重抱憾离开了人世。

1944年8月，跟随盟军地面部队向巴黎展开的攻势作战，美国陆航的野马、雷电、闪电部队一起加强了对德军目标的出击频率。在法国的占领区上空，第355战斗机大队的一架野马被高射炮火严重击伤，飞行员伯特·马歇尔上尉向队友发出了绝望的呼叫："我的飞机被打中了，我得在这儿迫降了。"

罗伊斯·普雷斯特中尉在马歇尔上尉的四机小队中飞三号机的位置，他按下了无线电话筒的按钮："找条路降落，老大。我跟着下去把你带走。"这下子通信频道里顿时炸开了锅，队友们有的强烈反对普雷斯特拿自己的生命和飞机去冒险，有的认为值得一试，一个个吵得不可开交。最后，普雷斯特中尉还是坚决地将座机的高度降低，他看到马歇尔上尉已经在一块空地上降落，但附近的地面土质过于松软，无法作为起飞的跑道使用。不过，四分之三英里之外有一片农田看起来可以利用，法国农夫们正在将收割的谷物往卡车上装，地里只剩下粗短的残株，显得相当干净。

把节流阀向后收起到接近失速的边缘，普雷斯特中尉驾驶飞机降落在农田之中，紧紧地踩住了刹车。为了拥有足够的空间起飞，他掉转机头，滑行到农田东部接地时的起始位置。

这时，马歇尔上尉正在上气不接下气地穿越一片刚刚犁过的田地，奔向普雷斯特中尉的野马。"跑起来好费劲，"他说道，"我根本不是干运动员的料，跑到快要抽筋了。我不得不放慢脚步，跑跑走走。这时候

■ 罗伊斯·普雷斯特中尉（左）坐在伯特·马歇尔上尉的膝盖上。

我怕得要命，因为我记起来身上只带有两根美国香烟，我真害怕在法国被逮住以后就靠这两根烟过活。"

两名飞行员会合之后，他们又为如何在座舱内容下两个人而争辩了一通。最后，普雷斯特中尉在驾驶舱内站起来，将座椅上的降落伞包扔到农田之中，说："进来！"马歇尔上尉摇了摇头、极不情愿地爬进驾驶舱在座椅上坐下。

普雷斯特中尉坐在马歇尔上尉的膝盖上，推动节流阀开始在农田中滑行。马歇尔上尉高举双手，帮助他把座舱盖关上。农田的尽头是一个巨大的干草堆，普雷斯特中尉向后拼命拉动驾驶杆才使飞机从草堆上空一跃而起，中间相隔还不到半英尺距离。

归家的旅途虽然相当不舒服，但两名飞行员都非常开心。当普雷斯特回到机场上空，报告说1架载有2人的野马战斗机即将降落时，地面塔台的控制人员一个个面面相觑。直到飞机降下跑道停止滑行后，两名一前一后钻出驾驶舱的飞行员才令所有人哑然失笑。

1944年9月，由于德国空军的活动已经日渐衰弱，第八战斗机司令部的任务主要为袭击敌军的交通线路以及铁路枢纽。为了给盟军的市场-花园空降作战扫平道路，战斗机部队还深入荷兰境内，在阿纳姆和奈梅亨地区歼灭敌军高射炮火力点。同时，即便扫射机场任务并非野马战斗机的强项，美国陆航飞行员们仍然取得了相当的成功。1944年9月5日，第55战斗机大队第343战斗机中队给予从格平根机场起飞的德军战机沉重打击，一举击落16架敌机后全身而退。为此，第55战斗机大队获得了上级授予的杰出单位嘉奖荣誉。

从这年秋天开始，盟军地面部队的进攻矛头开始指向德国边境，同时空中力量的规模日益增强，一次性出动1000架轰炸机的大规模空袭任务已经司空见惯。现在，美国陆航未经铲除的战略目标只剩下位于德国境内的部分，德国空军在这块最后的阵地内集中起来，护卫饱受蹂躏的大中城市以及军事设施。随着轰炸任务的持续进行，大规模的空战在德国上空愈演愈烈，盟军护航战斗机飞行员的成绩榜单上也因此增添越来越多的战果标记。

1944年9月27日，40架德军战斗机在卡塞尔上空盯上了一个盟军轰炸机群。不过，今天他们的对手有点不同寻常——第361战斗机大队的这批野马刚刚加装了新型的K-14型瞄准镜。美国陆航飞行员们和敌人从平流层一直厮杀至地面高度。威廉·比耶尔中尉看准了一队有8架之多的Fw 190，无所畏惧地从敌机上方俯冲而下。比耶尔中尉咬上了距离自己最近的1架敌机背后，从400码距离一直打到100码。在瞄准镜的准确指引下，子弹连续命中了敌机的机身。德国飞行员抛掉了他的座舱盖，驾机旋转下滑进一片云雾。比耶尔中尉跟随敌机进行了360度急转，俯冲进入云雾，不依不饶地要取得一次确认击落的记录。几秒钟之后，一朵白色的降落伞在右前方展开——敌机已被击落！

和自己的僚机重新会合之后，比耶尔中尉再次盯上了1架Fw 190。这次，他的对手使出了浑身解数规避攻击，半滚倒转和急转动作一个接着一个，但始终无法甩开背后比耶尔中尉的座机。最后，德国飞行员做出了一个错误的决定——试图爬升脱离战场。比耶尔中尉驾机轻松将敌机赶上，从容瞄准射击，德国飞行员只得弃机逃生。野马战斗机拉起后，咬住了第三架Fw 190，只需要一个点射便将敌机打至翻转下坠。

比耶尔中尉的下一个目标显然颇具经验，他先以一连串机动闪过了第一波攻击，随后又收回节流阀、放下襟翼以期待后方的野马战斗机射击越标。比耶尔中尉同样收回节流阀、放下襟翼，并且将机尾左右摆动以加强减速作用。Fw 190无计可施，只得转弯规避，结果被野马战斗机接连准确命中。不顾座舱外子弹还在横飞，德军飞行员仓惶跳伞逃生。

第五架Fw 190先是急转拉起爬升，随后俯冲至低空规避。德国飞行员对背后紧追不舍的野马战斗机备感无助，他甚至试图从高

■（上）K-14瞄准镜的安装使野马飞行员如虎添翼。

压电线的下方掠过，以期待比耶尔中尉能一头撞到电线之上。年轻的陆航飞行员没有中计，野马战斗机从电线上方拉起，正好处在Fw 190的后上方。比耶尔中尉在75码距离开火射击，目睹了敌机坠落到地面并爆炸的全过程。这天战斗结束后，比耶尔中尉以击落5架Fw 190的成绩荣登"一日王牌"的宝座。

在战争末期，大部分德军战机由毫无作战经验的新手飞行员驾驶，他们只能亦步亦趋地跟随编队指挥官的动作，几乎无法单独执行作战任务。1944年11月21日，第352战斗机大队第487战斗机中队的威廉·威斯纳中尉便遭遇了这样一群敌人，他回忆道：

"约翰·梅尔中校让我去干掉一个Fw 190编队右后方的掉队敌机。当我接近它时，敌

呼啸长空　P-51战机传奇

■ 1944年底升任第352战斗机大队指挥官的约翰·梅尔中校在座舱中，他的战机涂装颇具特色。

机跟上了正在进行45度右转动作的编队。我使用K-14瞄准镜，对准这架敌机在400码开外打了一个点射，结果没打中。我接近到200码，又打了一梭子，看到子弹打在机身周围。大块碎片到处散落，敌机开始着火冒烟，进入尾旋下坠。

我接近了第二架敌机，在150码距离向它打了一个漂亮的点射，看到碎片飞落下来。敌机向右转弯下降，我在100码不到的距离以15到20度的偏转角向它再打了一梭子。再次有碎片四散飞落，我看到敌机开始水平尾旋，冒着烟落下到一片云层当中。这时候，敌人好像开始害怕了，我看到2架敌机脱离编队开始疯狂的俯冲规避，但我没有追杀它们，而是继续跟在编队后方。

我咬上了1个三机小队，它们排列成整齐的线形横队，相距50码远。在开火之前我把瞄准镜套上了领队敌机，它瞬时翻转而下。这时，我几乎插在左右两架敌机的中间。我向右急转，在100码距离击中右侧的敌机，随后向左转弯。这架敌机同样也被打进了水平尾旋，冒烟下坠。

与此同时，我要僚机瓦尔德伦中尉解决掉左边的那架敌机，他没有让我失望。我看到他击中了那架Fw 190，敌机失去控制，冒烟下坠。

我跟上了1架从左边向右转的Fw 190，它看到了我，收紧了向右转弯的角度。我切入它的转弯半径，以15到20度的偏转角在200码处开火射击。敌机转入垂直俯冲，喷吐着浓烟和烈焰消失在一片云雾当中。这时候，我看到另一架Fw 190向下坠落，这是我的僚机干掉的。我看着它，转了一个180度的弯，和僚机分散开来。Fw 190的主编队依旧紧密，不过其他的分队中只剩下2架飞机了。我把节流阀打满，以惊人的高速追上敌机群。我挑中了最后一架，在300码距离向它开火。由于我的高度有一点点低，加上敌机群在背后拖曳着蒸汽尾凝，我没有看到太多子弹击中敌机，它被打进了水平尾旋，坠往下方。我把这一架敌机列为可能击落的记录。

这时候，我距离敌机主编队已经非常近了。我在200码以外选中其中一架，扣动扳机。敌机通体被弹道覆盖，马上俯冲下落。我转了个弯，看着它炸成几块。我想大概它的腹部副油箱爆炸了。从开始一直打到现在，所有的Fw 190都没有投下它们的副油箱。我有足够多的时间计划自己的攻击路线，这些副油箱使敌机变得极为脆弱。在我向这架Fw 190开火之后，敌机群这才投下它们的副油箱，向左俯冲规避。我追了下去，但在云雾中丢失了目标。在我拉起时，看到背后有3架Fw 190跟了上来。我把飞机垂直拉起，甩掉了它们。

在23000英尺高度，我看到1架Fw 190正追在1架野马的背后，于是就在100码距离给了它一个高偏转角射击。在我滑过它的航迹的同时，敌机穿越了我射出的弹道，随即转弯规避，我便从50码距离的稍高位置开火射击。子弹击中了它的驾驶舱和引擎罩，座舱盖和其他大块碎片一起四散飞落。敌机立即垂直下落，发动机燃起大火，冒出浓烟。我随后加入了梅尔中校的编队，跟他们一起返回基地。"

在这天的任务结束之后，威斯纳中尉的空战成绩最后确认为击落5架敌机，另有2架可能击落的记录。野马战斗机超凡的速度、机动和操控性能令普普通通的美国农家小伙子变身成使轴心国飞行员胆寒的可怕杀手，任何一场出击都有可能绽放出灿烂夺目的胜利之花。仅在这年冬天，欧洲战场的野马部队便涌现出多名在一场战斗中击落5架敌机的"一日王牌"，除了上文所提到的威廉·威斯纳中尉，还包括：第357战斗机大队的查克·耶格尔上尉，10月22日；第352战斗机大队的唐纳德·布赖恩上尉，11月2日；第359战斗机大队的克劳德·克伦肖中尉，11月21日；第339战斗机大队的杰克·丹尼尔斯中尉，11月26日；第357战斗机大队的伦纳德·卡森上尉，11月27日；第355战斗机大队的威廉·霍夫得上尉，12月2日。

1944年11月中旬，恶劣的天气影响了对欧洲大陆昼间轰炸任务的进行。不过，第八航空军在11月21日出动规模空前的1291架B-17攻击梅泽堡地区。为此，第八航空军旗下所有野马大队倾巢出动，加上兄弟部队的其他机型，一共有954架战斗机参加了这天的

■ 威廉·威斯纳中尉得胜归来，他的手势意味着宣称击落6架敌机，这个数字随后得到多方资料的修正。

呼啸长空　P-51战机传奇

战斗。德国空军起飞了300架战斗机拦截轰炸机群，型号主要为Fw 190。战斗结束后，野马部队以个位数的损失为代价击落了73架敌机。当天发挥最佳的单位为取得19.5次空战胜利的第352战斗机大队，第354战斗机大队击落18架敌机，第359战斗机大队也有17架斩获。11月26日，第八航空军对汉诺威地区的炼油设备发动空袭。德国空军的拦截机群再次遭受惨重打击，被野马部队击落114架。击落29架敌机的第339战斗机大队位居战绩榜中的第一位。此外，第356战斗机大队也获得了26次空战胜利。在11月

■ 2名野马飞行员在升空前讨论战术。

的剩余时间里，德国空军每次发动拦截作战均不可避免地遭受重创，野马部队的战绩节节攀升。然而，进入12月初之后，飞行员们惊异地发现欧洲上空忽然间沉寂下来，德军拦截机群仿佛一夜之间销声匿迹，鲜有活动的迹象。

两个星期之后，谜题解开了——德军在西线秘密筹集了大批兵力，于1944年12月16日在阿登地区发动大规模反击攻势。在阿登战役的最初一个星期里，西欧上空的天气条件恶劣，难以组织起成规模的空战，但航空兵部队依然努力为前线处于危险境地之中的陆军士兵提供了最大程度的空中支持。12月23日，第352和第361战斗机大队移师比利时，以加强阿登地区的空中力量。12月24日，第八航空军发动了有史以来最大的一次空袭作战，2046架重型轰炸机跨越英吉利海峡如洪流一般涌入欧洲。为了给轰炸机群保驾护航，第八战斗机司令部悉数上阵，除了正在用P-51换装P-47的第78战斗机大队以及机场雾气过于密集无法升空的第339战斗机大队之外，各单位一共派出了853架战斗机。与此同时，这次空袭作战还得到了第九航空军与英方第二战术航空军的支持。德国空军对空袭行动展开了拦截，第八战斗机司令部以损失10架战斗机的代价击落74架敌机。

在空中力量的支持下，盟军地面部队顶住了第三帝国在西欧最后的大规模反扑，到1944年底，德军地面部队已是强弩之末，再也无法在阿登地区前进一步。在此期间，第352战斗机大队转移至比利时边界小村艾斯克的Y-29机场，配合第九航空军的对地支援

任务。由于该机场距离前线只有10分钟的航程，Y-29的地勤人员需要随时准备与敌军步兵爆发近距离的正面交火。

12月31日中午，约翰·梅尔中校率领第352战斗机大队第328战斗机中队深入德国境内执行任务，并收获了相当难得的战果——在奥斯基尔辛上空击落1架AR 234"闪电"喷气轰炸机。在第九航空军的作战计划中，1945年元旦第352战斗机大队的战斗护航任务要到下午才开始执行，飞行员们可以得到充足的休息。1944年的最后几个小时由此显得格外轻松，得胜归来的约翰·梅尔中校完全有理由放开心情，在当晚的Y-29机场新年聚会中和战友们大肆庆贺一番。不过，上校站在对手的角度对当前局势进行了冷静的分析：经历了除夕夜狂欢的盟军必定在第二天清晨放松警惕、懈怠职守，这正是发动奇袭的绝好时机。因而，在晚饭过后，约翰·梅尔中校下令第352战斗机大队的飞行员尽早休息，他计划在第二天清晨向上级申请一次巡逻任务，要到1月1日平安度过后，他们才能好好享受节日的欢乐。

1945年1月1日凌晨5时30分，第352战斗机大队任劳任怨的地勤人员们开始在冰冷刺骨的Y-29机场上忙碌。到8点，第352战斗机大队第487战斗机中队的12架野马战斗机已然整装待发，随时可以升空作战。

此时，第九航空军司令部批准了约翰·梅尔中校的申请，允许他率领第352战斗机大队的部分战斗机在Y-29机场上空执行一次短时间的巡逻任务，过程是：9点整战斗机发动引擎，9时20分起飞升空，10时15分完成巡逻任务降落。根据这个安排，第352战斗机大队可以获得足够的时间重新加油，在中午起飞升空与后方赶来的轰炸机群会合。

在Y-29机场之上，兄弟单位也陆续开始了新年第一天的战斗任务。8点42分，第366战斗机大队第391战斗机中队的8架P-47战斗机

■ 这架P-51D即将起飞，满载的燃油和弹药对于轮胎的沉重压力由此可见。

呼啸长空　P-51战机传奇

■ 后人绘制的艺术画：约翰·梅尔中校起飞迎敌的时刻。注意飞机的起落架未完全收起，而前方的敌机已经近在咫尺。

飞离了跑道，前往阿登前线攻击德军装甲部队。

9时15分，比预定时间提早一刻钟，第390战斗机中队的8架P-47从Y-29机场跑道的东侧向西起飞升空，和第391战斗机中队一样，这些粗壮结实的雷电式战斗机满载着500磅炸弹、副油箱和火箭弹。与此同时，在Y-29机场跑道的西侧，约翰·梅尔中校已经安坐在他那架美国陆航序列号为44-15041的P-51D-15NA座舱之中，和身后其余11架第487战斗机中队的野马战斗机一起等待着起飞的命令。

Y-29机场上的飞行员没有意识到的是：此时此刻，数以千计的德国战斗机已经在欧洲上空集结完毕，正紧贴地表向西高速穿插，它们即将对法国、荷兰和比利时境内的盟军前线机场进行猛烈突击。这便是轴心国最后一次大规模空中攻势——"底板行动"，德国空军妄图借助盟军部队在元旦早晨戒备松懈的机会，一举摧毁盟军空中力量的大部兵力——这一切正如约翰·梅尔中校所预想的那样！

飞离地面后，第390战斗机中队的P-47机群完成了一个180度的向东转弯，组成巡航队形。与此同时，飞行员们发现机场附近的高射炮火齐声爆发，骤然间，德国空军第11战斗机联队的50余架Bf 109和Fw 190战斗机从东方迎面杀来。8架雷电战斗机迅速投下挂载的副油箱和炸弹，冲入德军机群中展开激烈的近距离缠斗。第390战斗机中队的这些P-47为约翰·梅尔中校争取到极为关键的缓冲时间，使他能够率领野马战斗机群紧急升空。

第487战斗机中队加快了起飞的动作，约翰·梅尔中校的座机一马当先地从跑道上腾空而起。未等起落架完全收起，尚处在爬升阶段的野马战斗机便与15架以上的Fw 190正面相逢。约翰·梅尔中校在极端不利的态势下瞄准1架德军战机开火射击，在300码距离以30度偏转角打出一个两秒钟的连射。子弹准确地击中Fw 190的机身和翼根，它半滚着坠落至地面，轰然爆炸。以其高超的技术，约翰·梅尔中校在战斗刚刚开始便收获了一个令人叹为观止的击落战果。

紧随着约翰·梅尔中校精妙绝伦的第一击，第487战斗机中队的其余11架野马先后离地升空。陆航飞行员们需要战胜的头号敌人便是自己的坐骑——由于刚刚起飞，野马机身内的85加仑副油箱依然处在满载状态，严重影响空战机动。此外，由于大批敌军有备而来，而己方仅能仓促升空迎战，这场仗对于当天Y-29机场上空的盟军战斗机部队——尤其是第487战斗机中队来说，战术位置、数量和装备均处在完全的劣势。

尽管如此，487战斗机中队依然打出了一场漂亮仗。对当日的战斗，桑福德·莫兹中尉有着以下的回忆：

"我在哈尔顿少校的四机小队里飞'黄色3号'。在起飞时，我看到了3点钟方向有15架Fw 190以100英尺高度飞来，正要对我们机场北部的跑道进行扫射。同时，我注意到在3500英尺高度、一片薄云的下方有15架左右的Bf 109在给它们做高空掩护。有两架Fw 190冲着我的僚机、休斯敦中尉和我杀了过来，于是我们就冒着友军密集的小口径高射炮火转起了圈圈。我跟上第1架Fw 190时回头看了一眼，发现有1架Fw 190咬上了我的僚机。在它就要开火时我呼叫僚机规避脱离，随后在300码距离以30度偏转角朝我前方的那架Fw 190打了个短点射，观察到子弹击中了驾驶舱区域和左侧翼根。它爆出多团火焰，我继续转弯，看到它坠落到地面上爆炸。飞行员没有跳伞。

在附近有着大约50架敌机，整个空域中都充满了我方的高射炮火。我选择了1架正在低空扫射的Fw 190作为第二个目标。它向左规避，并开始爬升。我在200码距离以20度偏转角打了一个短点射，观察到子弹集中击中了两侧翼根。敌机的两侧机翼向上翻折到驾驶舱顶端，径直坠落。飞行员没有跳伞。我继续左转弯，转到另1架Fw 190背后稍稍靠上的位置，它左转规避。我打了一个短点射，观察到子弹击中了机身、座舱盖和左侧翼根。它的座舱盖被打飞，爆出多团火焰后坠毁。飞行员没有跳伞。

然后，我转向飞往德国方向的一队Bf 109和Fw 190，它们正要从后方对我下手。它们的队形散开了，我挑中了1架向我迎面飞来的Fw 190。我们来了几次对头攻击，然后我把飞机拉了起来，俯冲咬住了它的尾巴。我打了两秒钟的一个连射，看到子弹从一侧翼尖打到另一侧。敌机改平，向下俯冲。我追上去，在正后方连续送出几个点射，观察到子弹集中在机尾和机翼部分。我们飞到马斯特里赫特上空时,我打了一个短点射,打爆了它的机腹油箱,然后我的飞机被1枚40毫米口径的高射炮弹击中。这时候,我只剩下1挺机枪能够开火,而我们在穿过前线时,敌机在低空不停地进行疯狂的规避动作。每次一有机会,我就打上一发短点射,看到有几次子弹打中翼根周围部分。最后,敌机向左转弯,稍微拉起后坠落到地面上,飞行员没有跳伞。

我回到机场周边空域,又被地面上的高射炮火打了一通。1架Bf 109孤零零地穿过机场,于是我向它杀去。我用剩余的子弹在100码开外以90度偏转角打了一梭子。它俯冲到低空逃跑,我一直把他追到德国境内,随后返回机场,在高空做掩护。这时候,又1架Bf 109出现了,我咬上它,一起做了几个桶滚机动,但没有办法开火——因为子弹已经打光了。它稍稍拉起,收回油门,想反咬我的尾巴。不过它失败了,进入失速状态,恢复后在1500英尺高度来了个半滚倒转机动,紧贴着树林顶端拉了起来。这时,另1架P-51进入了这片空域,在跑道以北4英里把敌机击落。后来我才知道这架P-51由斯图尔特上尉驾驶。所有敌机都非常富于进攻性,最后的那架Bf 109更是技术高超。"

与此同时,Y-29机场里则是热闹非凡,没有来得及驾机升空的飞行员们躲进了跑道旁边的沟渠或防空洞里,急切关注着机场上空的战况。一旦有敌机飞临头顶,他们便举起随身携带的柯尔特11.43毫米口径手枪猛扣扳机——很显然击中敌机的几率近乎于零,但这使每个飞行员兴奋不已。为数不多的德国战斗机挣脱了与P-47和P-51的纠缠,超低空扫射Y-29机场。大部分德国飞行员的注意力被西南跑道尽头的1架B-17轰炸机吸

■ 约翰·梅尔中校的座机。

第四章　P-51在欧洲战场

■ 后人绘制的艺术画，威廉·威斯纳中尉与Bf 109正面对决的瞬间，他随后取得1945年元旦的第四个击落战果。

引住，很显然，重型轰炸机是远比战斗机、侦察机或者运输机更有价值的战果，而且地面上的"空中堡垒"完全没有任何还手的能力，是求之不得的绝好目标。于是，德国战斗机不约而同地对这架B-17大打出手，不同口径的子弹从各个角度射入轰炸机的机体。目睹这一切，Y-29机场上的地勤人员个个乐不可支，只有他们知道：虽然这架B-17看似完好，实际上已经被美国陆航废弃，所有堪用的零部件早已全部拆除。"空中堡垒"的机体内空空如也，既无燃油，也无炸弹，心平气和地吸收了所有的打击，宛如拳击手练习用的沙袋一般。也许，德国飞行员们没有太多时间去想一个问题：为什么这架轰炸机挨了那么多子弹，却一星火苗都没有燃起来呢？

回到Y-29机场上空，威廉·威斯纳中尉在这天同样收获颇丰，他在回忆中说：

"……当我把起落架收起来之后，塔台报告机场东侧有敌机活动。我们已经没有时间编组队形了，而是直接确定航向，以一个松散的阵势朝着敌机直接飞去。我遇上敌机时，它们已经和一小群P-47打了起来。我冲向1500英尺高度的大约30架Fw 190，在它们头顶上有许多Bf 109。我瞄准1架Fw 190，扣动扳机——什么都没有发生。我弯下身去拨开机枪开关，再给它喂了几梭子。当我看着它坠落到地上爆炸的那会儿，我感觉到自己的飞机被打中了。我向右急转规避，再向上拉起。1架Fw 190正跟在我身后50码的地方，打个不停。正当我和它开始兜圈子的时候，另1架P-51咬上了这架敌机，于是它结束了对我的纠缠。

这时，我发现每侧机翼都被20毫米机炮打出了几个洞，滑油箱上也挨了一炮。飞机的左侧副翼控制失灵了，滑油在不断泄漏。不过，油压和温度都很稳定。今天是在自己的战区上空打仗，这让我找不到过早着陆的理由。所以我掉转机头杀回到战团当中，很快又把1架Fw 190套到了瞄准镜里头。我打中了它几梭子，看起来敌军飞行员要准备跳伞了。当敌机拉起来的时候，我再打出一个点射，只见敌机坠落到地上，爆炸燃烧。

附近还有几架Bf 109，我咬上了其中1架。我们较劲了5到10分钟，最后我终于想办法绕到德国人背后。我准确地命中了敌机，看到飞行员在200英尺高度跳伞。在他跳伞那会我正连续开火，于是我看到他非常狼狈地落到地面上。

在敌机的坠落地点周围，我看到15到20堆残骸在燃烧。这时塔台报告说敌机正在扫射机场，于是我掉头向跑道飞去。我看到1架Bf 109正在扫射跑道的东北侧，于是就杀了过去，它掉过头来对付我。我们来了两次对头攻击，在打第二个照面时，我击中了敌机的机头和机翼，看着它坠毁，在跑道东侧尽头烧起来。

我继续追击其他几架敌机，但它们都躲到云里头去了。不过，现在我几乎什么都看不到了，风挡和座舱盖上到处都是油迹，于是我便飞回机场跑道降落。

所有的敌军飞行员都具备强烈的进攻性，而且水准高超……我们处在一比五的数量劣势之下，而且还拖着一个满载的机身油箱。这个机场的P-47部队打得很精彩，给我们帮了不少的忙。我方战斗机之间的配合简直太棒了，我们就像一个团队一样把这场仗打完。本人声称当日击落2架Bf 109以及2架Fw 190。"

9时50分，Y-29机场上空逐渐恢复了平静，无心恋战的德国飞行员纷纷四散离去。第11战斗机联队的士气已经开始崩溃，这一点具体反映在当天雷蒙德·里特格中尉的战果中。里特格中尉在低空朝1架Fw 190倾泻出剩余的全部子弹，被击伤的德国战斗机疯狂规避，随后转向西方逃窜。不甘心仅仅取得击伤敌机的战果，里特格中尉驾驶着已然赤手空拳的野马战斗机在Fw 190背后穷追不舍。在巴黎附近，德国飞行员把飞机拉起到3000英尺高度，随后弹开座舱盖弃机跳伞，从而与九死一生的德国本土防空作战挥手告别，得以在盟军战俘营中平静安详地度过战争的最后岁月。

逃脱了地面高射炮火和盟军战斗机的绞杀，败退至轴心国机场后，大难不死的德国飞行员们开始强打起精神拼凑"底板行动"的成绩。第11战斗机联队宣称在Y-29机场所处的艾斯克地区上空击落10架、可能击落1架

第四章 P-51在欧洲战场

■ 1架野马正在降落,地面上黑白相间的观察车用以与飞行员进行联络,它的顶盖由B-17的机头改装而来。

盟军单引擎战斗机,其中包括4架P-51和5架P-47!这个战果被人为夸大至何等程度,第11战斗机联队的德军飞行员最为清楚。以第6中队为例,中队长瓦尔特·寇恩在当天艾斯克地区的超低空缠斗中击伤了1架P-47的机翼,使其冒出火焰,随之盟军战斗机一个急转弯机动消失在一片松树林后。寇恩中队长将这架P-47列入自己的击落战果提交,并得到了战友温默尔中尉的确认。寇恩在战后承认:"……(后来)温默尔告诉我说,他觉得那架P-47根本没有打下来。他当时已经填写确认了我的击落报告。"

事实的真相是:Y-29机场上空,只有1架第390战斗机中队的P-47在战斗中损失。雷电飞行员们宣称击落8架德军战斗机,而约翰·梅尔中校的野马飞行员们宣称击落23架战斗机,自身无一损失!再综合Y-29机场高炮部队宣称的击落数量,盟军的记录同样存在相当程度的失实,这是空战过程激烈短促,飞行员难以确认每一个战果而引起的。但与德国人的虚假记录相比,Y-29机场上这2个战斗机中队的宣称战果已经极为接近事实——因为在这天的战斗中,第11战斗机联队共有24架战斗机在盟军控制区内被击落,并损失了1名联队长和1名大队长!

也许人们永远无法把Y-29机场上空的这场血战百分之百地真实还原,但有一点毫无疑问:1945年1月1日,第487战斗机中队的12架P-51在极端劣势下升空迎敌,并作为主力将敌军击溃,他们23:0的宣称战果足以令任何一支兄弟部队肃然起敬。为此,第487战斗机中队破格获得了总统单位嘉奖的荣誉——通常情况下,这项嘉奖只赋予大队以上级别的单位。此外,对第487战斗机中队的这场战斗,后人通常冠以"Y-29机场传奇"的美称。

呼啸长空 P-51战机传奇

埃斯克机场的战斗只是"底板行动"的一个缩影，在这天的战斗中，美国陆航损失了40架战斗机，英国皇家空军的损失数目为120架。不过，这些损失大部分是在机场跑道上遭到偷袭的结果，盟军飞行员的伤亡则微乎其微。这一百多架飞机如果折算成P-51，仅仅相当于北美公司达拉斯工厂一个星期的产量。这场蓄谋已久的行动无法对盟军的空中力量造成太多影响，他们将继续稳步进军，碾碎第三帝国的战争机器。

与之相反，德国空军为了"底板行动"付出了超过200架战斗机被击落的惨痛代价，绝大多数飞行员成为不可挽回的损失。这个数字远远不是在一两个星期之内能够弥补的，已经奄奄一息的德国空军再次遭受重创，回光返照的"底板行动"过后，它的丧钟已经敲响。

1945年1月，在帮助第九航空军与第二战术航空军在阿登地区进行对地攻击任务的同时，第八航空军继续派出重型轰炸机群打击德军后方，目标主要为补给线和通信设施。1月24日的战斗尤为惨烈，当时第2和第3轰炸师的B-24与B-17机群前往马格德堡地区袭击

■ 安装在机翼之上的K-25照相机准确地拍摄到德军占据的农场建筑被火箭摧毁的过程。

德军的炼油厂。在行动之前，来自盟军的情报部门的消息声称：德国空军将使用新的战术进行拦截，包括重装甲的Fw 190战斗机从正前方以纵队形式展开猛攻。对此做好心理准备之后，第八航空军的飞行员迎来了超过300架的敌机。装备先进、训练充分的盟军战斗机飞行员将德军的菜鸟飞行员大肆屠杀了一通，派出66架野马的第357战斗机大队在这

天的战斗中取得56.5次空战胜利。这天的战斗刷新了美国陆航战斗机大队中单场护航空战的战果纪录，第357战斗机大队为此获得杰出单位嘉奖的荣誉。

1945年春天，在盟军轰炸机群日夜不停的反复打击之下，德国境内的重点城市已经沦为废墟。盟军地面部队解放了重要工业基地－鲁尔区，并向莱茵河和柏林稳步推进。在步兵和装甲车辆的头顶，是铺天盖地的盟军战机群，它们无时无刻在统治着第三帝国的领空。曾经不可一世的德国空军几乎销声匿迹，只有零星的战机偶尔升空进行最后的垂死挣扎。在过去一年的时间里，德国境内的高速公路网饱受盟军空中力量的持续重创，已经几近崩溃，德军高层官员只能依靠运输机往来于不同的指挥部之间。盟军的攻势同样受到了糟糕的交通路线的影响，轻型轰炸机部队放弃了作战任务，陪伴运输机一起在各个机场之间展开马不停蹄的物资输送。为数众多的轰炸机群甚至加入了战斗机部队的对地攻击任务中，为地面部队清扫前进中的障碍。

在战争的最后时刻，陆航飞行员们抓住仅存的机会频频出击，力求更多的击落纪录——即便侦察机部队也不例外。在一次武装侦察任务中，第15战术侦察中队的2架野马遭遇了1架在维滕贝格上空单独飞行的Ju 88，当即不假思索地围而歼之。C.B.依斯特上尉一马当先，从500码开外一直打到100码距离，子弹遍及敌机全身，将左侧发动机击伤着火。李·拉尔森中尉从相反的右侧展开攻击，当他掉头脱离时，Ju 88的右侧发动机也一并熊熊燃烧。这架双引擎大飞机慢慢向地面下坠，1名德军飞行员在飞机爆炸之

 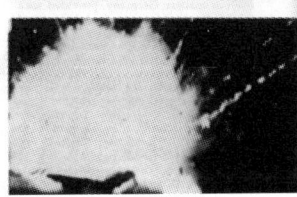

■ （上）第354战斗机大队是第一个部署到莱茵河东岸的美国陆航战斗机部队。照片摄于1945年4月2日的法兰克福Y-74机场。

■ （下）一架Ju－88G在野马的扫射中化为灰烬。

呼啸长空　P-51战机传奇

■ 白云之巅的P-51，欧洲天空的征服者。

前跳伞逃生。

还没有从刚才的喜悦中平静下来，2名飞行员又发现了1架在2000英尺高度的Fw 190单机。这次，他们将敌我双方距离拉近至100码方才扣动扳机，敌机很快坠落燃烧。2名飞行员平分了当天的2个击落战果，他们依然没有忘记自己的本职工作——拍摄德军铁路货运编组站以及铁路线的航空照片并将其带回己方基地。

类似的战斗故事同样发生在第354战斗机大队，这支"先锋野马"大队一向部署在接近前线的机场，除了护航职责之外经常执行各种战术任务——例如1945年4月2日的气象侦察任务。这一天任务的返航途中，安德鲁·里特奇中尉和卡里·索尔特中尉在艾尔福特机场上空碰见2架准备着陆的Fw 190。野马分队的一个俯冲过后，2架德军战斗机在跑道上坠毁。2架野马继续游荡至哥达机场，击落了1架在3000英尺高度活动的Fw 190。这时，一个庞大的敌机编队映入美国飞行员的眼帘：超过90架Bf 109和Fw 190战斗机分为8个分队，在3000英尺高度浩浩荡荡地向西飞去。大部分敌机都挂载有腹部副油箱，很明显这是一次精心策划的攻击行动。里特奇中尉和索尔特中尉一前一后冲入领头的敌机分队，把敌机队形冲散后击落Bf 109和Fw 190各1架，另击伤1架Fw 190。此时，野马战斗机的燃料和弹药已经接近耗尽，2名飞行员随即脱离战斗，带着他们的气象报告返回基地。

到1945年4月，由于缺乏燃料和战机的备用零件，大批德国空军飞行员被迫困守在机场跑道之上，望着漫天飞舞的盟军战机长吁短叹。他们的基地已经沦为盟军战斗机的靶场，只要一有机会，数不清的闪电、雷电和野马战斗机便会风驰电掣地从跑道上空掠过，对准各种战机、车辆和机库大开杀戒。美国飞行员们需要提防的是跑道两侧的高射炮火——它们的火力猛烈如常。4月16日下

第四章 P-51在欧洲战场

午,第55战斗机大队的爱德华·吉勒少校便带队执行了一次这样的机场扫射任务:

"由于敌军机场上的目标数量不够分配给所有队员,我把整个中队解散,让大伙自己寻找合适的目标。我把自己的白色小队拆分成2个双机分队,在机场上空提供掩护。在一条高速公路的两侧,我和僚机阿诺德中尉与之平行飞行,从南到北扫射停放在两旁树丛中的德国飞机。我攻击的第一个目标是1架亨克尔He 111,我对着它猛打了一通,看到很多子弹击中的火花,它开始烧了起来,爆出漂亮的火苗。

在He 111的旁边是1架Bf 109,我把准星对准了它,倾泻出大量密集的子弹。当我在它头顶拉起时,一股浓重的黑烟正从机身之中冒出。

在第一个回合攻击时,我看到公路东侧的同一区域内还有两架其他敌机。于是我转了个弯又杀了回来,同样从南向北扫射。我首先看到的是1架Ju 52,停靠得比我的最早两个目标要稍稍贴近公路。我开火射击,把火力集中在它的发动机上,敌机开始起火冒烟。对于第四个目标,我不得不再次掉头,进行第三回合的攻击。这是1架Ju 88,我打中了很多子弹,但它没有燃烧。正当我把飞机拉起来的时候,1枚20毫米高射炮弹在座舱盖左侧爆炸,击伤了我的左侧肩膀。我被震晕了一小会儿,发现出血非常严重,于是召集起白色小队,掉头返航。"

在第三帝国的弥留之际,数以千计的德军战机便是以此等方式被摧毁在地面上。即便盟军的坦克和步兵部队停止前进,P-51矫健迅捷的身影依然在欧洲上空往返驰骋。

1945年5月8日,野马部队在欧洲战场取得了最后的空战胜利,这个战果的诞生颇不寻常。当时,李·拉尔森中尉和施罗德中尉在空中遭遇2架Fw 190战斗机。数天前,接替希特勒担任德国元首的邓尼茨已经下令德军放下武器无条件投降,于是2架野马接近德国战斗机,意欲将它们押送回机场。出乎意料的是,德国战斗机猛然间开火射击,2名美国飞行员只得自卫反击。施罗德中尉跟随1架Fw 190俯冲至低空,看着它一头撞到树丛当中。拉尔森中尉咬上了另外1架Fw 190的尾巴,德国飞行员把飞机带到500英尺高度,向左急转弯规避,随即进入尾旋坠毁。在这场短暂的交手中,2架野马战斗机均一弹未发,只有施罗德中尉的座机被Fw 190的子弹打穿一个小孔。

从1943年秋天到1945年8月,势不可挡的野马机群从英伦三岛长驱直入,杀进欧洲内陆,从此德国上空不再享有一刻安宁。在野马战斗机面前,曾经辉煌一时的德国空军被摧枯拉朽地击溃。美国陆航在欧洲战场一共取得10720架击落战果,而其中的4950架要归属于野马战斗机;同时在地面上击毁的8160架敌机之中,也有4131架由野马战斗机包办。在野马战斗机的护卫之下,美军重型轰炸机群毁灭了第三帝国最后的工业基础和战争潜力,为欧洲人民带来了胜利的曙光。

呼啸长空　P-51战机传奇

西欧闪电
——野马VS喷气式战斗机

1944年，德军的喷气战斗机开始小规模地参与欧洲大陆的空战。对此，盟军高层官员并没有表现出太多的惊讶，早在一年之前，他们便已通过情报部门得知德国Me 163和Me 262战斗机的开发计划，同时英国皇家空军的侦察机也在持续不断地带回德军喷气战斗机机场的各种航拍照片。不过，第一次遭遇喷气式战斗机时，深入欧洲内陆的陆航飞行员依然感受到了巨大的震撼。

1944年7月28日，第359战斗机大队在前往梅泽堡的护航任务中遭遇了一个新对手——Me 163火箭战斗机。对于这场战斗，大队指挥官艾维林·塔康上校在报告中有如下的记录：

"当时我的8架P-51正在B-17周围进行贴身护卫，飞行高度为25000英尺。我的1名飞行员发出呼叫，在我们的六点位置的5英里之外有两组蒸汽尾凝出现在32000英尺高空。我当即辨认出这是火箭战斗机。它们的尾凝看起来相当浓厚而且呈白色，如同被拉长的积云一般绵延四分之三英里，因此谁都不会看错。我带队转弯180度对付火箭战斗机，它们之中有两架开着发动机转过弯来，其余的三架进行无动力滑翔。

那两架飞机保持着紧密的队形，向左俯冲转弯，假装要从6点钟方向攻击轰炸机群。在转弯时，它们关闭了火箭发动机。我的小队开始掉头，插入轰炸机后方编队和敌机之间，向它们对头飞去。距离轰炸机还有3000码距离时，敌机放弃了轰炸机群，转向我们飞来。此时，敌机侧滑倾斜达80度，而它们的航向只改变了20度。

它们的转弯半径非常大，但滚转速度相当棒。我估计速度在500至600英里/小时之间。两架飞机从我的下方1000英尺处飞过，仍然保持着紧密的队形在滑翔。我想追上它们，就来了个半滚倒转机动。1架敌机继续以45度的角度俯冲；另1架以非常陡峭的角度朝太阳方向爬升，把我甩掉了。我转过头去寻找那架俯冲的敌机，只见它已经在5英里以外，高度10000英尺。我的队友事后说那架爬升的敌机将火箭发动机不断地短促点燃，喷出大量烟环。这2个飞行员看起来相当有经验，但却不主动求战，也许这仅仅是他们的一场训练任务。"

这场惊鸿一瞥的交手引起了第八航空军的关注，根据作战报告，第八战斗机司令部的指挥官威廉·凯普纳少将向各单位派发了一份指示，其内容为："……据信，我们可以预计遭遇到更多的此类飞机，其攻击将从轰炸机编队的后方发起，以编队或攻击波的方式展开。如想与之抗衡并获得转向敌机的时间，我们的战斗机部队必须与轰炸机群贴近飞行，以保证能够挡在轰炸机群与敌机之间。据信，此类战术可迫使其放弃对轰炸机群的有效攻击。需要注意的是，敌机露面的最初迹象将是30000英尺高度上、在轰炸机后

第四章 P-51在欧洲战场

上方出现的厚重蒸汽尾凝。火箭战斗机预计将会在莱比锡、慕尼黑或者东经9度线以东的任何地区出现。"

对于这天的战斗，第八轰炸机司令部表示了严重的关切：护航的野马机群能否应对这种全新的战斗机？轰炸机部队的损失是否会直线上升，再现一年前的噩梦？野马部队即将面临组建以来的最大挑战。

1944年8月5日，Me 163再次与第八航空军的野马部队交手。在这天前往马格德堡的护航任务之前，飞行员被反复提醒过火箭战斗机的威力，但Me 163机群还是争取机会从后上方俯冲而下，用30毫米机关炮向护航战斗机开火。野马飞行员竭力四散躲避，但已经太晚，在明白发生了什么事情之前，3架P-51D被击落，火箭战斗机呼啸着消失在远方。在这次转瞬即逝的战斗中，第八轰炸机司令部损失了3架重型轰炸机，护航部队的作用再次受到怀疑。

不过，到8月16日，野马飞行员以实际行动证明了一点：德国空军的这种新式武器并没有使螺旋桨战斗机完全过时。在这天的护航空战中，第359战斗机大队的约翰·墨菲中校在莱比锡上空发现1架受伤掉队的B-17正在遭受Me 163机群的围攻。1架敌机关闭了火箭发动机，朝向B-17进行无动力俯冲。抓住这个机会，墨菲中校将节流阀打满，跟随俯冲而下追击敌机。野马战斗机的表速很快超过400英里/小时，依然未能及时赶上，Me 163抢在墨菲中校扣动扳机之前向B-17开火射击，

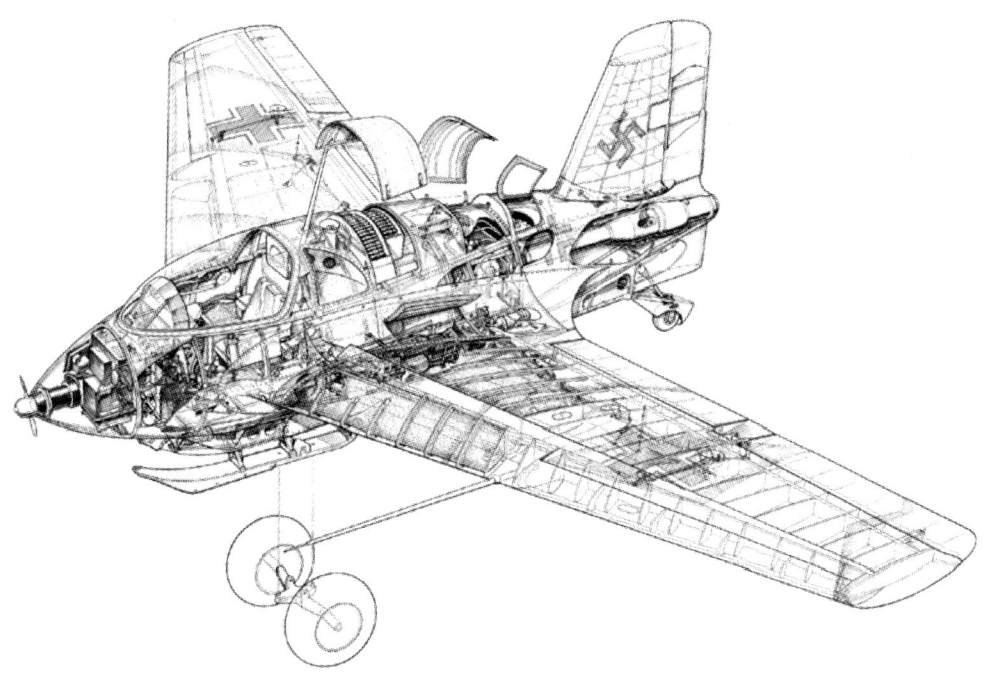

■ Me 163火箭战斗机剖视图，它是第二次世界大战中速度最快的截击机。

随之改平拉起。这时墨菲中校等到了机会,他在1000英尺距离开始射击,子弹从敌机的垂直尾翼一直打到左侧机身。这时墨菲中校从侧面拉起爬升,后续攻击交由僚机西里尔·琼斯中尉进行。只见Me 163被后下方近距离射出的子弹连续击中,随即转入半滚倒转机动脱离,琼斯中尉紧随攻击。敌机此时将火箭发动机点燃,喷射而出的高速气体猛烈撞击野马战斗机,琼斯中尉被强大的作用力卷入黑视状态,丢失了目标。因而,这架Me 163仅被算为可能击落的记录。

此时,墨菲中校正处在拉起后的转弯爬升过程中,他看见左下方5000英尺有1架Me 163进行转弯机动。驾机俯冲之后,墨菲中校切进了敌机的转弯半径,迅速拉近双方距离,并持续猛烈开火。子弹从左侧射进Me 163,随着一声震耳欲聋的巨响,Me 163的后机身被炸飞——野马部队取得了第一次对火箭战斗机的空战胜利!

1944年8月28日,第八航空军的P-47战斗

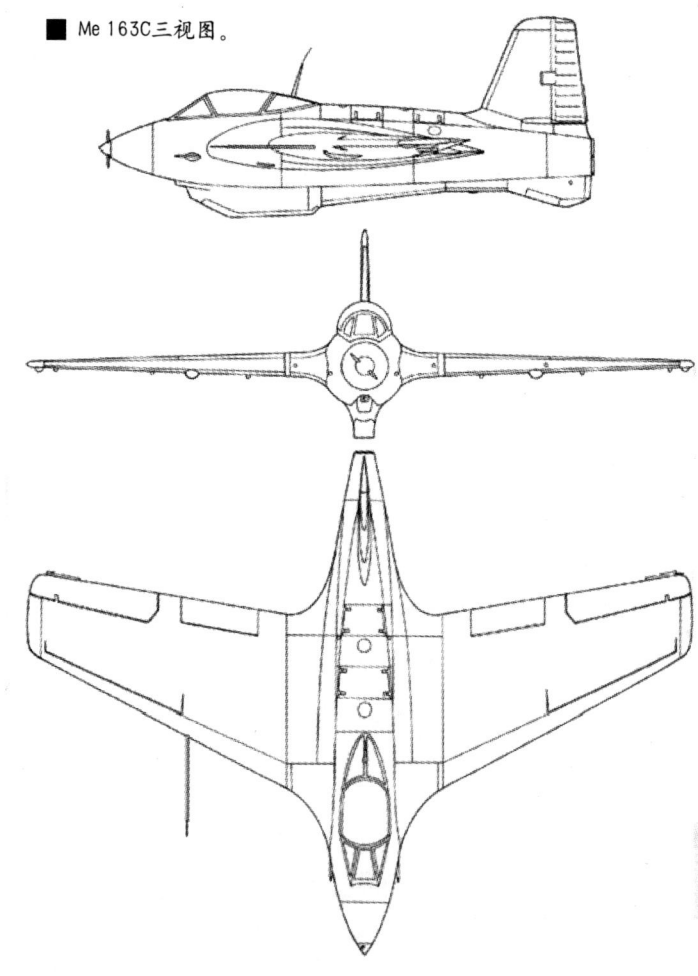

■ Me 163C三视图。

机在比利时的特蒙德附近击落1架Me 262,这是美国陆航在这种最新型德国战斗机身上取得的第一个空战胜利。具备更持久的留空能力和4门30毫米口径机关炮,Me 262相比Me 163更令人敬畏,但这不意味着完全的不可战胜。

进入到二战的最后一个秋天,Me 262部队的活动日渐频繁。这款尖端的喷气式战机不仅仅开始对盟军地面目标进行攻击,而且更多地出现在超低空侦察任务当中。只要将

速度逐渐提升到最高，Me 262便能够无视任何盟军战斗机的威胁，以惊人的高速深深刺入盟军后方，拍摄下德军将领们最渴望获得的第一手资料。为了应对喷气战机造成的巨大威胁，野马部队和其他兄弟单位——主要是英国皇家空军的台风战斗机部队——协力猎杀如鬼魅般的Me 262。

英国皇家空军第122连队的台风V型战斗机曾经被认为是击落Me 262的最佳选择。凭借"佩刀"H-24型发动机的强大功率，台风V型战斗机主要在性能最优的中低空域活动，战术为1个双机分队在空中巡逻，同时另1个分队在地面机场随时待命。与之相比，美国陆航采用截然不同的战术来对付Me 262：野马部队通常在10000英尺的高度巡逻，一旦发现敌人喷气战机在低空出现便压杆俯冲，利用野马超强的俯冲速度获得作战先机。该战术的难点在于：Me 262良好的伪装涂层使其极难从空中识别，在美军飞行员能够做出正确判断之前，Me 262往往已经成功逃遁。

第八航空军对喷气式战斗机的威胁十分重视，第八战斗机司令部为此修改了护航战术。伴随轰炸机出击的护航战机规模被大大增强，每一对轰炸机周围均分配到1架野马战斗机进行护卫。这意味着每一组的护航机群提高到135架之多，划分为两个编组，每个编组包括各拥有12架战斗机的3个中队。只要有可能，护航战斗机群将尽可能地保持高度优势，以便在Me 262来袭时利用俯冲高速来进行拦截。

为了研究对抗喷气式战斗机的更好战术，第八航空军向英国皇家空军发出了合作演习的邀请——后者装备有格罗斯特公司生产的盟军第一款实用型喷气式战斗机"流星"，高速性能与Me 262相似。演习从10月10日到10月17日持续了1个星期，在此期间皇家空军第616中队的4架流星战斗机入驻戴伯登机场。从演习第一天开始，120架第2轰炸

■ Me 262战斗机，纳粹德国的末日兵器。

呼啸长空 P-51战机传奇

师的B-17和B-24轰炸机从各自的基地起飞,在彼得堡上空9000英尺高度与野马机群会合,随后模拟真实护航队形在英国上空飞行,等待着流星战斗机的挑战。

保持着450节(即833公里/小时)以上的高速,流星战斗机从不同的角度向轰炸机群发动冲刺。为了节约燃油消耗和保持有效的护卫,野马战斗机在护航任务中通常采用巡航速度伴随轰炸机飞行,因而无法应对喷气式战斗机的突然高速袭击,往往在对手完成攻击动作脱离战斗之时仍未来得及做出反应。唯一应对的办法是将野马战斗机保持在轰炸机群之上5000英尺的高度,一旦发现喷气式战斗机来袭,通过半滚倒转和俯冲机动迅速获取足够的高速进行拦截。然而,该战术需要极其精准的时间估计,同时即便流星战斗机遭到拦截,仍然有可能凭借高速优势撤出战场。在一个星期的演习中,野马飞行员对喷气式战斗机的威胁逐渐有了清晰的认识,对流星战斗机的拦截成功率也在稳步提高。同时,演习中取得的经验整理成文,随后发放各护航战斗机单位以供研究。

从此,德国上空对Me 262的空战结果便取决于哪一方拥有高度优势。很快,越来越多的Me 262被俯冲中的野马战斗机击落,证

■ 画家笔下"底特律小姐"击落Me 262的艺术图。

明了这场演习所总结的经验确实行之有效。

1944年秋天,德国空军第一个Me 262战斗机联队成军,最初兵力包括30架喷气战斗机,其指挥官为当时最优秀的Fw 190飞行员、拥有超过250架击落记录的瓦尔特·诺沃特尼,因而该部队被称为"诺沃特尼飞行队"。该部队驻地位于奇莫和赫斯勃的前线机场,正好处在盟军昼间轰炸机航线的中间。组建之初,诺沃特尼飞行队便厄运连连。10月7日,2架Me 262从奇莫机场起飞时被第361战斗机大队的厄本·德鲁中尉抓到。德鲁中尉驾驶着他那架美国陆航序列号44-14164的"底特律小姐"从15000英尺高度俯冲而下,速度达到450英里/小时。凭借野马战斗机的高度和速度优势,德鲁中尉在从背后赶上,将处在缓慢爬升阶段中的两架Me 262先后击落。

11月1日,多名护航战斗机飞行员体验

到了高速飞行中Me 262的威力。这天，第八航空军的任务是轰炸盖尔森基辛地区的炼油厂。从跨越海峡到投下炸弹，庞大的机群一路上风平浪静。掉头返航途中，护航战斗机群在荷兰上空遭受了一架Me 262单枪匹马的挑战。诺沃特尼飞行队的维利·班扎夫军士长驾机从38000英尺高空呼啸而下，直扑担任顶部护卫的第20战斗机大队机群，瞬间将编队末尾的第4架野马击落。

班扎夫军士长继续压低操纵杆俯冲，Me 262在庞大的B-17轰炸机群之间穿过，身后是大群要为战友报仇雪恨的野马战斗机。在距离地面1000英尺高度，班扎夫军士长将飞机拉起，随即节流阀全开，进行180度转弯爬升，向北方的须德海飞去。这片广袤的水域之上浓云密布，如果Me 262钻入云层之中，便可轻易逃离盟军飞机的追杀。不过，此时的班扎夫军士长对自己坐骑的速度相当满意，他决定正大光明地将所有紧追不舍的螺旋桨飞机甩在背后。这是一个致命的错误，因为很快Me 262便陷入野马和雷电战斗机的包围之中，来自三个大队的飞行员一个个跃跃欲试，渴望着在自己的成绩单上增添1架喷气式飞机的战果。

第20战斗机大队的迪克·弗劳尔斯中尉和第352战斗机大队的威廉·戈贝中尉均将发动机提升到72英寸水银柱的进气压力，转速达到了3000转/分钟的极限。2架野马咬住了Me 262，12.7毫米口径子弹源源不断地射入左侧机翼和发动机短舱之内。被美国战斗机缠上之后，班扎夫军士长便失去了逃脱的机会。绝望中，他向左转弯爬升规避，此时第56战斗机大队的瓦尔特·戈罗斯中尉得到了一个极好的高偏转角射击的机会，庞大的雷电战斗机两侧8挺12.7毫米口径机枪同时开火，将Me 262的右侧发动机打得粉碎。敌机陷入尾旋下坠，班扎夫军士长跳伞逃生。在这场遭遇战中，一共有6架战斗机参与了对Me 262的围剿。经过反复的讨价还价，这个击落战果最后由威廉·戈贝中尉以及瓦尔特·戈罗斯中尉平分。

很快，美军对能够起飞Me 262的机场坐标已经了如指掌，随时都有可能以战斗轰炸机或战斗机为主导发动突然袭击。为此，奇莫和赫斯勃机场的跑道两侧配备了大量20毫米高射炮的火力点，其阵列连绵2英里，为Me 262从滑出机库到离地升空的阶段提供密实的弹幕掩护。此外，第54战斗机联队第3大队的Fw 190D战斗机将随时在跑道上空为诺沃特尼飞行队的Me 262在起飞和降落阶段担任空中护卫。

1944年11月8日，诺沃特尼飞行队迎来了覆灭的时刻，在这天出击的Me 262中，有4架被击落，其中最少有3架成为野马战斗机的战利品。

当天，第352战斗机大队的詹姆斯·肯尼中尉驾机护送另外1架发动机发生故障的野马返回英国，他们在途中遇见了一队没有护航机保护的B-17机群。责任心使2名飞行员决定：只要出故障的发动机能够坚持到基地，他们将尽可能地伴随在轰炸机群的周围。这时，诺沃特尼飞行队的弗朗兹·斯卡尔中尉驾驶Me 262猛然冲出，对轰炸机群发射了一通30毫米炮弹，随后又满不在乎地在2架野马战斗机面前飞过。面对风驰电掣一般掠过的前方的敌机，肯尼中尉沉着地扣动了扳机，打出一个漂亮的90度偏转角射击，子弹准确命中了敌机的左侧引擎和机翼。

这时，斯卡尔中尉仅仅感觉到发动机运转不大正常，他用无线电向地面塔台发出了报告。很快，发动机冒出浓浓的黑烟。正当斯卡尔中尉竭力控制飞机的同时，他向后瞥了一眼，看到2架野马战斗机已经稳稳地咬在了飞机的后方。斯卡尔中尉明白这架战斗机已经没有逃脱的希望了，随即抛掉Me 262的座舱盖跳伞逃生。

此刻，第20战斗机大队的欧内斯特·法贝尔克恩中尉在兄弟部队另1架野马的协助下击中了1架Me 262，并看着它进入尾旋随后爆炸。

在诺沃特尼亲自率领5架Me 262升空拦截盟军轰炸机群之后，奇莫机场的地面指挥中心很快听到他取得一次空战胜利的呼叫。几分钟之后，诺沃特尼发回报告："左侧发动机失灵再次遭袭被击中了。" 诺沃特尼要求马上紧急降落，他的"白色8号"座机从4英里之外俯冲而下，放下襟翼和起落架朝向奇莫机场降落——背后是6架以上穷追不舍的P-51D。野马飞行员的意图很明显：利用Me 262降落时在机动性和速度上的劣势，不惜冒险飞至德军防空火力猛烈的机场上空将诺沃特尼一举击落。诺沃特尼知道自己继续降落将难逃一劫，他决定拼个鱼死网破。于是，"白色8号"收回起落架，用仅存的一台发动机开始大角度转弯爬升。这一举动无异于自杀行为，几秒钟之后，"白色8号"消失在奇莫机场附近的一座小山背后，巨大的爆炸声撼动了整个机场。野马战斗机躲开高射炮火，大摇大摆地爬升脱离，背后留下冲天而起的浓重黑烟。在地面观察室之外，前来视察的德国空军战斗机总监阿道夫·加兰德痛心疾首地目睹了诺沃特尼悲剧的终结。

■ 拥有250架击落纪录的德国王牌飞行员瓦尔特·诺沃特尼。

第四章　P-51在欧洲战场

对于这个含金量极高的击落记录,美国陆航在多方面调查之后最后判定归第364战斗机大队的罗伯特·史蒂文斯中尉所有。

指挥官的身亡对诺沃特尼飞行队来说犹如晴天霹雳,该部队当即被阿道夫·加兰德解散,飞行员随后被集中进行强化训练——他们中间大部分在Me 262之上仅仅拥有10小时不到的飞行时间,面对数量占据优势、作战经验丰富的野马飞行员时根本无法发挥出喷气式战斗机的优势。从1944年10月1日到11月8日,诺沃特尼飞行队只击落了22架盟军战机,而自身的损失则高达26架之多。

随后,诺沃特尼飞行队的残部被编入第7战斗机联队。作为德国空军的第一支喷气式战斗机联队,该部队由另外一名击落战果超过200架的大王牌——提奥多·维森伯格少校指挥。

第7战斗机联队在1945年2月期间相当活跃,第八航空军的轰炸机部队报告有163次与Me 262接触的记录,而护航的野马部队则遭遇了118次。该部队以中队的规模升空作战,每次出动9架飞机,倒V形编队由3个三机小队组成,一支小队位于编队最前方,其余小队处在靠后偏上位置。如果同时出击的中队在两个以上,同样组成类似的倒V形编队。鉴于Me 262举世无双的高速性能,对轰炸机编队的攻击无需其他部队进行高空掩护。发现目标之后,每个Me 262中队指挥官选择一队轰炸机,在5000码之外从5000英尺上方出击。此时,3个三机小队排成纵队,俯冲到轰炸机编队后方1500码远、1500英尺之下的位置,以此迅速积累速度,随后拉起,在距离轰炸机编队1000码距离改平。最后,Me 262的速度达到530英里/小时,足以避免护航战斗机群的拦截。

在30毫米机炮之外,Me 262通常装备有R4M空对空火箭弹,以此对轰炸机群造成最大威力的杀伤。火箭弹将在距离轰炸机群650码处射出,待双方之间距离拉近到150码之后,德国飞行员将以30毫米机炮射击。

完成一回合攻击之后,Me 262将在小角度爬升中冲到轰炸机编队的顶部,根据战况选择攻击下一个编队或是俯冲躲避护航战斗机的围追堵截。为

■ 第55战斗机大队的密集编队。

呼啸长空　P-51战机传奇

■ 第339战斗机大队的这架P-51D击落了6架德军战机。

了避免喷气式发动机吸入重型轰炸机的碎片残骸，Me 262通常不会在轰炸机编队下方活动。由于装甲相对薄弱，Me 262一般情况下只进行一次攻击，随后脱离战场。

进入2月，欧洲上空的野马飞行员们越来越频繁地与第7战斗机联队的喷气战机交手。2月9日，12架Me 262的编组在法兰克福北部地区的拦截作战中出现，第78、第357和第359战斗机大队协力击落4架敌机，另有1架可能击落的记录。2月22日对德军铁路货运编组站的"号角行动"中，又有3架Me 262成为野马部队的战利品。不过，第八战斗机司令部战果最为丰硕的一天要数2月25日，各野马部队在这一天最少击落8架Me 262和1架Ar-234喷气轰炸机。这批击落成绩几乎被第55战斗机大队一手包办——该部队在吉贝尔斯塔特机场上空完成了一次漂亮的空中扫荡任务。唐纳德·卡明斯上尉一人击落2架Me 262，他在当天过后的作战报告中是这样描述任务过程的：

"当时我带领黄色地狱猫小队在贝尔斯塔特机场周围进行空中扫荡任务，高度10000英尺。有人报告在我们的9点钟位置，有几架Me 262正从跑道上起飞。中队指挥官命令我们投下副油箱去对付它们。我向左转了180度的弯，对准1架接近机场的喷气机来了个70度俯冲。我在1000码距离向敌机开火，随后看到大量子弹命中。这时我正在快速接近敌军机场，密集精准的高射炮火开始打响。于是我向左拉起爬升，在跑道三分之一处逃离。我身后的僚机报告说那架喷气机撞到地面上，翻了个筋斗后烧起来了。

打完这一个回合之后，小队的3号和4号机分散开了。于是我和僚机转180度弯爬升到5000英尺，寻找地面上的其他目标。在莱普海姆机场附近，我们看到1架不明飞机在4000英尺高度飞过机场的西南角，航向150度。我们加速逼近，发现那是1架黑色涂装的

Me 262，在机翼上涂有大大的十字图案。我们进入到机枪射程之后，敌机向左急转弯，高度当即掉了下来。我跟在它后面，慢慢拉近距离。它开始把机头起落架放下，看起来是要在跑道上着陆的样子。接近到400码距离时，我开火射击，但第一梭子弹打偏了。不过敌机开始右转弯，我抓住机会给了它一个10度偏转角射击，看到了许多子弹打中，大块碎片从机身周围迸出，驾驶舱之下炸了开来。敌机马上向右翻滚，从800英尺径直扎到地面上爆炸。"

1945年3月15日，野马部队与Me 163展开最后一次对决，第359战斗机大队的雷·韦特莫尔中尉在莱比锡－卡塞尔地区击落了1架试图接近轰炸机编队的Me 163。这种飞机的速度、爬升率和火力在二战中均首屈一指，但由于航程过短、操作过于危险，以至于在战争结束时仅击落十余架轰炸机，自身的损失却远远超出。

在第二次世界大战的最后一个冬天，由于天气恶劣，德军的喷气战斗机较少有机会骚扰盟军轰炸机群。不过，考虑到开春之后德军有可能借助好转的天气加强攻势，不少航空兵指挥官并没有松懈对德军喷气战斗机部队的打击，刚刚上任的第339战斗机大队指挥官威廉·克拉克中校就是其中的一位。在经验丰富的队友们的支持下，克拉克中校收集并研究了大量Me 262的资料，包括飞机的产地、出厂时间、部署地点、飞行员训练方式、油料来源等等。随后，克拉克中校将注意力集中在3个已知的Me 262机场之上，分析与其相关的航拍照片，研究周边地形、防空炮火布置以及低空进入机场范围的最佳路线等等。在克拉克中校的脑海中，较为可行的作战方案是在Me 262起飞时在低空将其一举歼灭；如果敌机没有起飞，则顺势将其摧毁在跑道之上；此外，破坏机场设施、使其无法继续工作也是遏制Me 262作战效能的一个方式。展开对Me 262机场攻击的同时，克拉克中校计划安排1个中队的野马在高空担任警戒任务，清剿任何从机场升空的敌机。此外，还有8架飞机在机场周边地域巡逻，防备其他敌机赶来增援。

从1945年3月开始，克拉克中校开始将他的计划付诸实施，结果成效斐然。克拉克中校是这样评述该部队的战斗的：

"在这3个机场之中，我们有能力攻击两个。第一次行动时（针对柏林西北部的机场），我们提交并得到确认的战果为在空中击落3架、击伤2架敌机。后来我们才知道，有6架敌机被我们向北赶到波罗的海上空，随后它们燃料耗尽坠毁了。这批战果我们没有算上。在我们最后一个小队离开之后，有架敌机才敢返航降落，不过燃油耗尽坠毁在跑道尽头。

那个机场被我们破坏得如此严重，以至于从来没有重新投入使用过。战争结束后我自己检查了那个机场，发现在我们打完那一仗以后便没有得到过修复。一个德国空军官员告诉我：当时我们把他们的燃油储备全部烧光了，他们再也没能搞到过补给。两架在攻击中幸存下来的Me 262被永远地丢到仓库里头。

我们在这场任务中没有损失1架飞机，再也没有比这更让我自豪的事了。在我们执行的三次任务中（1945年3月20日、3月30日和4月3日），我们在空中击毁8架、可能击毁1架、击伤5架敌机，在地面上摧毁26架敌机，可能还有更多未经证实的战果，而我们自己则毫无损伤。"

在野马机群和德国空军喷气式战斗机的角力当中，英国人最后也加入了战斗。英国皇家空军的汤姆·瑟顿上尉是这样评述这段历史的，当时他领导的第611中队装备的是P-51D/野马Ⅳ："我从第91中队被调到曼斯顿机场的第611中队，上级通知我：该部队的喷火Ⅸ将使用野马战斗机来替换掉。我们不能在这上面耽搁时间，因为轰炸机司令部和美国人迫切地需要我们来加强远程护航兵力。

我们完成了几次战斗机护航任务，通常处在高空掩护的位置。我们的运气还算不错，不过这个时候德国空军已经没有多少可以打的飞机了。我们的中队一共击落了6架敌机，击伤的有几架……

在远程护航任务之外，我们在石勒苏益格—荷尔斯泰因的Me 262机场上空巡逻，等着它们升空拦截盟军的轰炸机。我们进行过几次惊险万分的主动进攻，在其中的一次，战斗机联队指挥官克里斯第上校被击落了。

有一点毫无疑问：如果我们早点装备野马，便能够在击败德国空军的战斗中做出更大的贡献。喷火是一款伟大的战斗机，拥有令人敬畏的火力，但没有配备更大的远程油箱。野马装备有这种油箱，虽然在它清空机身油箱并投掷下副油箱以前会出现重心后移的问题。当然，6挺12.7毫米口径机枪是比不上喷火的20毫米机关炮的，野马威力的来源在于罗尔斯－罗伊斯公司的灰背隼发动机。

■ 这架野马将机翼涂成暗绿色，以使飞机在执行扫射任务时，不容易被高空的敌机所发现。

不过，即便我们的野马守护在轰炸机编队的头顶，还是很少有机会拦截住从下方5000至10000英尺接近的Me 262。幸运的是，德国空军的Me 262已经剩不了几架了，而且用于起降飞机的跑道和高速公路也被盟军破坏大半。在这里要提一下对地攻击任务：第12大队命令我们和经不起打的兰开斯特轰炸机呆在一起，防止Fw 190和Me 262靠近。不过，有时候我们得到批准，在回家的路上可以派出一个中队扔掉副油箱扫射碰到的任何目标。"

1945年4月9日下午，第55战斗机大队的爱德华·吉勒少校和队友在慕尼黑地区巡逻时，发现1架Me 262在24000英尺出现，野马飞行员立即展开追捕。10分钟之后，敌我双方的距离没有丝毫拉近的迹象，两名队友放弃了努力，而吉勒少校依然不屈不挠地跟在敌机背后。终于，机会出现了，Me 262压低机头，开始向慕尼黑南部的机场飞去。吉勒少校回忆起当时的情形时说：

"有那么一阵子我跟丢了敌机，过了一会儿发现它要降落在慕尼黑机场上。我不知道他是真要降落还是想把我引到高射炮火射程里去。冲到50码距离后，我把子弹发射出去。它当时正从西向东飞到跑道右侧100码之外。我打了几梭子，看到子弹打在左侧翼根和机身之上。我注意到敌机的起落架没有放下，速度在200英里/小时左右。这时我的速度是450英里/小时，弹道很快一扫而过，我于是把飞机拉起来。我向后张望，看到它在跑道旁100码处迫降，卷起大片尘土，碎片飞扬。敌机没有燃烧，我想这应该是因为燃油烧光了。这时敌机已经完全摔坏了。"

1945年4月19日，托马斯·海斯中校带领第357战斗机大队在完成护航任务之后，前往捷克斯洛伐克的布拉格机场地区等待战机——情报表明，该机场有一批Me 262在活动。借助太阳光的掩护，野马机群在机场上空的云层中和地面观察哨玩起了猫捉老鼠的把戏。不久，Me 262在机场上以2架一组的队形依次起飞。等16架敌机离开跑道之后，在高空中待命的野马机群顺势杀下，凭借高度和速度的双重优势大打出手。在击落4架、击伤3架敌机之后，第357战斗机大队的小伙子们吹着口哨踏上归家的路途。

在第三帝国奄奄一息的日子里，阿道夫·加兰德集中了德国空军硕果仅存的尖子飞行员组建了最后一支Me 262部队——JV44中队。在最精锐的德军对手驾驶的最尖端战机面前，野马飞行员依旧保持着旺盛的斗志。1945年4月10日，JV44出动50架Me 262拦截陆航轰炸机群，勉强取得击落10架轰炸机的战果。与之对比的是，有20架Me 262在战斗中击落，其中有18架成为护航战斗机的战利品——这是德军喷气战斗机部队所遭受的最惨痛的一次失败！

在战争的最后2个月，德军喷气式战斗机的出击频率达到了二战中的巅峰，美国陆航的战斗机飞行员在空中有438次和喷气式战斗机的接触记录，并进行了280次战斗，击落43

呼啸长空 P-51战机传奇

■（上）第364战斗机大队的P-51D，该部队从1944年7月开始使用P-51D参战。
■（下）第364战斗机大队的P-51D在飞行中，面对轴心国最先进的喷气式战斗机时，野马飞行员从来没有流露出一丝畏惧。

架Me 262，击伤45架，并有3架可能击落的记录。除空中的战果之外，战斗机飞行员还在地面上摧毁了21架敌机，击伤11架。

德军喷气战斗机的参战曾经在欧洲大陆上空掀起不小的波澜，但到战争结束，它们的命运只能以悲剧而告终——在铺天盖地的野马机群面前，德军的喷气战斗机数量微不足道，可靠性更是不容恭维，只是战争的压力在迫使它们进行绝望的孤注一掷⋯⋯

第五章 P-51在亚洲战场

中－缅－印战场

1943年7月,第一批野马战机运抵南亚战场,装备驻印度的第311战斗轰炸机大队,该部队隶属于第十航空军,指挥官为哈里·麦尔登上校。第311战斗轰炸机大队获得的第一批飞机是40架通过澳大利亚运抵前线的A-36A,由于数量只够装备第528和第529中队,该部队的第三个中队——第530战斗轰炸机中队装备的是后续出厂的P-51A。在第十航空军的作战计划中,麦尔登上校的这批野马被赋予侦察、扫射、俯冲轰炸、滑翔轰炸、巡逻以及拦截等多种任务。

鉴于野马家族具备的较远航程,第311战斗轰炸机大队的A-36A和P-51A最初被用以

■(上)第530中队队徽,一只黄色的蝎子。
■(下)第530战斗轰炸机中队的P-51A在南亚热带丛林包围的跑道上。

呼啸长空　P-51战机传奇

■ 日本陆军的空战王牌桧与平中尉。

协助轰炸机以及运输机的护航任务。不过，该部队第一次伴随运输机群从印度飞往中国时，在险恶异常的"驼峰航线"阶段中损失了3架A-36A，据推测，它们很可能遭到了从缅甸起飞的日军战机的拦截。

从1943年11月开始，野马战斗机开始投入实战。麦尔登上校派出第530战斗轰炸机中队进入孟加拉地区的拉姆机场，配合兄弟部队的B-24和B-25轰炸机展开对仰光的作战。从机场到目标区之间的距离长达430英里，这几乎是早期艾利森动力野马的作战半径极限。即便配备了额外的75加仑副油箱，野马战斗机还是只能在目标区上空维持很短的作战时间。

11月25日，第530战斗轰炸机中队护送B-25轰炸机群袭击仰光周边的明加拉顿机场，日本陆航最为著名的装备Ki-43"隼"式战斗机部队——有"加藤隼战斗队"之称的第64飞行战队恰好驻扎在这个机场上。临近中午，美军战机飞临仰光上空时，第64飞行战队的4架Ki-43-Ⅱ型战斗机刚刚从明加拉顿机场起飞，准备执行一个小时的巡逻任务。升空后不久，经验老道的桧与平中尉发现座机的无线电发报设备出现故障。他回头向队友打出手语信号说明情况，发现上方空域有7架涂装相当陌生的战斗机。桧与平回忆说：

"我分不清它们是日本飞机还是美国飞机，于是试着飞近了看一看。我非常担心，如果它们是美国战机，我们会处在不利的态势下，因为它们飞得比我们高很多。利用日光的掩护，我们慢慢地接近了它们……在它们下方200米的距离，我肯定它们是美国飞机。忽然间，我们的新手教官炭野中尉出手发动攻击。在这样糟糕的条件下攻击敌机，让我对他担心得要死。此外，我还能感觉到这些战斗机非常先进。'小心啊，炭野！'我暗暗地说。我得尽可能快地保证他的安全。我对这种新飞机的第一印象是它的块头，以及它是飞得如此之快。"

在炭野中尉和美军战斗机交手的同时，桧与平设法击中了领队的美军战斗机，并观察到碎片飞溅而出，美机坠下地面。在这场混战中，第530战斗轰炸机中队的美国小伙子被日军飞行员带进了低空的转弯缠斗当中，这正是Ki-43战斗机的最大优势所在。战斗结束后,2架P-51A被击落,日军无一损失。

第二天,桧与平中尉接到第64飞行战队的通知,祝贺他在前一天的战斗中击落第311战斗轰炸机大队的指挥官哈里·麦尔登上校。尽管如此,桧与平没有表露出太多的喜悦,他明白日本陆航的新对手比以往的盟军战机更为难缠,他开始对未来萌生了不祥的预感。

11月27日,第530战斗轰炸机中队掩护轰炸机群袭击仰光北部的永盛地区,第64飞行战队的Ki-43机群再次蜂拥而至。1架P-51A还未来得及投下副油箱便在浓烟中翻转下坠,美国陆航在这天的战斗中损失4架野马,战果仅为击落1架日军战机。

不过,这次第530战斗轰炸机中队的飞行员为大队长报了一箭之仇——桧与平中尉的右腿被12.7毫米口径机枪子弹打断,他的Ki-43被击伤迫降。伤势过重的桧与平在截肢手术后被送回日本,失去一条腿的日军中尉对这架修长优美的美国战机恨之入骨,他发誓有朝一日一定要报仇雪恨。

12月1日,仰光上空掩护B-24机群的野马部队再遭偷袭。占据了数量和高度优势的Ki-43机群第三次品尝到胜利的果实,日军飞行员击落了1架P-51A。在返航途中,又有1架P-51A由于油料耗尽被迫弃机。

三场任务过后,第530战斗轰炸机中队折损过半。对于年轻的野马部队,这个开局可谓极不理想,事实上,P-51A在中低空域的空战性能要优于任何一种美国战斗机,但其加速性能和机动性仍无法与敏捷的Ki-43相比。更重要的原因是,缺乏经验的美国小伙子面对的是南亚地区最精锐的日军飞行员。为此,第311战斗轰炸机大队的飞行员改变了战术:在与日军战斗机交手时避免一切低速缠斗,采用高速的一击脱离方式,在远离敌机射程之后方才转弯进行第二次攻击。该战术由中-缅-印战区的P-40飞行员所发明,在过去的两年时间里得到了很好的应用。

北美公司出厂

■ 第311战斗轰炸机大队的飞行员在座舱中,面对经验丰富的日军飞行员,这架飞机的1个击落战果可谓来之不易。

的野马战斗机继续运抵中－缅－印战区，飞虎队的继任者——驻扎在桂林的第十四航空军第23战斗机大队在这年冬天开始换装P-51A，并马上在感恩节参与了对台湾新竹机场的奇袭。

根据盟军情报，在新竹机场有大量日军战机聚集。为此，第十四航空军经过长期筹划，决定进行一次出其不意的打击。这次行动共有8架P-38、8架P-51A和14架B-25参加，由第23战斗机大队的戴维·希尔少校带领。为了达成奇袭效果，攻击机群在航程的最后100英里下降到100英尺高度，紧贴台湾海峡的水面飞行。抵达新竹机场上空后，P-38机群首先俯冲而下扫射所有目标——包括机场火力点以及一队正在降落的轰炸机，同时14架B-25拉起到1000英尺高度投下大量破片杀伤弹，随后希尔少校再带领野马战斗机加入扫射的行列，并在跑道尽头

■ 第1空中突击大队的P-51A。

击落了一架零式。

在15分钟的时间里，新竹机场化为一片火海。最后B-25轰炸机带领战斗机群安全返航，背后的跑道上留下42架日军战机的残骸，并有12架被判定为可能击毁。回到中国的桂林和衡阳机场之后，所有参与行动的陆航飞行员痛痛快快地享受了感恩节的火鸡大餐。

1944年3月，为了支持奥德·温盖特将军对缅甸的秘密渗透任务，第1空中突击大队在印度成军，该部队获得的第一批战斗机便是P-51A。

3月8日，第1空中突击大队开始了创建后的第一次大规模作战，出动21架战斗机扫射缅甸阿尼萨坎地区的日军机场。这场任务由格兰特·马奥尼中校带领，在加入第1空中突击大队之前，马奥尼中校已经在菲律宾和爪洼地区与日军打过多年交道。

■ 地勤人员正在为第1空中突击大队的P-51A手工灌注燃油。

第五章　P-51在亚洲战场

■ 第1空中突击大队的野马在缅甸上空飞行。

在这天的任务中,每架P-51A在机翼下挂载1个大型副油箱以及1枚500磅炸弹。抵达目标区之后,马奥尼中校分派出8架P-51A轰炸和扫射高射炮火力点,随后爬升向高空以提供掩护。此时,其余的P-51A在马奥尼中校带领下俯冲至低空,将炸弹倾泻在日军的堑壕和油料仓库之上。随后,马奥尼中校爬升至机场上空,指挥各架野马战斗机扫射机场上的目标,地面上一共有35架日军战机化为灰烬。

同时,提供高空掩护的8架野马也忙得不可开交。在爬升过程中,带队的罗伯特·史密斯中校发现了14架日军战斗机正向扫射中的低空野马机群袭来,立即带队俯冲而下拦截敌机。在进入机枪射程之后,史密斯中校扣动扳机,却发现机枪的子弹带已经被卡死,他依旧勇不可当地驾机冲向日军机群,直至将其驱散。

厄尔·施耐德上尉的举动更是使交战双方目瞪口呆,他咬住1架日军战机越打越近,直至对方在烈焰中爆炸才善罢甘休。然而,施耐德上尉的座机已经冲到对手跟前,他拉起飞机躲避爆炸的碎片,但机翼径直撞上日军战机飞散的垂尾。野马战斗机瞬时失去控制,在尾旋中滚转下坠。美国飞行员视死如归的战斗精神给予日军飞行员极大的震撼,他们当即纷纷脱离战斗,四散离去。

在第1空中突击大队中,野马战斗机肩负着夺取战区制空权以及对地攻击的双重任务。此外,挂载超重的作战负荷在短小泥泞的丛林机场上起降更是飞行员的家常便饭。P-51A每侧挂架的标准负荷是500磅,但空中突击大队的飞行员们将这个数字翻了一番,经常毫无惧色地同时挂载两枚1000磅炸弹升空作战!

航空火箭弹是空中突击大队的常用对地支援武器,为此,野马战斗机在两侧机翼之下各增设一副3管4.5英寸口径"巴祖卡"火箭弹发射管,这将流传到中-缅-印战区其他后续野马部队之中。火箭弹发射时,猛烈的气

■ 这架银光闪闪的P-51C在1944年抵达印度时被认为过于引人注目,为防止敌军发现,机翼上罩上一层渔网。

243

呼啸长空　P-51战机传奇

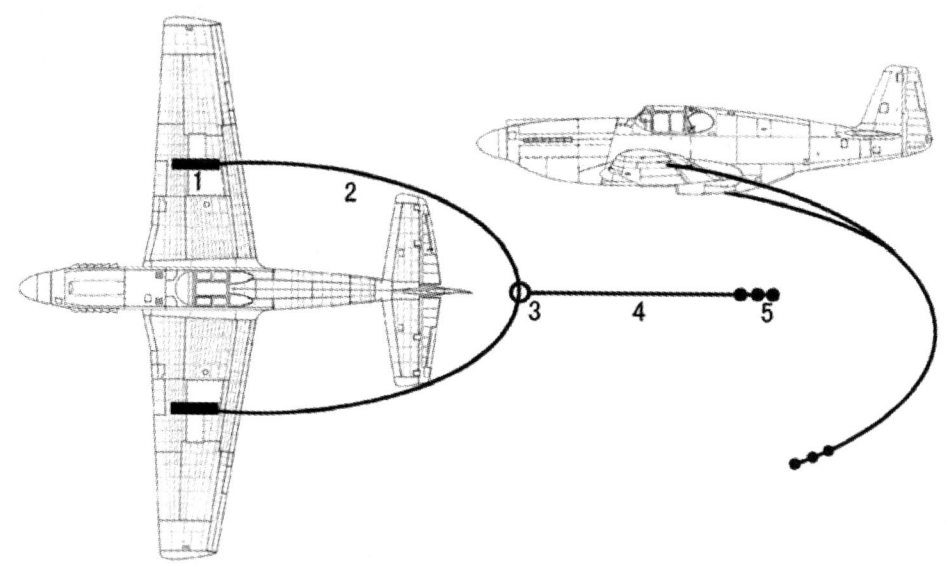

■ 1.两翼挂架位置；2.3/4英寸粗的电线；3.金属环；4.5/16英寸粗的电线；5.金属配重。

流会波及野马右侧机翼下方的空速管，使空速表的读数产生20英里/小时之多的误差。因而，空中突击大队的野马飞行员一旦在空中发射过火箭弹，返回机场跑道降落时便需多加小心，避免不正确的空速表读数导致降落失败。

为了阻隔日军的通信联络，空中突击大队的野马还不时担负切断敌占区电话线路的任务。在任务之前，地勤人员会将1根150英尺长、3/4英寸粗的电线两端分别夹持在P-51A两侧机翼的挂架之下，电线正中用1个直径3英寸的金属环维系着另1根150至200英尺长、5/16英寸粗的电线，第二根电线的末端固定有3至4个12磅重的金属配重。起飞升空后，金属配重会使第二根电线自然垂下，变成一把高速飞行的切割刀。只要飞行员驾驶野马在电线杆高度一掠而过，下垂的电线和金属配重便会将下方的电话线干净利落地切断，日军的电话联络将陷入长时间的中断。任务完成之后，飞行员为保证战机安全，会将挂载的电线抛弃，随后再返回基地降落。

当更先进的灰背隼动力野马装备中－缅－印战场的陆航部队之后，所有型号的日军战机均开始尝到苦头，1944年6月18日的战斗便是一个很好的例证。当时，第23战斗机大队的6架野马在洞庭湖地区执行俯冲轰炸任务。野马机群在以350英里/小时的速度从俯冲中改平拉起时，发现10多架Ki-43正在冲来。美国飞行员们保持着紧密的队形，顶住了敌军战斗机的第一次攻击，并高速飞出足够远的距离，掉头开始他们的反击。

默里上尉在拉起时看到1架绿色的Ki-43俯冲向他的小队指挥官，便瞄准敌机打出一个90度偏转角的短点射。子弹准确地击中了

第五章　P-51在亚洲战场

敌机的引擎罩，Ki-43向左翻转下坠。此时，默里上尉和他的僚机一起爬升，争取背对太阳的有利位置。

爬升至10000英尺高度后，默里上尉看到下方4000英尺的空域中有8架Ki-43保持着松散的编队在盘旋。敌机俯瞰着更低高度P-51和Ki-43之间的战斗，很明显在等待下手的机会。默里上尉选中了一架黑色的Ki-43，闪电一般俯冲至其后方1000码的距离，改平拉起后位于敌机下方偏低的位置。日军飞行员对自己身后发生的一切完全浑然不觉，野马战斗机悄悄地接近到500码距离，喷射出灼热的弹道。Ki-43的发动机喷出火焰，拖曳至机身后方，此时的默里上尉和僚机一起压低机头，从下坠的敌机和编队中其余Ki-43下方掠过，安全返回后方基地。

梅斯中尉带领他的僚机俯冲时，受到了日军战机从上方发起的进攻。梅斯中尉反咬住一架Ki-43，并跟随敌机俯冲。他稳稳地驾驭着飞机，寻找开火的最佳时机。当日军战机向左急转之时，后方的野马战斗机打出了等待已久的第一个点射。Ki-43只得改为右转规避，但梅斯中尉也跟着掉转机头，再次将子弹射入敌机的机身，将其打得凌空爆炸。

此时，另外1个小队的4架野马在俯冲轰炸过程中也遭受到6架Ki-43来自上方的袭击。当发现无法跟上野马战斗机的俯冲速度之后，日军飞行员驾机以急上升转向机动拉起到高空盘旋，等待P-51爬升。等日军战斗机再次俯冲而下攻击时，野马小队轻松地以半滚倒转机动脱离，借助俯冲速度的优势将敌机甩在身后。

格林中尉反复俯冲了3次才摆脱敌军的追击，当他最后绕了一个大圈准备再次爬升时，看到左侧半英里之外有1架P-51被1架Ki-43咬住。格林中尉随即转弯为队友解围，在Ki-43进行急转动作时以10度的偏转角在300码距离开火射击。格林中尉只看到有一条弹道从机翼方向射中了敌机，但日军飞行员很明显被击中了——敌机来了个急上升转弯动作，随后机头朝下、转着弯坠毁在地面上。最后，2架野马安全地脱离了战场。

在中-缅-印战场中，有一条空战伎俩经常被日军飞行员用来对付盟军战斗机，这就是：在较低的高度安置1架作为诱饵的战斗机，假扮成一个极具诱惑力的目标，当陆航飞行员贸然接近诱饵战斗机时，在上方数千英尺高度埋伏的大批日军机群将俯冲而下借助高度优势围歼美国战斗机。不过，1943年过后，驾驶着灰背隼动力野马的陆航飞行员发现自己手中的战斗机相对日军具备着巨大的速度优势，完全可以在埋伏机群杀到之前对诱饵战斗机进行一回合安全的进攻。有时候，即便埋伏机群的型号是高速的Ki-44"钟馗"，野马战斗机依然能够和诱饵战斗机打上一两个照面，随即扬长而去。因而，日军的诱饵战斗机经常成为野马部队的盘中美餐，在一场大获成功的战斗之后，有位陆航飞行员在作战报告中写道："以这样的战术吃掉诱饵战斗机真是极端的安全，尤其是你在下方空域有两三千英尺用以俯冲的高度时，因为P-51只要占据先机，便能在埋伏机群赶到之前凭借俯冲速度优势脱离战场。"

根据前线飞行员的经验：350英里/小时以下速度是日军战斗机的传统优势区间，在低速缠斗时，其敏捷性堪称举世无双；当进入高速飞行条件下的对决之后，野马战斗机可谓优势明显，各种空战机动均能压倒日军战机。

1944年4月，为了打通从伪满洲国到新加坡的大陆交通线，日军在中国腹地开始了声势浩大的攻势。为了配合中国军队的作战，第十四航空军进行了大规模的对地支援任务，中国战区内的大部分野马部队同时参与其中。

1944年6月29日，第23战斗机大队的野马机群在衡阳地区展开对日军舰船的轰炸和扫射行动。忽然间，美国飞行员与4架Ki-43不期而遇。在这个队列整齐的日军战机编队中，有2架Ki-43为银色涂装，另外2架为绿色涂装。发现美国战斗机之后，1架绿色涂装的Ki-43立即降低高度扮演诱饵战斗机的角色，其余3架飞机维持原高度等待野马战斗机上钩。普特南中尉一马当先，驾机俯冲而下直取诱饵战斗机。第一个回合交火过后，日军战机毫发无损，上空的1架Ki-43俯冲而下咬住普特南中尉的6点钟方向。为了给同伴解围，特雷卡丁中尉加入了战斗，很快自己的身后也跟上了第三架Ki-43。敌机在特雷卡丁中尉背后不断开火射击，不过由于距离太远，同样一无所获。野马战斗机以20度的俯冲机动进行规避，轻松地将日军战斗机甩掉。

当这2架P-51重新回到7000英尺高度时，日军战斗机也恢复了原先的阵形——3架飞机处在高空等待时机，1架诱饵战斗机和野马机群位于同一高度。普特南中尉再次出击，向诱饵战斗机对头冲去，同时特雷卡丁中尉的座机在左侧半英里之外观察局势。只见2架战斗机擦肩而过，随即在对手背后开始了180度的急转弯。这样一来，Ki-43便不偏不倚地转到特雷卡丁中尉的方向。同时，由于转弯时候飞机倾斜角度太大，日军飞行员的视野被机体所遮挡，没有发现附近还有1架野马战

■ 1944年夏天，第23战斗机大队的P-51C，著名的鲨鱼嘴涂装分外抢眼。

■ 第23战斗机大队戴维·希尔少校和他的P-51B，照片摄于1944年夏天的桂林。

应。当野马战斗机的12.7毫米机枪喷吐出密集的子弹时，Ki-43既没有转弯也没有侧滑规避，它的驾驶舱被击中多处，飞机顿时被烈焰吞没。令美国飞行员大为惊奇的是：3架在高空巡逻的Ki-43对于这一幕完全无动于衷，没有采取任何行动。因而，2架野马战斗机顺利地脱离了战场，返回己方基地。

尽管中美空军掌握了制空权，不过在日军的地面攻势面前，豫湘桂大溃败依然不可避免。为此第十四航空军的对地支援任务强度一再提升。由于部队折损日益严重，陆航部队得到了装备和人员的补给。第23战斗机大队第74战斗机中队迎来了一位新的指挥官——约翰·赫伯斯特少校，这位34岁的老飞行员有着一个"老爹"的外号，他将成为中－缅－印战场的头号野马王牌。

斗机。

特雷卡丁中尉顺利地咬上了诱饵战斗机的背后，将距离缩短到100码以内。在这段时间里，日军飞行员本来有足够的机会发现野马战斗机，因为他摆动了一下飞机尾部以检查后方空域，但极有可能出于大意或者误认，完全没有对特雷卡丁中尉的座机做出反

■ 1944年秋天的柳州机场，中美混编的地勤小组正在维护这架野马战斗机。

呼啸长空　P-51战机传奇

1944年9月3日，赫伯斯特少校取得了他在中国的最初2个击落记录。在这天，赫伯斯特少校驾机对一座日军控制的铁路桥进行跳弹轰炸攻击。炸弹爆炸之后，2架九九式舰载俯冲轰炸机钻出了云层，很显然，日军飞行员对下方腾空而起的冲天烟柱非常好奇，将注意力全部集中于其上，并将高度下降至2000英尺进行更仔细的观察。此时，赫伯斯特中尉悄悄绕到两架敌机的背后，第一个回合冲刺过后便将1架九九式舰载俯冲轰炸机凌空打爆。剩下的1架敌机滚转下降规避，想凭借自身轻巧灵活的特点将野马战斗机引入尾旋。赫伯斯特紧追其后，丝毫没有理会敌机后座猛烈射击的机枪手。他扣动扳机，将敌机的垂直尾翼以及后机身打掉一大半。九九式舰载俯冲轰炸机挣扎着下降高度，想在一片水稻田中迫降，却狼狈地翻了个肚皮朝天。

两天之后，赫伯斯特少校从桂林领回了自己接受改造的座机。返航的途中，赫伯斯特少校发现正前方有一片巨大的雷暴云团，为了避免事故，他驾机飞入一条山谷之中迂回前进。

飞过湖南茶陵之后，赫伯斯特少校发现2个战斗机编队正在10000英尺高度飞行，各包括8架Ki-43。他向下瞥了一眼，看到下方有数量不详的日军战机，正由这两个编队进行掩护。赫伯斯特立即将节流阀打满，操纵飞机

■ 约翰·赫伯斯特少校和他那架战果累累的P-51B。

爬升以绕到东侧的Ki-43编队后方，他的目标是这个编队的最后1个双机分队。不过，野马战斗机闪闪发光的铝质蒙皮很快被日军战斗机飞行员所察觉，他们立即驾机散开，朝向赫伯斯特少校转弯飞来。

赫伯斯特少校向敌机编队最前面的1架Ki-43对头冲刺，一路猛烈开火，当他和敌机擦肩而过时，看到对方已经冒出浓烟。不过，敌机群也将火力集中在这架野马单机之上，飞机的风挡被打得粉碎，四处横飞的玻璃渣扎了赫伯斯特少校一脸。更糟糕的是，西侧的Ki-43编队也掉转头来围堵野马战斗机。

在脱离战场之前，赫伯斯特少校再次向Ki-43机群的领队发动对攻，子弹一次次地射入敌机的机体。此时，头上冒出的鲜血糊住了眼睛，野马的4挺机枪中有3挺卡壳，求生的欲望激励赫伯斯特少校与日军战斗机周旋下去。一个回合交手过后，赫伯斯特看见一

第五章　P-51在亚洲战场

■ 第530战斗轰炸机中队硕果累累的战绩榜单，飞行员们一共在空中击落88架、在地面击毁136架敌机，并摧毁了517个火车头。

朵降落伞在前下方张开，此刻他明白自己的击落成绩又增加了1架日军战机。终于，野马战斗机的最后1挺机枪也卡壳了，Ki-43机群在高空将其紧紧压制住，像秃鹫一样等待攻击的时机。赫伯斯特少校将飞机的节流阀和操纵杆一推到底，随着野马战斗机和地面距离的拉近，速度表上的指针稳定地向前推进。在飞机即将撞上地面的最后一刻，赫伯斯特少校将飞机拉了起来，开始爬升。此时，野马的背后没有1架日军战机的身影，它们全部在赫伯斯特少校开始俯冲时被远远甩在了后面。

1944年秋天，曾经势如破竹的日军却再也无法继续前进，战局开始朝向有利于盟军的一方发展。不过，野马部队的任务并未变得轻松多少。第311战斗轰炸机大队在这一时期离开东南亚，转进到中国内陆。12月18日，该部队受命在武昌-汉口地区的日军机场上空进行空中扫荡任务。当时，武汉三镇聚集了日军在中国大陆最强大的一支空中力量。参加这天任务的42架野马战斗机的使命便是最大程度地击落敌军战斗机，削弱其实力，为四川盆地之内的B-29轰炸机部队沿着长江展开对日军控制下港口和仓库的攻击而铺平道路。对这场战斗，第530战斗轰炸机大队的雷斯·艾拉史密斯中尉是这样评述的：

"第十四航空军提供了最新的高空航拍照片，显示在汉口地区有7个日军机场，但敌人每天的动作都相当频繁，我们没办法知道对方兵力的确切数据。根据估算，大概会有130架敌机在等着我们，它们包括Ki-44，一种狠毒的小飞机，我们给它起名叫'东条'。另外，我们估计还会遇到大量的'奥斯卡'（即Ki-43）和'弗兰克'（中岛Ki-84'疾风'战斗机），后者是一种非常快速和极端危险的新飞机。到后来我们才发现，130架的估计还是过于保守了，敌机的数量实际上接近200架！

在大部分任务中，前往目标区的最佳方式应当是保持飘忽不定的Z字航线，以避免敌军猜到我们的目的。不过，在这次前往汉口的任务中，由于往返航程过长，我们需要尽可能地节省燃油以保证目标区上空的战斗以及返航，因此，进入敌军占领区之后，我们的P-51编队便径直飞向汉口机场。

我们知道敌人做好了战斗的准备，不过更让我们担心的是座舱背后的85加仑辅助机身油箱。它把C型野马的重心向后挪动，如果进行任何高G的急转弯机动会使飞机失控翻转。当发动机处在作战功率时燃油消耗得相当快，因此我们决定在空战时采用爬升和俯冲机动，即便具备最好的条件，也尽可能避免处在劣势的转弯机动。"

参加当天任务的42架野马当中，来自第530战斗轰炸机中队的20架野马处在先锋位置。在距离汉口还有5分钟航程时，所有野马抛掉了副油箱，将V-1650-7发动机的供油切换至辅助机身油箱。从20000英尺高度，野马机群开始俯冲到8000英尺，这时美军飞行员们发现他们捅进了一个巨大的马蜂窝之内。艾拉史密斯中尉说：

"这一幕真让人敬畏：到处都是飞机！我们陷入了一场混战之中，节流阀被一推到底，无线电频道被各种叫喊和警告声挤满。这时候，要遵守任何一条空战准则都是徒劳的，空战变成了最野蛮、最疯狂的厮杀。我只能义无反顾地往前猛冲，杀出一条血路来。我发现右前方1500英尺之下有1架灰绿色的'奥斯卡'在背对着我进行小角度俯冲。我是分队长机，这架飞机应该交给我来解决，因此我便跟了下去。这架'奥斯卡'在独自飞行，它也许和我们其他队友一样不知所措。

我接近到了300码距离，敌机依然没有做出任何反应。我的12.7毫米口径子弹喷射而出，从敌机的垂直

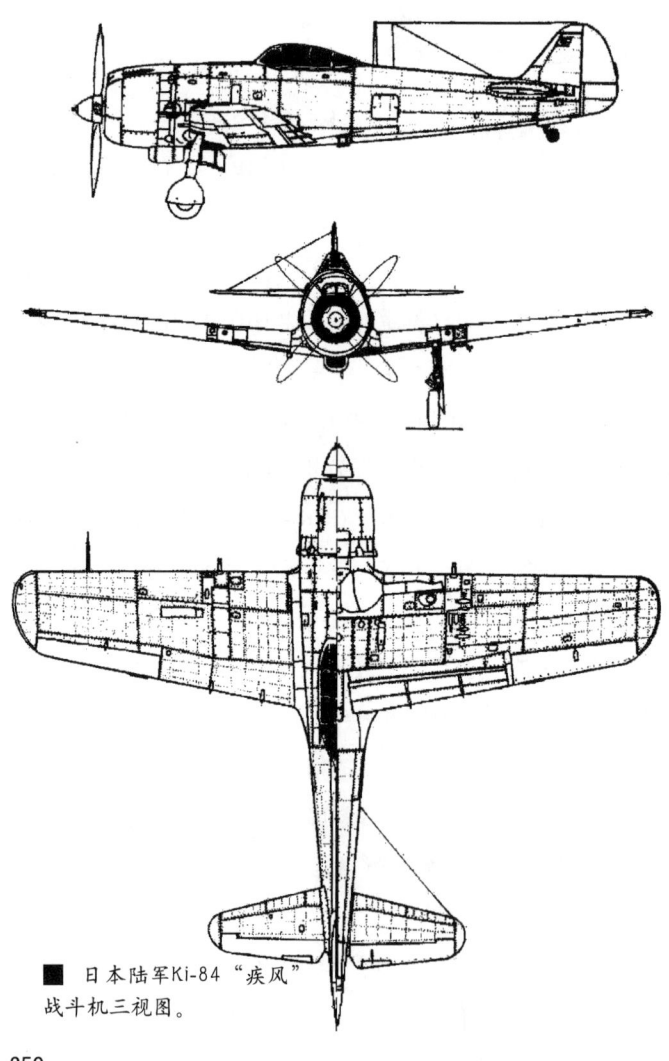

■ 日本陆军Ki-84"疾风"战斗机三视图。

第五章 P-51在亚洲战场

尾翼一路打到引擎罩。它向下一头栽去,滑落了100码之后炸成一团耀眼夺目的火光!我把飞机拉起,寻找我的僚机——他刚才还跟随在我的身边,但现在已经不知去向了!

有那么几秒钟,我的头脑一片空白,不过,忽然之间,从座舱盖上方闪过的弹道很快把我唤醒。热血被点燃了,我开始抖擞精神应对敌军。两架深绿色的'东条'从背后冲杀而过,掉头向右侧转弯脱离。它们没有和我近身纠缠而是转弯脱离,结果给自己酿成大祸。我驾驶飞机向右进行优美的转弯,刚好来到'东条'僚机的背后。我打出一个长连射,把它的右侧机翼打掉。这个飞行员没有逃生的机会,他是死在长机的错误决断之下。这时候,第528战斗机中队拉尔夫·希克斯中尉的座机在旁边出现了,他的到来受到了我的热烈欢迎。

这时,我们又发现2架'东条',希克斯中尉掉头对付它们,他的背后由我来保护。两架敌机之间靠得太紧,很难发挥出效果,而且很显然它们没有注意到我们俩。希克斯中尉接近到机枪射程之内后,1名'东条'飞行员发现了他,不过这已经太晚了。穿甲燃烧弹接连击中敌机左侧机翼,顿时把它打得支离破碎。拖着一条长长的火焰,这架'东条'不停地翻滚着滑过半个天空。我全神贯注地盯着希克斯中尉的动作,而全然忘记了背后的动向。转瞬之间,野马的左侧机翼之上掠过一连串的火球,我的麻烦又开始了。"

咬上艾拉史密斯中尉的是2架"弗兰克"——中岛Ki-84,美国陆航的最新情报将其描述为"'奥斯卡'的年轻弟弟"以及"世界级的战斗机"!在任务之前,每一个野马飞行员都要被反复提醒Ki-84速度快、火力强的特点,一旦由富于攻击性的日军飞行员所驾驭,它能对野马战斗机造成严重的威胁。

"我盯着这2架'弗兰克',看着它们来了一个漂亮的急上升转向动作,飞向左边准备下一次攻击。我仅有的机会是等它们冲下来时爬升进行对头攻击。我把节流阀打到作战紧急功率,进气压力提升到67英寸水银柱,发动机运转在3000转/分钟。它们来了,朝向我们压下来,在极远距离便开始射击!我能看到它们的炮口喷出的火光,但炮弹都掉到了我们下面。

■ 爱德华·迈克科马斯中校。

呼啸长空　P-51战机传奇

■ 爱德华·迈克科马斯中校的座机。

当敌机像火箭一样掠过我们时，它们具备速度优势，现在高度优势则转到了我们头上。我向左掉头，来了个急转俯冲，马上看到它们并没有凭借高速优势重新获取高度，相反，它们向右转弯俯冲而下。我几乎垂直冲下追杀它们，当我接近到机枪射程之内时，敌机散开了。'弗兰克'长机进入半滚倒转机动，僚机开始向右爬升。我跟着长机滚转而下，一路上持续开火。当我把野马拉起来时，'弗兰克'撞击到地上，爆炸起火。"

希克斯中尉将Ki-84僚机击落之后，2名飞行员发现周边空域一片平静，所有的飞机似乎如烈日下的露珠一般蒸发掉了。于是，2架野马并肩返回基地，当天美国陆航战斗机部队在武昌－汉口上空一共消灭了42架敌机。

12月23日，第118战术侦察中队的16架野马由爱德华·迈克科马斯中校带领，从位于遂川的机场起飞升空。该部队当天的任务是对武昌和汉口之间的航运系统进行跳弹攻击。到达目标区之后，2个四机小队俯冲而下，向着沿江被日军占领的码头以及渡轮投弹扫射。野马战斗机的攻击非常奏效，很快汉口一侧的码头便被炸成废墟，浓烟和大火冲天而起。

此时，迈克科马斯中校带领着1个小队的野马在高空巡逻，以掩护下方的攻击机群。当队友的轰炸和扫射告一段落之后，双方交换职责，迈克科马斯中校的小队俯冲而下开始第二轮扫射。很快，美国飞行员们发现武昌地区的敌军机场之上停放着若干敌机，随即掉头进行攻击。在几轮扫射之后，迈克科马斯中校极为高效地击毁了1架Ki-48轻型轰炸

■ 约翰·赫伯斯特少校的座机又增添了战果。

机以及1架Ki-43。

在迈克科马斯中校把座机从低空拉起之后，他发现头顶上有6架Ki-43杀奔而来，其中的1架已经咬上了野马战斗机的尾巴并在机翼上打出了几处弹孔。一个俯冲规避动作过后，迈克科马斯中校将Ki-43甩掉，开始爬升。在7000英尺高度，他撞见了1架Ki-43单机，并接近到敌机正后方，将大量子弹射入其翼根之内。日军飞行员很快抛掉了座舱盖，跳伞逃生。

这时，有2架Ki-43从周边包抄过来，迈克科马斯中校便驾机飞向东南方暂时规避。在另一个日军机场上空，他看到9架Ki-43正在跑道上列队起飞。这绝对是一个千载难逢的好机会，迈克科马斯中校绕着机场飞了半圈，由西向东沿着跑道从这队敌机的正后方发动突袭。他看中了跑道尽头刚刚升空的2架Ki-43，瞄准了距离最近自己的1架开火射击。敌机在子弹的冲刷之下翻身下坠，刚好压在下方的同伴身上，2架Ki-43便齐齐坠毁在跑道东侧的尽头。

迈克科马斯中校将飞机拉起，咬上刚刚起飞、正在肩并肩爬升的2架Ki-43。把距离拉近到50码之内后，野马战机一个长连射同时打中2架飞机，当场将其击落。

4天之后，约翰·赫伯斯特少校取得了在中国大陆的最后两次空战胜利。当时，他正带队进行广东省境内的第一次空中扫荡任务。在广东南部，赫伯斯特少校看到低空有几架美国战斗机正在扫射日军目标，而此时的空中出现了3架Ki-43正要俯冲而下进行偷袭。赫伯斯特少校带队借助阳光的掩护冲杀向前，在50码距离从敌机下方开火。转瞬之间，1架Ki-43便翻转着坠入珠江之中。

其余2架敌机各自向左右两侧以半滚倒转机动进行规避，赫伯斯特少校跟上了右侧的敌机，设法打出一个点射，并观察到子弹击中了Ki-43的翼根。第二个点射过后，敌机的机翼和机身周围燃起大火。此时，滚转向左侧的敌机杀了个回马枪，咬上了野马战斗机的尾巴。赫伯斯特少校把灰背隼发动机的功率加至最大，逐渐拉开了自身与敌机的距离。眼看瞄准镜中的猎物越飞越远，Ki-43于心不甘地转了一个180度的弯脱离战场。这给了赫伯斯特少校反击的机会，野马战斗机掉过头来，追上Ki-43并倾泻了一通子弹之后，毫发无伤地飞回基地。

1945年1月16日，在武汉北偏西100英里左右的区域，第51战斗机大队第26战斗机中队的1架P-51C-10NT (美国陆航序列号44-10816) 被地面炮火击伤。飞行员山姆·麦克米伦中尉驾机在一片水稻田中迫降。没等麦克米伦中尉解开安全带，野马战斗机的周围便已经围上了一群荷枪实弹的小个子士兵——附近恰好是一个日军营地，看热闹的日本兵们目睹了麦克米伦中尉迫降的全过程。美国飞行员被毫不客气地拖出驾驶舱，饱尝了一顿老拳。这时，日军军官出现了，他们制止了殴打并开始仔细地端详着野马战机，发出由衷的赞叹。即便全身都是斑斑点点的泥浆，44-10816号野马的线条依然优美动人。

战后，在回忆被日军关押的这段日子里，山姆·麦克米伦说道："日本人每天例行任务是用木剑抽打我，有时候4个人一起上。但在高级官员没有审问出需要的情报之前，他们不敢杀我。我和许多飞行员进行了交谈，他们都很和蔼。事实上，他们是这一伙人里最好相处的，他们都渴望着能飞一次我的飞机！"

俘获了美军新型飞机的消息惊动了日军大本营，为此日军从国内专门派来机械师将其修复。这架无价之宝被小心翼翼地经由南京－北平－朝鲜一线飞回日本，并在1945年3月上旬抵达福生市的机场开始评估。

在二战中，与轴心国盟友进技术交流的同时，日军飞行员接触过德国空军的核心力量——Bf 109和Fw 190战斗机。日军的传统是过分注重空中格斗能力，因而他们或多或少地对这两种德国飞机表露出不屑的态度。不过，被俘野马的试飞工作开始之后，日军飞行员被这款战斗机彻底折服了。

44-10816号野马的试飞工作首先交付第64飞行战队的黑江保彦少佐执行，他是同期军校毕业生中战绩最为突出的一名，早在1939年的诺门罕战役中便取得2个击落战果，到二战结束时一共击落51架盟军战机，其中包括P-38侦察型、蚊式轰炸机甚至2架B-29轰炸机。作为Ki-84"疾风"战斗机的试飞员，黑江保彦少佐将这款日本陆航引以为傲的"大东亚决战机"与44-10816号野马进行了一番比较。

在对比测试中，黑江保彦少佐很快发现野马在爬升功率和俯冲速度方面的优势显著，而方向稳定性更是远远胜出；同时，野马的12.7毫米口径机枪也被证明领先于日军的12.7毫米机枪。黑江保彦少佐在战后回忆道：

"我对它的性能大感吃惊。（44-10816号野马的）转弯动作非常漂亮，在水平转弯时几乎和Ki-84同等水平。无线电收发设备极为出色，武器和其他设备非常好，和日军装备相比较时尤为突出……它的加速性能没有我们引进的Fw 190A好，但俯冲速度和俯冲时的稳定性极为出色。在耗油率测试后，我

■ 日军士兵在缴获的P-51C之前合影。

美国陆航P-51D与零式52型战斗机对抗测试

1945年4月,美国陆航安排一架俘获的零式52型战斗机与P-38J-25、P-47D-30以及P-51D-5等主力制空战斗机进行一系列的模拟空战对抗,并将测试报告分发太平洋战区的前线司令部。报告中,与P-51D-5相关的部分如下示意:

性能 型号	高度	发动机进气压力	发动机转速	结果
P-51D-5	10000英尺	62.5英寸水银柱	3000转/分钟	(P-51D-5)真实空速比零式52型快约80英里/小时
零式52型		38英寸水银柱	2750转/分钟	
P-51D-5	25000英尺	62英寸水银柱	3000转/分钟	(P-51D-5)真实空速比零式52型快约95英里/小时
零式52型		33.5英寸水银柱	2750转/分钟	

水平转弯

10000英尺高度。在向左和向右转弯的对决中,零式52型均在一个360度转弯之内取得优势。

25000英尺高度。结果同10000英尺高度。

水平加速

10000英尺高度。开始两架飞机以200英里/小时表速并排飞行。在发动机功率全开1分钟后,P-51D领先大约400码。2分钟后,领先优势增加到1500码。

25000英尺高度。测试从190英里/小时开始。发动机功率全开后,P-51D在1分钟后取得300码领先优势,在2分钟后领先1000码。

俯冲加速

10000英尺高度。开始两架飞机以200英里/小时表速并排水平飞行。在发动机功率全开进行俯冲后,P-51D立刻开始领先。27秒后,零式52型达到表速警戒线(325英里/小时)。此时,P-51D领先大约200码距离。

25000英尺高度。结果与10000英尺高度非常近似。零式52型在20秒后达到325英里/小时,俯冲开后P-51便在短时间内拉开领先优势。

副翼滚转

在以上两高度,表速220英里/小时以下时零式52型的滚转性能比P-51D稍微胜出。在速度超过220英里/小时条件下,由于零式52型的操纵杆力加重,P-51D占据优势。

平飞转急跃升

10000英尺高度。从210英里/小时表速并排水平飞行开始,发动机功率全开进行急跃升。在表速下降至130英里/小时之时,P-51D大约位于零式52型前上方300英尺。

25000英尺高度。从185英里/小时表速(零式52型巡航速度)并排水平飞行开始,发动机功率全开进行急跃升,结果同10000英尺高度。

俯冲转急跃升

10000英尺高度。小角度俯冲之后转急跃升，在机头拉起越过地平线时发动机功率全开，P-51D大约领先零式52型前上方500英尺。25000英尺高度。结果同10000英尺高度。

螺旋

在10000英尺高度和25000英尺高度进行螺旋爬升和螺旋俯冲对决，两架飞机轮流处在纵队的先头位置。在两个高度的结果相同。当P-51D以领先位置开始螺旋爬升或者螺旋俯冲后，零式52型能够保持在其转弯范围之内。当零式52型以领先位置开始螺旋机动后，P-51D仅能保持一段时间的优势。

战斗

在10000英尺和25000英尺高度进行模拟空战，结果大致相同。就以下三种对阵态势进行了检验：

迎面攻击。两架飞机在同一高度相互迎面飞行，航线相距500英尺。当双方擦肩飞过后，零式52型能够立刻转至P-51D的背后，但在P-51D开始俯冲后无法拉近距离。P-51D能够在俯冲过后重新获取高度，从上方重复进行攻击。对于零式52型来说，唯一的防御战术是转向攻击者的方向，进行一次高偏转角射击。

零式52型位于正后上方2000英尺高度。零式52型从上方开始攻击时，P-51D能够俯冲脱离对手的火力范围，并利用积累的速度爬升到合适的攻击位置。P-51D更快的爬升速度以及更好的爬升性能使其能保持在敌机火力范围之外，直至合适的位置发动攻击。零式52型能够转向应对每一次攻击、打上一发点射，但一直无法争夺主动权。

P-51D位于正后上方200英尺高度。在第一次攻击后，野马能够爬升进行重复的攻击。零式52型唯一的开火机会是掉头转向野马打上一发短点射。

总结

在10000英尺和25000英尺高度上，P-38J-25、P-47D-30和P-51D-5的最大平飞速度均极大超出零式52型。

基于速度、加速性、高速爬升性能的领先优势，所有三种美国陆航战斗机均能在与零式52型的对抗中保持攻势，并可随意退出战斗。

对以上三种美国陆航战斗机，零式52型在转弯性能方面拥有极大优势，并在低速状态下拥有普遍的机动性优势。

建议

美国陆航战斗机飞行员(P-38、P-47、P-51)在战斗中与零式52型交手时，应利用飞机高速性能方面的优势；速度应保持在200英里/小时以上；尽可能使用"一击脱离"战术；必须严格避免跟随零式52型进行任何持续的转弯机动。

们估算出它具备从硫黄岛杀到日本领土的能力。不久以后，这真的成为了现实……"

在44-10816号机上完成了林林种种的试飞实验后，日军的飞行测试中心认定：野马战斗机不具备任何明显的缺陷，它易于操控，速度、爬升和机动性能优秀。黑江保彦少佐对44-10816号野马的评价则充满着敬畏之情："我确信，如果开着这架P-51，我根本不会担心任何日军战斗机。"

值得一提的是，在测试中44-10816号野马使用的是标号为91的日军燃油，性能发挥远不及在美军阵营中消耗100标号甚至110/130标号高品质燃油的时光。由此可见，在实战中对决日军战机的野马飞行员将拥有何等巨大的性能优势。

飞过44-10816号野马的还有第68飞行战队的梶并进上尉，这位年轻的王牌在新几内亚战场取得了24次空战胜利，他的战利品包括P-40、F6F"地狱猫"、F4U"海盗"和P-47"雷电"，不过从来没有和野马战斗机进行过对决。在试飞中，野马战斗机的性能给梶并进上尉留下极其深刻的印象，他意识到任何一款日军战斗机均完全无法与野马相提并论。

在性能优势之外，1945年中－缅－印战场的野马战斗机部队实力越发加强，并利用每一场战斗摧毁敌军的空中力量。随着战争尾声的临近，曾经在中国老百姓头上横行无忌的日本战斗机日渐稀少，野马战斗机和其他盟军战斗机一起无可争议地统治了亚洲大陆之上的万里苍穹。

太平洋战场

由于优先供应欧洲战场参与对德国的战略轰炸，野马家族要到1944年11月才在太平洋战区露面。此外，最早服役的并非战斗机型号，而是F-6D侦察型野马，它的接收单位是摩罗泰岛上原配备P-40的第82战术侦察中队，该部队隶属于第五航空军旗下的第71战术侦察大队。同时计划换装野马的还有第110战术侦察中队，但该部队的P-40在菲律宾战役期间频频参与对雷伊泰和民都洛岛的空中支援任务，一直无法脱离战场，因而直到1945年2月才有机会替换成F-6D。和欧洲战区的侦

■ 准备运往东方战场的P-51D，它们将歼灭日军最后的空中力量。

察型野马部队一样，只要一抓到机会，第五航空军驾驶F-6D的这些小伙子们便会过上一把战斗机飞行员的瘾。

1945年1月11日清晨，第82战术侦察中队的2架F-6D起飞升空，身材高瘦的威廉·索默上尉带领僚机保罗·李普斯科姆中尉前往北方仍然被日军占据的吕宋岛执行照相侦察任务。在前一天的任务中，索默上尉击落了1架九九式舰载俯冲轰炸机，但他没有想到的是：1月11日的飞行将为他奉上足以令所有陆航飞行员垂涎三尺的战果。这天，索默上尉的目标是土格加劳、阿帕里和佬沃的多个军用机场，盟军指挥官需要了解日军战机是否依然在这些机场上活动。

2架野马保持着紧密队形，在吕宋岛之上200英尺的低空快速飞行。在碧瑶上空，2名飞行员发现在2500英尺高度有大群日军战机在飞行。这个编队包括1架三菱G4M一式陆基轰炸机，跟随着11架Ki-61"飞燕"战斗机以及1架Ki-44"钟馗"战斗机。很显然，轰炸机内一定搭载有若干日军高级指挥官，由这些战斗机专门保驾护航。

凭借优于日军战机的爬升性能，索默中尉带队以一个翻转爬升至日军机群背后，加速冲向队列最后的2架Ki-61。这2名日军飞行员注意到了背后的动静，但他们非但没有采取任何规避行动，反而左右摇摆了一下机翼示意野马战机飞得再靠近一些！对此只能有一个解释：驾驶着同样的液冷单引擎战斗机，Ki-61飞行员将2架先前从未在西南太平洋战场上遭遇过的野马当成了友军。

索默上尉顺势驾机冲到Ki-61背后40码距离，此时已经无需任何射击技巧，敌机的背影将瞄准镜填得满满当当。2个点射过后，敌机成为索默上尉总成绩单上的第二和第三个战果。将飞机重新拉回到敌机编队之后，索默上尉击落了当天的第三架敌机，它的飞行员依然显得相当迷惑，没有进行规避机动。这时，日军编队终于明白过来，当即阵脚大乱。一式轰炸机飞行员压低操纵杆，带着身后的两架Ki-61向临近的一个日军机场俯冲，指望能尽早在地面上迫降，保住机上乘客的性命。但在俯冲性能占据压倒性优势的野马战机面前，这只是徒劳地拖延时间。索默上尉在一式轰炸机接近机场跑道之前便冲到敌机下方，打出一个精准的点射。脆弱的日军轰炸机顿时凌空爆炸，残骸散落在跑道四周，跟随俯冲而下的Ki-61在低空散开飞走。

此时的索默上尉已经跻身王牌飞行员的行列，但他依旧没有满足——战斗的热血被激活之后，这位年轻的美国人渴望成为一名真正的战士，与日军飞行员来一个你死我活的对决。正当在一片混乱的日军机场上空搜寻目标时，索默上尉被敌机编队中的Ki-44战斗机咬住背后。日军飞行员打出一个接一个准确的高偏转角射击，但索默上尉均竭力操纵野马将其避开。最后，日军飞行员意识到自己永远无法击落快速而又敏捷的野马，只得悻悻掉头俯冲脱离战场。索默上尉和李

第五章　P-51在亚洲战场

■ 威廉·索默上尉的座机。

普斯科姆中尉一鼓作气朝向剩余的敌机群冲去，在一番厮杀之后各自击落3架Ki-61。侥幸逃生的日军战斗机纷纷四散而去之后，两名美国飞行员从容地飞临日军机场上空，拍下任务所需要的航空照片——当然也包括他们战利品的残骸。

在这天的任务中，索默上尉成为野马部队中又一名"一日王牌"。同时，一次任务击落7架敌机的纪录在此后再也没有一名美国飞行员能够超越。对此，第五航空军司令官乔治·肯尼将军向他的飞行员们开玩笑地说：如果日本人知道在入伍前索默上尉的职业是标本制作师，而李普斯科姆中尉只是个放牛娃，他们的士气一定会遭受更严重的打击。鉴于这天的过人战果，索默上尉被提升至少校军衔，并被授予国会荣誉勋章这个美国军人的最高荣誉。

在战争的最后一年，野马战斗机开始分配到第五航空军。战绩累累的第348战斗机大队第一个用P-51D将原先装备的P-47D替换掉，并在同年3月底完成了换装过程。在这年1月，第五航空军曾经按照惯例做出计划：为每个换装野马的战斗机中队预留20到30天的

■ 威廉·索默上尉（左）和地勤人员在一起。

呼啸长空 P-51战机传奇

时间来完成新飞机的训练课程，但菲律宾群岛的战局迫使这个时间大为缩短，许多中队仅仅花了一个星期进行训练便开始派出野马升空作战！第35战斗机大队在3月初接收了第一架P-51D，到了3月底便将3个野马中队全部投入实战。

在野马战斗机列装之初，许多雷电飞行员非常不情愿与自己的心爱的大飞机分手。在他们看来，P-47猛烈的火力和强壮的体魄是任何其他型号战斗机都无法比拟的。不过，美国陆航的决策者们则从另外一个角度看待问题：雷电战斗机的起飞重量超过两万磅，其起飞滑跑距离相对其他战斗机便显得出奇的长；工程兵部队需要铺设更长的跑道方可满足P-47的使用要求，这毫无疑问地拖慢了部队向前推进的速度。为了保证美军反攻的步伐，P-51的换装势在必行。

在1945年初，装备了P-51D的陆航部队还包括第3空中突击大队，该单位从1944年年底转进菲律宾战场，随后使用P-51和C-47等型号执行任务。除了给予吕宋岛的盟军地面部队必要的空中掩护，第3空中突击大队还为前往台湾和中国大陆的轰炸任务提供护航，甚至在高空掩护海军的舰船行动。

在第3空中突击大队中，最具传奇色彩的飞行员当推路易斯·库德斯上尉，这名经验丰富的老战士原先服役的部队是活跃在地中海战区的第82战斗机大队。1943年夏天，他驾驶着P-38战斗机先后击落7架德国空军的Bf 109战斗机以及1架意大利空军的MC 202战斗机。1943年8月，库德斯上尉由于座机的机械故障被迫在意大利的敌占区迫降。在轴心国的战俘营呆了不到两个星期，库德斯上尉便在9月8日成功地越狱，并在敌人防线后方躲藏了大半年。1944年5月24日，库德斯上尉成功返回被盟军解放的意大利领土，并要求再度升空作战，于是在同年8月被送往亚洲战场加入第3空中突击大队。

1945年2月7日，库德斯上尉在台湾西南30英里的空域击落一架日军侦察机——Ki-46百式司令部侦察机。战斗结束后，他那架昵称为"坏天使"的P-51D便在座舱盖下方涂上

■ 第3空中突击大队的P-51D。

了1面旭日旗，加到原先的7个德国反万字和1个意大利法西斯束棒标志之后。第二次世界大战中，能够对三个轴心国均取得空战击落记录的飞行员可谓寥若晨星。不过，"坏天使"的座舱盖之下还将绘制上第四种令所有人匪夷所思的旗帜。

1945年2月10日清晨，库德斯上尉带领他的小队从吕宋岛的曼加尔丹机场起飞，前往台湾进行武装侦察任务。按照计划，这4架野马战斗机将在吕宋岛以北190海里处的巴坦群岛上空降下高度，搜寻日军机场的情报，因为有报道指出日军利用该群岛中的跑道进行从台湾到马尼拉之间的穿梭轰炸。

从吕宋岛到台湾的航程可谓风平浪静，在1个小时的侦察飞行之后，野马小队掉转机头，向南飞往巴坦群岛。很快，2架Ki-46出现在前方的空域中。未等收到进攻的命令，野马飞行员便争先恐后地一拥而上，将敌机击落。看到这一幕，稳坐在驾驶舱之内的库德斯上尉不由得微微一笑——作为一名老战士，他非常理解小伙子们的求胜心态。

抵达巴坦群岛空域之后，库德斯上尉将小队的另外一队野马派往南方搜寻敌机活动的踪迹，自己和僚机一起在群岛北方巡逻。在星星点点的小岛和珊瑚礁上空转了几个来回之后，库德斯上尉没有发现任何可疑的目标，这时他的无线电响起了队友的声音："红色3号呼叫红色领队。我们在这里发现一个机场，把它打了个底朝天。我们把地面上的3架敌机打着了火，不过还剩下2架敌机。"

库德斯上尉立即向前推动节流阀，带领僚机向南高速飞行。这时，他听到红色3号发出一声痛苦的呼叫——他的飞机被日军防空炮火击成重伤，腿上挨了一颗子弹，红色3号坚持不了多久了。当库德斯上尉的双机分队赶到时，只看到一朵降落伞缓缓地降落在小岛沿岸的峡湾当中。

凭借丰富的作战经验，库德斯上尉当机立断地命令自己的僚机爬升至高空发出求救信号，红色4号野马飞回基地接应前来救援的海空搜救部队飞机，同时自己驾机俯冲至树梢高度，扫射小岛上所有可能对战友造成威胁的日军目标，直至地面上一切平静下来。随后，库德斯上尉将飞机拉起爬升，继续严密监视附近的敌情。

这时，在北方出现了1架双引擎飞机远远地飞来，从轮廓上判断极有可能是1架C-47运输机，但库德斯上尉想不通为什么1架美军运输机会出现在这个区域。驾驶着野马飞近之后，库德斯上尉在C-47的机身侧面看到了蓝底白五星标志——毫无疑问这是1架美军的运输机。库德斯上尉掉转机头，与C-47并排飞行，并打开无线电向对方呼叫。运输机的飞行员没有做出任何回答，相反，他开始降低高度，朝向前方日军占领的小岛飞去，很明显要在岛上的跑道降落。库德斯上尉明白过来：运输机一定是迷失了航向。他扣动扳机在C-47前方打出一条弹道以示警告，但运输机依然没有停止下降高度，继续置若罔闻地向前飞行。

呼啸长空　P-51战机传奇

■ 库德斯上尉在野马的座舱中。这是仅有的一名由于击落美军飞机而获得杰出飞行十字勋章的飞行员。

情急之下，库德斯上尉驾机向后转弯，放下襟翼降低速度后，野马战斗机飞到了运输机左侧发动机的正后方。库德斯上尉稳稳当当地扣动扳机，大量12.7毫米口径机枪子弹射进高速转动的R-1830"孪黄蜂"发动机之中，顿时一股黑烟喷涌而出，发动机当即停止了轰鸣。库德斯上尉随即驾机侧滑到运输机右侧发动机之后，依样画葫芦地将其击毁。现在，C-47已经失去了动力，再也不可能飞行至日军机场了，飞行员只剩下一个选择——驾机在水面迫降。只见运输机的高度在慢慢下降，机腹擦到了水面，在激起一大片浪花之后飞机停了下来。库德斯上尉驾驶野马在C-47上空盘旋观察，他看到飞机的舱门打开，多个橡胶救生艇在水面上充气，随后12名美国人跳出飞机爬至救生艇之上。

海面上方，库德斯上尉和僚机分别在低空和高空盘旋巡逻，救生信号在持续不断地发出，直到另外4架P-51前来接应，他们方才掉头返航。第二批野马机群保护落水者直到当天日落，但此时天色已晚，救援飞机已经无法赶到了。

第二天清晨，负责救援的PBY"卡特林娜"水上巡逻反潜机飞临巴坦群岛水域。所有落水者均被救起，包括库德斯上尉的战友——红色3号野马飞行员。登上PBY之后，C-47飞行员才明白自己迷失了航向，如果不是库德斯上尉果断击落运输机，他和飞机上的1个医疗小队便要落入日军手中了。

库德斯上尉过人的机智以及果断的行动将同胞从危险境地中解救出来，他因而被授予杰出飞行十字勋章的嘉奖。此后，"坏天使"的座舱盖下方便被涂上库德斯上尉的第十个击落标志：一面星条旗。

在中部太平洋战区，第一个装备野马战斗机的陆航部队是第15战斗机大队，下属第4、第47和第48战斗机中队。该部队隶属于第七航空军，起初装备P-39作为夏威夷群岛空中防卫力量的一部分而存在，随后参与了中部和南部太平洋战区的对日反攻。同时，第二十航空军的第21战斗机大队也在1945年2月交出了手中的P-38，用P-51D装备了旗下的第46、第72和第73战斗机中队。

不过，在这一时期，西南太平洋战区

第五章　P-51在亚洲战场

的野马列装速度显得较为缓慢。在1945年初，算上从美国本土运往前线途中的数量，由第五和第十三航空军组成的远东航空军旗下的野马战斗机只有95架。与此同时，雷伊泰和摩罗泰地区的战斗极大消耗了远东航空军的单引擎战斗机，使其数量下降到危险边缘。在寄给美国陆航司令阿诺德将军的一封信中，远东航空军的时任司令员乔治·肯尼将军表达了他的忧虑——国内的P-47供应一再减少，而P-51的数量不足以弥补部队损失以及装备新单位。为此，肯尼将军得到了军方的保证：在1945年2月底，他将得到装备齐全的P-51大队作为补充。同时，肯尼将军从第七航空军手中争取到75架后期型P-38的配额，并将其更换成P-51，这样一来，远东航空军的单引擎战斗机缺损危机才得以缓解。在大规模换装P-51的同

■ 折钵山的角度观察硫黄岛全景。

时，肯尼将军同意国内意见，将第五航空军旗下的第58战斗机大队保留为雷电部队，以评估新型P-47N的任务适配性。

随后，这两型单引擎战斗机将在硫黄岛上空证明它们的价值。攻占硫黄岛的决定是1944年7月做出的，当时美军刚刚攻克马里亚纳群岛，随即在塞班岛上建立航空基地。在美军的计划中，B-29机群将从塞班岛起飞，开始对日本本土的战略性轰炸。1944年7月14日，阿诺德将军提交了一份备忘录，注明日军的新型中岛Ki-84战斗机有可能对轰炸本土的B-29造成巨大威胁。为了给轰炸机群提供护航支持，阿诺德将军建议攻克硫黄岛作为护航战斗机群的基地，因为硫黄岛恰好位于塞班岛与日本本土之间，野马战斗机从硫黄岛起飞，作战半径能将东京包括在内。同时，将军还制订了一个计划，为第二十一轰炸机司令部配备

■ 硫黄岛俯瞰，跑道尽头半英里开外便是硫黄岛最高峰——折钵山。

呼啸长空 P-51战机传奇

5个P-51D和P-47N大队以协助任务。如果条件许可，这些战斗机将在履行护航职责的同时展开日本上空的空中扫荡任务。阿诺德将军还特别指出，硫黄岛上的机场跑道应进行适当延长，以允许B-29轰炸机在情况紧急时中途着陆。

1944年10月，第一批B-29轰炸机降落在塞班岛机场之上，并于26日对日军盘踞的太平洋要塞特鲁克进行空袭。11月24日，太平洋战场上B-29轰炸机对日本本土的远程空袭正式展开。正如盟军将领所预料的那样，日军调集了大批战机对B-29机群进行拦截，因而为轰炸机群提供护航支持的需求愈加迫切。

此时，美军业已制订定攻占硫黄岛的作战计划，并于1944年12月初步确定了行动的日程。美军预计在硫黄岛登陆作战之初将有三到四天的苦战（实际上战斗延续了一个月之久），硫黄岛上的3个机场将被一一攻克，分别在登陆后的第7、第10和第15天供陆航部队使用。最早进驻硫黄岛的陆航兵力将来自第七战斗机司令部，由第15和第21战斗机大队的222架P-51D以及第548和第549夜间战斗机中队的24架P-61夜间战斗机组成。

1945年2月19日，硫黄岛登陆作战开始。日军的抵抗超出了预先的构想，登陆部队的推进速度相当缓慢。3月6日，正当攻守双方激战正酣的局势下，第15战斗机大队的P-51机群降落在硫黄岛的南部机场之上。两天之后，野马部队便开始冒着敌军炮火升空作战。3月10日，美国海军的航空母舰离开附近海域，第15战斗机部队便从凌晨7点到下午18点30分之间持续派出P-51，以8架飞机的编队在硫黄岛上空提供警戒。在地面部队的要求下，战斗机持续扫射和轰炸了日军的碉堡、山洞入口、机枪火力点、堑壕工事，对敌军造成大量杀伤。在这一天，一共有125架次野马战机升空作战。虽然这支新部队的飞行员缺乏对地攻击的实战经验，他们依然在战斗中迅速地成长起来，一次次在超低空高度准确命中敌军，并为此得到了地面部队的高度赞誉。

■ 在太平洋战区的美军向日本领土挺进的过程中，荒凉、粗砾的硫黄岛被认为是环境最为恶劣的一个基地。

第五章 P-51在亚洲战场

■（上）火山灰弥漫的硫黄岛机场。
■（中）第506战斗机大队正从硫黄岛北部机场起飞。跑道上积满了火山灰，这要求飞行员在起飞时使用最小的发动机功率，否则螺旋桨掀起的烟雾将久久不散，影响后续起飞的队友。
■（下）这就是火山灰造成的影响，两架第21战斗机大队的野马在起飞时吸入火山灰，导致发动机进气口堵塞随即停止工作。飞机在跑道尽头坠毁，一架起火，所幸的是飞行员性命无碍。

黄昏过后，第548战斗机中队的两架P-61夜间战斗机将承担起硫黄岛上空的护卫职责。这种轮班式的警戒一直持续到战争结束。在3月20日和3月23日，第549夜间战斗机中队和第21战斗机大队加入到警戒任务之中。5月11日，硫黄岛的警戒力量中增加了第306战斗机大队的P-47N。

在硫黄岛战役早期,为了清除周边日军威胁,陆航的B-24机群和海航的攻击机群一直对附近父岛和母岛上的日军部队进行持续的轰炸。野马部队在硫黄岛上站稳脚跟之后,逐渐接替了这个职责。野马部队的第一个轰炸任务在3月11日展开,当时第15战斗机大队派出16架P-51,各挂载两枚500磅炸弹升空,第七战斗机司令部的指挥官欧内斯特·摩尔将军在战斗中随同观摩。轰炸行动一直延续到3月末,野马战斗机的首要目标是父岛上的机场、日军战机、港口以及其他军事设施。不过,由于日军战机和船只的出现几率极低,父岛机场便一次次地承受了陆航部队的空中打击。在对父岛的轰炸行动中,只有2架野马被日军炮火击落,其余有8架由于各种原因损失。事实上,美国陆航缺乏硫黄岛周边岛屿的航拍照片情报,而且父岛和母岛上的军事设施数量极为有限,野马部队的战绩相比其他战场要逊色得多。不过,陆航飞行员们仍然有效地清除了日军利用机场和港口对硫黄岛进行反攻的可能,同时获得了在漫无边际的海平面上进行远程飞行的宝贵经验,这等于使飞行员为未来前往日本的护航任务进行了良好的预演。

从1945年3月上旬开始,B-29部队对日本本土的夜间轰炸已经持续了相当一段时间,包括东京在内的大型城市在燃烧弹的浩劫下化为灰烬。在美军控制硫黄岛的机场之后,使用野马机群护卫轰炸机部队进行昼间轰炸便成为可能。因而,第二十一轰炸机司令部便开始考虑昼间的精确轰炸任务,将目标瞄准了日军的重点工业设施。1945年4月7日清晨,第73轰炸机联队的B-29机群从塞班岛起飞,直取东京都武藏市的中岛飞机工厂。当天稍晚时间,硫黄岛的第七战斗机司令部派出108架P-51D升空护航。这意味着战争结束前4个月,野马战斗机终于能够反攻至日本本土。

为了使战斗机在650英里之外的日本上空拥有足够的留空时间,所有参加对日轰炸任务的P-51D均挂载了洛克希德公司开发的165加仑副油箱,在灌满汽油之后其重量相当于1枚1000磅炸弹。在飞往目标区的途中,有17

■ 太平洋战场上,P-51D准备起飞执行远程护航任务。

架野马由于机械故障不得不中途退出任务，不过其余大部分护航战斗机在神津岛上空与B-29成功会合。

在所有战斗机飞行员眼中，耗资30亿美金研制的B-29是一群令人敬畏的金属巨兽，它们排列整齐，以交错的V字队形飞向目标区，遮天蔽日，势不可挡。野马机群将原本松散的中队阵形进一步打散，以四机小队的形式按照预先的安排从顶部或者侧面贴近轰炸机群。通过辨认B-29尾翼上巨大的黑色序列号，飞行员们找到了各自的护卫目标。

在会合队形后10分钟，野马飞行员看到了本州岛的海岸线，此时的P-51机群在17800到20000英尺之间的高度飞行，B-29的巡航高度则为15000英尺。在热海和平塚之间的相模湾上空，野马飞行员遭遇到第一批日军拦截机群，它们包括陆军的Ki-44"钟馗"、Ki-45"屠龙"、Ki-61"飞燕"以及海军的中岛J1N月光和零式战斗机。大多数日军战机从轰炸机群的前上方俯冲而下，这时迎接它们的是护航的野马机群。

当第一批日军战机出现时，格里默·斯奈普斯少校正带领着第15战斗机大队第45战斗机中队的20架野马。他投下副油箱做好空战的准备，但此时V-1650-7发动机停止了运转。没有引擎的驱动，斯奈普斯少校的座机在2分钟之内丧失了数千英尺的高度。在竭力重新启动发动机之后，斯奈普斯少校回到了轰炸机群的周围，向1架"飞燕"战斗机对头冲去，但这次攻击没有奏效。此时，斯奈普斯少校和他的僚机发现前方有2架"钟馗"战斗机在并肩飞行，便分别追上攻击。斯奈普斯少校对准自己的猎物猛烈开火，观察到子弹射入"钟馗"战斗机的机身内，敌机开始冒烟。由于野马战斗机的速度过快，转瞬之间便冲到"钟馗"战斗机前方，斯奈普斯少校只来得及看到敌机开始下坠，从此再也没有接触。前方出现的第三架"钟馗"战斗机很快吸引了斯奈普斯少校的注意力，一个短点射过后，敌机的1个起落架从机翼中松脱。大块碎片在敌机机身之中飞出，下坠了两到三千英尺之后，"钟馗"飞行员弹开座舱盖跳伞逃生。

在东京地区上空，轰炸机群目睹了日本飞行员的罕见战术：1架双引擎飞机从编队上空的2点钟位置对头飞来，投下1颗白磷弹。不过W.布朗中尉立即驾机冲上前去，给予敌机对头痛击。敌机燃起大火，在B-29机枪手的欢呼声中滚转下坠。

这天的战斗中，成果最为丰硕的飞行员是詹姆斯·塔普少校，他将在战争结束时成为第七战斗机司令部的首席野马王牌。在第一个回合的交手中，塔普少校便击伤1架"屠龙"战斗机，随后，他通过高速的转弯爬升机动牢牢咬住了1架"飞燕"战斗机。将距离拉近之后，塔普少校开火射击，目睹子弹击中，敌机开始起火。几秒钟不到，"飞燕"战斗机的机体内发生爆炸，一侧机翼被完全炸飞，敌机有如落叶一般旋转下坠。

获得了当天第一个击落记录之后，塔普

呼啸长空 P-51战机传奇

少校看到1架受伤的B-29正在向着海岸线蹒跚飞行,后方有1架"隼"式战斗机如豺狗一般紧紧跟随,等待着下手的机会。塔普少校驾机对头冲去,以迅雷不及掩耳之势将敌机凌空打爆。随后,塔普少校和自己的僚机一起飞近B-29,陪伴其踏上返航路途。此时,4架零式战斗机和2架"钟馗"战斗机杀气腾腾地冲了上来。在轰炸机机枪手的配合之下,2位野马飞行员并肩作战,沉着应对敌机的围攻。塔普少校的机枪子弹再次将1架"钟馗"战斗机的机翼打飞,敌机群见势不妙,一哄而散。受伤的B-29最终安全地降落在美军机场之上,机组乘务员发出了胜利的欢呼。在这一天,他们实现了复仇的信念——将炸弹投掷在日本领土之上,更重要的是,他们见证了野马战斗机在护航任务中的杰出表现,激发起对未来胜利的强大信心。

4月7日一天之内,野马机群在日本领空击落21架敌机,而自身只有1架损失。在返航途中,第15战斗机大队的弗兰克·艾尔斯中尉由于燃料耗尽,在勉强往南飞行500英里之后,不得不在硫黄岛以北200英里的区域跳伞逃生,随后被海空搜救单位的驱逐舰带回基地。4月12日,野马机群护送B-29重返日本本土,再次击落15架敌机。

不过,最初的失利并不代表日军丧失了主动出击的能力。在1945年4月1日对小笠原群岛的末端——冲绳岛的登陆作战展开之后,美国海军遭遇了前所未有的可怕敌人——"神风"自杀飞机。超过两千名飞行员抱着与目标同归于尽的狂热武士道精神从各个日军机场起飞,驾驶满载炸弹的战机撞击美军特混舰队。据统计,有182架自杀飞机击中美军舰船,造成25艘军舰沉没,被击伤的不计其数。为此,整个美国陆航如临大敌,就连第二十一轰炸机司令部也受到日军自杀作战的影响。从4月17日

■ 第7战斗机司令部的P-51D机群。

■ 第15战斗机大队的P-51D在滑行时发生事故,地勤人员围在机身之后启动泡沫灭火器。

到5月11日之间,该部队向17个自杀飞机基地投掷了大量炸弹,为其提供护航职责的依然是第七战斗机司令部下属的P-51D机群。根据美军情报,日军的自杀飞机通常从九州和四国的机场起飞。为了给予敌军最大程度的打击,野马战斗机在配备远程副油箱的同时,每侧机翼下额外挂载了3枚高速航空火箭弹用以攻击跑道之上的日军战机。这意味着飞机的起飞重量超过12100磅,每次从火山灰弥漫的硫黄岛跑道起飞时必须承受滑跑距离不足的危险。在这3个星期的作战中,虽然日军机场遭受了持续的轰炸和扫射,自杀飞机依然前仆后继地起飞升空,给予美军舰队造成巨大威胁。

1945年5月14日,第二十一轰炸机司令部的工作重心回到对日本本土战略目标的昼间轰炸上来。在这一天,479架B-29承载着2515吨燃烧弹起飞升空。它们在野马战斗机的掩护下穿越日本海岸线,摧毁了名古屋北部3平方英里的市区。日军聚集起大批拦截机,与护航机群展开激战,并击落10架B-29轰炸机,击伤64架。野马战斗机和B-29的机枪手则合力击落18架日军战机。

5月中旬,太平洋战区的野马部队再次得到加强,第506战斗机大队转进硫黄岛机场。该部队下属第457、第458和第462战斗机大队,将从下月开始参与作战任务。

1945年5月29日,第二十一轰炸机司令部发动了最后一轮昼间燃烧弹轰炸任务,当天的第一个目标是横滨。日军出动以零式为主的150架战斗机进行拦截,结果被第七战斗机司令部的101架野马击落26架。相比之下,护航战斗机的损失只有3架。

现在,野马飞行员们对于往返航程1300至1600英里、耗时8到9个小时的远程护航任务已经习以为常了。每次任务中,美国陆航都会安排若干B-29飞行在战斗机编队的前方,不断向后发送未来的气象信息,以使飞行员们获得预先的警告。

然而,野马部队在6月1日中由于天气原因遭到了严重的损失。这天的任务是护送轰炸机群袭击大阪,为此,第15、第21和第506战斗大队的148架野马战机倾巢出动升空护航。在飞离硫黄岛2小时之后,护航机群误入一片巨大的雷雨云中,从23000英尺高度到海平面,处处肆虐着狂风暴雨,能见度下降为零,飞机的操纵面上积满凝固的冰雪。在云层中,多起碰撞事故发生,2名飞行员侥幸跳伞逃生,然而野马部队损失的

■ 硫黄岛上的地勤人员正在保养P-51灰背隼发动机。

全部战斗机达到27架之多。94架P-51中途掉头返回基地，只有27名飞行员设法驾机冲出雷雨云，继续飞向大阪执行护航任务，值得庆幸的是，当天日军的拦截兵力较弱，轰炸机群没有收到太多损失。

这天的任务是野马战机参战以来，在太平洋战场遭受过的最惨重损失。随后，473架B-29不得不在失去战斗机护卫的前提下于6月5日前往神户地区执行作战任务。轰炸机群遭到了647架次日军战斗机的拦截，虽然只有两架损失，但被击伤的B-29却达到176架之多。

6月7日，经过修整的野马部队重新投入战斗，138架P-51D掩护B-29机群空袭大阪。不过，飞抵目标区上空之后，陆航飞行员们发现大阪城被厚重的云层所遮盖，没有一架日军战斗机升空拦截。

大致在同一阶段，菲律宾战场上的陆航部队开始为歼灭日军最为重要的南太平洋运输线路进行一系列作战，首要任务便是清剿亚洲沿海的日军空军力量。为此，第五、第十三和第十四航空军从3月20日开始联手出击，从菲律宾起飞横扫印度支那半岛以及中国大陆沿海省份的日军机场，歼灭所有遭遇的日军战机。为此，第35和第348战斗机大队的野马机群频频出击，掩护B-25和B-24轰炸机进行空袭任务。

在持续不断的打击之下，日军空中力量的损失极其惨重。以至于到1945年4月2日，第五战斗机司令部的野马部队宣布击落1架Ki-43和取得两个可能击落的记录之后，日军战斗机几乎从东南亚地区销声匿迹，其主力从台湾撤退到中国大陆，随后又进一步向后收缩至上海以及九州地区。大洋之上，孤立无助的日军运输船只能听凭美国陆航轰炸机大肆蹂躏。日军的一位运输船长在战后无奈地评述道："当我们呼叫空中掩护时，飞过来的只有美国飞机……"

在冲绳登陆战陷入僵局之时，美军加强了对西北方向的伊江岛的攻势作战。4月16日，海军陆战队官兵涌上伊江岛滩头，很快攻占了岛上3条可供飞机起降的跑道。陆航部队战机随即在伊江岛降落，支援冲绳岛登陆战。5月上旬，冲绳岛被美军占领的读谷和嘉手纳机场在修复后得以交付陆航部队使用。

此时，第二十一轰炸机司令部将目标锁定为日本的飞机制造厂，同时野马部队和美国海军航空兵的战斗机部队一起展开对日军机场的扫射攻击，此举的目的在于最大程度地减小"神风"自杀飞机的出动频率。和德国空军的Me 262一样，日军的自杀飞机在战争的最后时刻给予盟军强烈的震撼，并造成一定程度的恐慌。不过，它们均出现得太晚而且数量太少，已经无法对战争结局造成足够的影响。

6月23日，第七战斗机司令部出击扫荡下馆地区的日军机场，对于这天的战斗，第15战斗机大队第47战斗机中队的任务记录是这样描述的：

第五章　P-51在亚洲战场

■ 第506战斗机大队的这架P-51D在受伤后迫降于己方基地，机翼被撕裂，油箱破裂，但飞行员安然无恙。

"13点整抵达集合点，向左转向主要目标区，它被6000英尺高度的云层所遮盖。飞行4分钟后，中队遭遇7架Ki-84的进攻。托马斯中校和小队指挥官琼斯各自击落1架敌机。在收到第78战斗机中队的呼叫，得知他们已经离开目标区之后，第47战斗机中队转往西南方向。此时，17架Ki-84出现，利用高度优势发动进攻。敌机位于我方头顶位置，从正前方和侧面展开攻击。由于对手速度过快，我方飞行员没有时间进行对抗，只得竭力规避敌军炮火。艾尔斯和伯内特中尉各击落1架Ki-84，斯卡马拉、埃利奥特和巴库斯中尉一共击伤4架敌机。

在缠斗中，我们的小队被分散开来，持续了大约10分钟。沃顿中尉从上方攻击了1架Ki-43，并看着它在地面坠毁。6架'乔治'（George，盟军飞行员给N1K1"紫电"战斗机的绰号）咬住了斯卡马拉和斯坎兰中尉的座机，结果被斯卡马拉中尉击落击伤各两架。3架'汉普'（Hamp，盟军飞行员给A6M3型零式战斗机的绰号）攻击了奥利弗和伯内特中尉的座机，在遭受反击之后以半滚倒转机动逃离。沃顿中尉和马丁上尉遭遇了3架'杰克'（Jack，盟军飞行员给J2M"雷电"战斗机的绰号），但没有机会开火射击。

一群'杰克'排成纵队攻击了埃利奥特中尉，他设法俯冲脱离接触。根据埃利奥特中尉的估算，纵队中大约有25架敌机。斯卡马拉和斯坎兰中尉被6架'齐克'（Zeke，盟军飞行员给A6M2零式战斗机的绰号）从上方在6点钟位置咬住。斯卡马拉中尉设法击落1架'齐克'，但发现斯坎兰中尉的座机被背后的2架'齐克'接连击中，开始冒出黑烟的同时机枪失灵。斯卡马拉中尉尝试前往救

■ 机场上的卫兵注视着1架P-51D在硫黄岛上降落。

呼啸长空　P-51战机传奇

援，但未等接近即被另外的敌机纠缠，无法脱身。斯坎兰中尉将飞机在'齐克'前拉起后跳伞，斯卡马拉中尉看到他的降落伞在6000英尺高度张开。克里斯廷中尉的座机被1架'弗兰克'严重击伤，巴库斯中尉带领他前往一个集合点，在1艘救援潜艇以北5英里处跳伞。巴库斯中尉召集了棕色小队在上空巡逻守卫，直到克里斯廷中尉被潜艇救起。"

■ 硫黄岛机场挽救了大量受伤的B-29的机组人员的生命。

此外，在追逐1架敌机之时，艾尔斯中尉驾机俯冲到6000英尺高度，随后在云层中迷失了目标。猛然间，第二架敌机从上方云层中杀出，将一串子弹射入艾尔斯中尉前方的引擎罩之后消失得无影无踪。

在返航的路途中，由于发动机受损严重，无线电设备又遭到损坏，艾尔斯中尉明白自己的飞机无

■ 第15战斗机大队的罗伯特·摩尔少校以11个击落战绩成为太平洋战场的头号野马王牌。

法支撑到硫黄岛了。通过地图的指引，他在驾机飞到了1艘救生潜艇停泊区域的上空。将飞机倒转过来之后，艾尔斯中尉跳出驾驶舱，打开了降落伞。由于对4月7日任务的跳伞经历依然记忆犹新，艾尔斯中尉在落入水面之前便松开了降落伞。落水地点距离救生潜艇只有100码远，没等充气救生艇完全展开，潜艇上的海员们便用一根缆绳将艾尔斯中尉拉出海面。

美军海空搜救部队的效率从艾尔斯中尉的经历中可见一斑，他们在太平洋战区的远程轰炸任务中承担了默默无闻但至关重要的职责。在战争结束之前，一共有14艘潜艇、5艘水面舰艇、21架海军巡逻机和9架B-29每天在硫黄岛至日本列岛之间往复巡逻，随时做好准备搭救跳伞逃生的美军飞行员。海空搜救部队的存在，对野马飞行员来说是极为可靠的安全保障，他们极大鼓舞了前线飞行员的士气，使其满怀信心地投入到对法西斯阵营的最后一战当中。

在1945年7月上旬，部署在硫黄岛上的野马部队包括第15、第21和第506战斗机大队，兵力总共有348架P-51D，它们同第414战斗机大队的P-47N机群一起受第二十一轰炸机司令部的指挥。B-29机群从6月17日晚开始恢复对日本的燃烧弹轰炸，不过进攻目标转向中小城市。在1945年4月初到6月，以上3个野马大队一共歼灭了666架日军战机，其中大部分成绩在扫射机场的任务中获得；进入下半年之后，它们将进一步保持日军机场之上的制空权。7月10日和14日，美国和英国的海军航空兵部队派出1000多架战斗轰炸机，袭击了东京和北海道地区的日军目标。

与此同时，被日军俘获的那架P-51C的故事依然在继续。在战争临近尾声之时，日本陆航命令黑江保彦少佐驾驶着它与日军的截击机部队进行模拟空战，以求摸索出一套战术对抗护送B-29空袭日本的P-51机群。为此，黑江保彦驾驶44-10816号野马在各支Ki-43、Ki-44、Ki-61部队之间进行了一番巡回演出，并来到了日本陆军的航空兵高等学府——明野陆军飞行学校。在这里，黑江保彦遇见了64战队的袍泽、野马战机的死敌——拖着一条假腿的桧与平，这位老战士的心中依然燃烧着复仇的怒火，与其他富有经验的老手飞行员一起在日本陆航的末日战机——Ki-100五式战斗机之上埋头训练。该型机延续了日军战斗机灵活敏捷的传统，同时高速性能有较大提高，因而在日本陆航飞行员之中享有极高的口碑，传说有的Ki-100飞行员甚至由此产生了天下无敌的飘飘然幻觉。

受到黑江保彦少佐的邀请，桧与平中尉驾驶野马进行了一次体验飞行，这次经历使他大开眼界。在44-10816号机上，桧与平中尉注意到V-1650发动机丝毫没有漏油的迹象，这对日军飞行员来说是极其不可思议的一件事情，因为他们早已习惯了漏个不停的日式动力系统——"不漏油就不算发动机！"

回忆起第一次坐进野马驾驶舱的情形时，桧与平说：

"坐进去以后，宽大的座椅给我留下了深刻的印象，我毫不费力地就把假腿放到了方向舵踏板上。对我来说，这架飞机有好几样东西是第一次看到。首先就是防弹玻璃，比日军的薄型玻璃有着更好的透明度；其次，座椅被一层厚钢板包围，这个我以前从来没有在哪架战斗机上看到过；飞机的冷却器有一个自动的排气口，而它的氧气系统对我来说则是全新事物。总体而言，它的设备比我见过的任何一架日军战斗机都要好。"

驾机飞上天空之后，桧与平为44-10816号野马的卓越性能由衷倾倒。"它是1架属于飞行员的飞机！"在35年后想起这次飞行，桧与平依然激动不已，"它的操作漂亮极了，设计出色，制作精良，它飞得非常快，非常结实！"

由于无法得到较好的保养和维护，44-10816号野马在不停歇的模拟空战之中被强大的工作量压垮在地。它的1个发电机被烧坏，而在日本国内又无法得到合适的替换

呼啸长空 P-51战机传奇

品，因而飞机只能停放在地面跑道之上动弹不得。为此，黑江保彦找到桧与平，询问能否在空战中击落或者击伤1架野马，这样日军便有可能在敌机残骸中找到1个可用的发电机，安装到44-10816号野马之上。"让我来搞定它！"桧与平信心满满地在老朋友面前拍下胸脯。作为一名拥有11架击落纪录的老战士，再加上在44-10816号机上对敌机获得了足够多的了解，桧与平自信凭借手中的终极利器——Ki-100，一定能够击败野马，为他这条断腿回报一箭之仇。

不久，桧与平等到了机会。1945年7月16日，第七战斗机司令部出动2个野马大队扫

■ 满腔复仇怒火的桧与平中尉，他最后依然被野马战斗机的性能所折服。

射日本名古屋地区的军用机场。上午10时15分，第21战斗机大队的48架P-51起飞升空，带队的指挥官是约翰·米歇尔中校——两年前西南太平洋战场截杀山本五十六行动中至关重要的领军人物，正是米歇尔中校分毫不差的规划和引导，16架P-38战斗机方能在无边海面上飞行数百英里，准确地发现山本五十六的座机并将其击落。15分钟后，第506战斗机大队派出64架P-51飞往目标区。当天出击的野马战斗机共有112架，它们得到了B-29轰炸机的导航支持。

从硫磺岛到名古屋的航程消耗了野马机群整整3个小时的飞行时间，在距离目标150英里的距离，第21战斗机大队的1架P-51由于引擎故障不得不在海面上迫降，它的2名队友随即中止任务，在迫降地点上空为其进行空中掩护。加上由于不同原因被迫中途退出任务以及为导航的B-29提供临时护卫的数量，当天一共有24架P-51未能参加战斗，抵达目标区的野马机群数量为88架：第21战斗机大队40架、第506战斗机大队48架。

在伊势湾上空，第21战斗机大队首先遭遇到日军战机。大约15至20架零式、N1K1"紫电"和Ki-61"飞燕"战斗机的混合编队从西方杀来，随后又有10架左右日军战斗机出现。20分钟后，第506战斗机大队加入战斗，更多的日军战斗机赶来助阵，当天两支野马大队面对的敌人是总共60架的各式日军战斗机。

在这批临时拼凑的拦截部队中，包括明

274

第五章　P-51在亚洲战场

■ 约翰·米歇尔中校（后排左三）与飞行员们在一起。

野陆军飞行学校的24架Ki-100，按照日军编制分为两支12机大队，各由一名经验丰富的老手飞行员率领。其中，第2大队的指挥官便是跃跃欲试的桧与平。

抵达战区之后，在7000米高度，第2大队朝右转出海岸线，拉开了与第1大队的距离。这时，在两队Ki-100之间的空隙中，第2大队的飞行员发现了下方低空飞行的P-51机群。在广袤洋面的映衬下，这群银白色的飞机显得分外渺小，排列整齐的队形仿佛一条条漂浮的细线。

桧与平所在的中队向着野马机群俯冲，桧与平加速跟上为队友提供掩护。他看到目标开始急转弯，数了一下，发现共有11架野马，按照4－4－3的顺序划分为3个小队。桧与平向着编队中最后一架野马全力冲刺，2年前缅甸上空12.7毫米机枪子弹射穿自己右腿的那一幕在脑海中浮现，现在他终于等到了报仇的机会。桧与平将Ki-100的节流阀向前稳定推动，飞机的速度越来越快，这时，他发现由于螺旋桨的扭矩效应增强，飞机的偏航趋势越来越严重。尽管假腿运用起来极度不方便，桧与平依然坚持用它牢牢顶在方向舵踏板上抵抗扭矩效应。

桧与平将Ki-100追到距离最后一架美机20米的位置，努力打出几个点射，他看到子弹射入野马的机体，爆出一团火光。不过，在能够彻底击毁对手之前，Ki-100和野马机群失去了接触。桧与平在事后绘声绘色地回忆道："我飞得够近，直到能够看到飞行员的一口白牙。就算我的飞机偏开，这些我也绝对不会看错。我看到敌机旋转坠落，仿佛正在进行死亡线上的挣扎。我回头一看，发现整整10架敌机在追杀我。"

桧与平立刻开始了接二连三的急转弯机动以规避身后飞舞的12.7毫米机枪子弹，因为

呼啸长空　P-51战机传奇

所有Ki-100飞行员都很了解自己的这架飞机对野马拥有转弯性能上的优势。很快，桧与平知道自己如果继续和对手周旋下去绝对没有好下场，更何况领头的P-51出手极为凶悍，大有将桧与平置之死地而后快的风范。

事已至此，桧与平只得将全部希望寄托在引擎罩内的HA-112-Ⅱ发动机之上，他把节流阀推满，压低驾驶杆向下径直俯冲。桧与平立即感到了作用在机体上的气流冲击骤然增强，但令他大为惊奇的是，飞机的操纵性相当平稳。桧与平不顾一切地向下俯冲，在他把飞机改平拉起之时，向头顶上的天空张望了一下，看到没有更多野马跟来。随后，桧与平驾机返航，与队友欢庆胜利——根据他的估算，当天来袭的野马战斗机"有250架之多"，能在如此悬殊的力量对比之下取得空战胜利，足以令日军飞行员自鸣得意一番。

桧与平最终平安活到战后。在1945年7月16日当天出击的野马机群中，第506战斗机大队约翰·本堡中尉与队友协力将1架敌机凌空打爆，随后座机失踪。桧与平因而坚信他所击落的便是本堡中尉的P-51，并将其列入个人的第12个空战记录。对桧与平身负伤残复仇成功的故事，日本战后的媒体将其作为不屈不挠的"大和魂"象征而大唱赞歌，桧与平也由此心满意足地为自己与野马战斗机之间的恩怨画上了句号。

由于没有确定被击落的记录，本堡中尉一直被美国陆航列入战时失踪名单，他的亲人因而对事实真相展开了旷日持久的探询。20世纪80年代，看到桧与平颇具传奇色彩的故事后，本堡中尉的侄子设法找到了第506战斗机大队的老飞行员，向他们确认事件的真伪。

对于桧与平宣称的这个击落记录，本堡中尉的战友们异口同声地表示：决不可能。根据野马飞行员们的回忆，在本堡中尉失踪前，为了猎杀那架日军战斗机，他们正以500英里/小时的速度进行俯冲，没有哪种日军战斗机能够赶上野马的这个俯冲速度。同时飞行员们确认，当时周围空域中不存在高射炮

■ 1945年7月16日击落野马战斗机的一刹那，画家根据桧与平的描述绘制的艺术图。

火活动的迹象，也没有发现任何1架日军战斗机——这与桧与平遭受其余10架野马追杀的描述完全对不上号。因此，他们认为本堡中尉的失事极有可能是机械故障或者俯冲过快而引起。

桧与平最后的这个战果也许永远无法得到确认，但1945年7月16日，名古屋上空这场较量的比分更值得我们关注——在当天的战斗中，本堡中尉是野马部队的唯一损失，在他之外，其余87架P-51中只有3架被日军战斗机击中，但它们全部平安无事地走完3个多小时的归途，返回千里之外的硫黄岛机场！野马飞行员们有如风卷残云一般，一口气击落25架日军战机——其中包括5架敌人最引以为傲的Ki-100！加上18架被击伤的数额之后，当天出击的日军战机有超过一半以上领教了12.7毫米口径机枪的威力。

在当天战斗中，第506战斗机大队第457战斗机中队的艾伯纳·奥斯特上尉品尝到战斗生涯中的第一批战果。他在战斗报告中写道：

"名古屋上空，我正领着我的'蓝色小队'，处在中队的第二组战斗机当中。这时，有人报告说6架敌机出现，就在9点钟的低空方向。我命令本组野马投下副油箱，飞离编队去对付这6架'弗兰克'。我向着他们的领头飞机冲去，打了个几乎面对面的对攻，在它向右避让之前，一梭子两三秒的连射打在敌机座舱周围。我于是咬住敌机向左转弯，这时我刚好在另一架日军战斗机的头顶上，就来了个半滚倒转机动杀下去，在它的引擎罩和驾驶舱位置打中了一个3秒钟的连射。在我掠过敌机后，我的小队队友看到了飞行员跳伞。

在我拉起时，几乎刚刚好咬到另一架'弗兰克'的屁股，在我跟上去之后，它以半滚倒转机动脱离，我跟着它追了下去。一路上我接连打中了敌机，最后一个点射打中了驾驶舱。我相信我把飞行员干掉了，因为敌机垂直向下冲入云层当中。我再次拉起，这次1架'弗兰克'向我对头冲来，我一梭子打中了敌机的发动机，它当即半滚倒转规避，我又跟着杀了下去。我拉近了和敌机的距离，接连打中了驾驶舱和右翼的翼根。敌机开始冒烟，右侧机翼和机身烧起来了，随后直直扎进了云里头。

我们飞离了这1架敌机，刚好又咬上了另外1架。在我追上去时，它一样以半滚倒转机动规避。我跟着敌机俯冲，连续击中它左翼的翼根。在敌机冲进云层之前，我看到烟雾从机翼里头涌出来。我把剩下的子弹一股脑儿地泼在敌机上头，和它一起向下冲进2000英尺高的那片云层。很快我们就不得不改平拉起了，因为当时的速度有350至375英里/小时，而距离地面只有1000英尺高度了。只见敌机垂直向下一路俯冲，没有作任何机动来规避我们，我觉得它不会有任何机会能拉起来。"

战争结束前，奥斯特上尉还将在零式战斗机身上取得2个击落战果，使第506战斗机

呼啸长空 P-51战机传奇

大队在赶上太平洋战争的末班车之后终于催生出仅有的1名王牌飞行员。对于硫黄岛上的野马飞行员来说，1945年7月16日的战斗是日本空中力量的最后一次大规模抵抗，从此以后日本领土上空便只剩下零零星星的交手。

7月24日和28日，美国第三舰队对缺乏燃料停泊在吴港之内的日军舰船进行了毁灭性打击，摧毁了日本海军最后的有生力量。为了配合海军部队的行动，625架B-29在7月24日对名古屋和大阪的日军飞机和航空发动机制造厂进行了大规模轰炸，当天的作战得到了野马部队的护航支持。

8月1日，本州岛北部的四个小城遭到燃烧弹的洗礼。

8月5日，第五和第七航空军的轰炸机群在146架野马的护卫下，将高爆炸弹和燃烧弹倾泻至鹿儿岛县垂水市的军港之上。

8月6日和8月9日，B-29轰炸机分别在广岛和长崎投下原子弹，将两个城市几乎夷为平地。日军大本营因而受到最后的致命一击，从而丧失了负隅顽抗的勇气。

8月14日，美国陆航进行了二战期间最后一次大规模作战行动，449架B-29从马里亚纳群岛的基地

■ 从B-29上拍摄的第15战斗机大队的P-51D编队。

■ 第3空中突击大队的野马机群以征服者的姿态昂然飞过日本民族的象征——富士山。

中起飞,在186架野马的簇拥下飞向日本。当天的目标包括光市的海军弹药库、大阪市的陆军弹药库、岩国市麻里布町的铁路系统、广岛西南部以及日本石油公司的厂房,以此彻底杜绝日军的战争潜力。这天的日军拦截机群依旧无所作为,轰炸任务顺利完成。24小时后,日本天皇宣布无条件投降。

飞越大洋、穿越风暴、掠过高射炮火弹道,野马机群无所畏惧地直插轴心国最后的壁垒,将敌军的空中力量摧毁歼灭。最后,它们迎来了胜利的曙光,结束了第二次世界大战中富于传奇色彩的战斗历程。

在二战结束后,由于战争中的杰出表现——尤其是欧洲战场的卓越战果,野马战斗机以二战的胜利兵器,天空征服者的姿态永远铭刻在世人心中。各界媒体毫无保留地将各种赞誉之词加到野马战斗机之上,"活塞式战斗机的巅峰"这个头衔一次又一次地见诸各种报道。

> 呼啸长空　P-51战机传奇

第六章
尾　声

对"活塞式战斗机的巅峰"这个头衔，许多飞行员、史学家和航空爱好者均提出了他们的质疑。的确，每个人心目中都有自己的最强战斗机。在二战中，美国陆航的三大战机——P-38、P-47和P-51——各具千秋，均占据不可替代的位置。

P-38爬升强劲、火力凶悍，作为最早出征的战士立下头功，并在太平洋战场包办了美国陆航大部分日军战机的击落战果，"双身恶魔"之美誉绝非浪得虚名。

P-47机体坚固、高速性能优越，在护航空战最艰难的时期一马当先击退了德国空军的精锐部队，并给予盟军地面部队精准猛烈的对地支援任务支持。

作为最晚投入现役的陆航战斗机，P-51的辉煌的确建立在前辈的基础之上。与其他两款主力战机相比，除了性能上的区别之外，野马战斗机的优势还体现在以下几点：

◆ 经济性。在1942年，美国加入第二次世界大战的最初，P-38、P-47和P-51的出厂单价分别为120407、105594和58698美元。随着战局的发展，生产的扩大，各型飞机的制造成本也随之下降，到1945年，P-38、P-47和P-51的出厂单价分别是95150、83001和50985美元。由此，我们可以看出制造1架P-38或者P-47的费用，基本能够用以生产2架P-51。造成这个现象的原因是P-38/P-47采用复杂的涡轮增压系统以及P-38两套动力系统引发的制造成本居高不下。此外，北美公司詹姆斯·金德博格极具效率的生产管理也是相当重要的一个因子。

◆ 维护性。在美军三大战机之中，P-38的后勤维护难度公认是最大的，其左右两副螺旋桨相对旋转，因此需要两套不一样的变速齿轮箱，给地勤人员造成极大的维护压力。P-47的情况稍好，但仍然无法与P-51相比。对于这两款飞机的维护性，以维护时间进行评定便可略知一二：对飞机进行完全维护(包括燃料、滑油、冷却剂、氧气、弹药以及无线电设备检查)，P-47需要1个8人地勤小组，耗时12分钟；而P-51只需1个7人地勤小组，耗时5分钟。

◆ 适用性。由于装备两套动力系统，P-38需要飞行员投入比在单引擎战斗机之上更多的时间来熟悉驾驶，在理查德·邦等精英飞行员手中，P-38的确是无敌利器，但这需要付出数倍于常人的精力方可将其驯服。在新手飞行员面前，P-47也是一个巨大的挑战，最为优秀的雷电部队——第56战斗机大队在装备P-47之初有13名飞行员在训练事故中牺牲,坠毁的P-47超过入役总数的一半。相比之下,P-51被公认为二战中最容易上手的战斗机之一,它能够让水准平均的新飞行员在最短的时间内熟悉飞机操纵,开始享受飞行的乐趣,并化身为任何对手都不敢小觑的空中杀手。这便是野马战斗机深受广大飞行员热爱的原因,"空中的凯迪拉克"的称号因此而来。

以欧洲空战主力——第八航空军为例,借助大容量副油箱的支持,该部队的P-38、P-47和P-51均能从英伦三岛起飞,掩护轰炸机群直捣德国腹地。不过,相比之下,野马成本更低、维护更方便、训练更简单——这就意味着,能够以更快的速度形成有效的战斗力。这就是詹姆斯·杜立特将军在上任后下令各战斗机大队大规模换装野马的原因。因而可以说,除卓越的战斗性能之外,突出的经济性、维护性和适用性一并造就了野马战斗机头顶上耀眼的光环。

美军高层对"最强战机"的评判同样也兴趣十足。从1944年10月16日到23日的一个星期时间里,五角大楼集中了来自陆军航空兵、海军航空兵、NACA、各飞机制造厂商和英军的飞行员以及技术专家,在马里兰州帕塔克森特河海军航空站对各型战斗机进行了一次大规模的横向对比评测。

在这次评测中,露面的战斗机囊括了美国制造的全部主力型号,包括陆航的P-38L、P-47D/M、P-51D,海航的日机头号杀手F-6F、号称"最强海盗"的F-4U4以及最新型的XF-8F1原型机等。美军第一款喷气式飞机XP-59、来自英国的蚊式战斗机以及缴获的日军零式战斗机也参与其中。

在25000英尺以下空域中最佳全能战斗机的评比中,各界专家为各型战机的投票比例是

XF-8F1　30%

P-51D　　29%

F-4U4　　27%

在25000英尺以上空域中最佳全能战斗机的评比中,各界专家为各型战机的投票比例是

P-47D/M　45%

P-51D　　39%

F-4U4　　7%

P-51D一举夺得了两个不同空域的亚军,而且比分与冠军相差无几,这实际上等于被赋予了美式战斗机无冕之王的称号。回想1942年底,在佛罗里达州恩格林基地进行的陆航战斗机对比评测中,P-51/NA-91被称为"目前美国生产的最佳低空型战斗机";不到两年之后,灰背隼动力野马从低空到高空的表现均出类拔萃,足以傲视同时代任何美国战斗机!

走出美洲大陆,我们将野马与另外一种所谓的"活塞式战斗机之巅峰"——德国空军的Ta 152进行横向对比。

拥有472英里/小时的最大平飞速度、超

过48000英尺的实用升限、1门30毫米机炮和2门20毫米机炮的强大火力，Ta 152的确在多方面领先于美国陆航欧洲战场的主力P-51D。但是，作为德国空军最后的活塞式战斗机，Ta 152在1944年末方才正式投产、总产量不超过150架，使其与1944年初正式投产、总产量超过9000架的P-51D相比未免有失公允，如要真正进行旗鼓相当的对决，Ta 152的对手应该是同一时期的轻量化野马——最大平飞速度达到487英里/小时的P-51H。

此外，在Ta 152诞生的时期，德国空军已经无可挽回地走上了覆灭的道路，它和其他德国末日兵器一样，在狂热理念的支持下匆匆上阵，从绘图版走向生产线。Ta 152的生产线全面开动之前，作为原型机的Ta 152H-0只来得及完成了31小时的飞行测试！在美国航空工程师的眼中看来，如此仓促的速度完全等同于狗急跳墙。美国陆航不会允许一款未经完善测试的战机投放战场。得到验证的成熟技术、持续高效的生产供应、充分的飞行员训练以及强大的后勤支持——以上几条的综合作用，是美国空中力量的制胜法宝。

最后，与P-51D相比，Ta 152的劣势在于航程——在挂载1个300升副油箱的极限条件下，其最大航程勉强达到1250英里，仅相当于野马的一半左右。许多航空爱好者对战机的高度/速度/火力性能极度关注，而往往忽略航程的指标。事实上，作为一型战争机器，即便性能超乎寻常，倘若作用范围只能限定于极为有限的空间之内，那它归根结底只能

■ 翱翔天空的P-51机群。

第六章 尾 声

定义为防御性武器。在此范围内，它能够有效保卫己方安全，但无法将步伐迈得更远，主动消灭敌军。正因如此，英国皇家空军的珍宝、达到机动性和高速性能完美结合的喷火战斗机被无可奈何地评价为二战中最出色的防空战斗机；正因如此，英国皇家空军的汤姆·瑟顿上尉才会坦率承认："如果我们早点装备野马，便能够在击败德国空军的战斗中做出更大的贡献。"

相比之下，野马战斗机被赋予远程护航的使命，参与到对敌军的主动空中打击行动中。它们背负着大容量油箱/机体结构/输油管道等额外重量，付出了飞行性能受到影响的代价；它们从千里之外奔袭而来，在敌军领空击溃了各种最新型战斗机，直至战争胜利；在较量中，它们没有表现出任何明显缺点，反而被敌我双方一致公认为在第二次世界大战中表现最为完善均衡的型号——所有的这一切，对于一款在战争结束前17个月便发展成熟的战斗机家族来说，是一个无可争议的奇迹。在这个意义上，野马战斗机是活塞式战斗机当之无愧的巅峰之作。

回想二战之前，美国空中力量的发展受到孤立主义的严重影响：洛克希德公司的P-38在研发之初竟然需要冠以"截击机"的名义方可躲开政府中的保守势力，战斗机的副油箱被视为进攻性武器而迟迟无法获准装备。参与到二战之后，美国陆航逐渐发展壮大为一支进攻性战略力量，它的职责逐渐演变为突破敌军防御、深入敌方腹地、夺取制空权、毁灭敌军的工业基础、切断后方运输线路、对己方地面部队提供空中支持。这条势不可挡的发展道路，将由战争结束后独立成军的美国空军继续向前开拓。在这条道路的开端，P-51野马战斗机是至关重要的一块铺路石。

参考书目

Bert Kinzey, P-51 Mustang, Squadron/Signal Publications 1996.

Bert Kinzey, P-51D through F-82H, Squadron/Signal Publications 1997.

Carl Molesworth, Very Long Range P-51 Mustang Units of the Pacific War, Osprey Publishing 2006.

David McLaren, P-51H Mustang, Ginter Books 1998.

Facsimile, Report of Joint Fighter Conference: NAS Patuxent River, MD-16-23 October 1944, Schiffer Publishing 2004.

Jeffrey L. Ethell, North American P-51 Mustang: A Documentary History, Jane's Information Group 1981.

Jerry Scutts, Mustang Aces of the Eighth Air Force, Osprey Publishing 1994.

John M. Dibbs, Flying Legends: P-51 Mustang, Zenith Press 2002.

John Manrho, Bodenplatte: The Luftwaffe's Last Hope, Hikoki Publications 2004.

Kev Darling, P-51 Mustang, The Crowood Press 2005.

Larry Davis, P-51D Mustang, Squadron/Signal Publications 1996.

Larry Davis and Don Greer, P-51 Mustang in Action, Squadron/Signal Publications 1981.

Martin Bowman, P-51 Mustang vs Fw 190: Europe 1943-45, Osprey Publishing 2007.

Michael O'Leary, North American Aviation P-51 Mustang, Osprey Publishing 1998.

Paul A Ludwig, P-51 Mustang: Development of the Long-Range Escort Fighter, Classic Publications 2003.

Periscope Film.com, P-51 Mustang Pilot's Flight Manual, Lulu.com 2006.

Ray Wagner, Mustang Designer: Edgar Schmued and the P-51, Smithsonian Institution Press 2000.

Robert Grinsell, P-51 Mustang, Crown and Random House Value 1984.

Robert W. Gruenhagen, Mustang: The Story of the P-51 Fighter, Arco Publishing Inc. 1980.

Robert Jackson, P-51 Mustang: The Operational Record, Airlife 1992.

Roger A. Freeman, Mustang at War, Doubleday & Company 1974.

William Hess, Fighting Mustang: Chronicle of the P-51, Champlin Fighter Museum 1985.